HANDI GUSHU
JIAGONG JICHU JI YINGYONG

寒地谷薯
加工基础及应用

王丽群 周　野 姚鑫淼◎著

中国纺织出版社有限公司

图书在版编目（CIP）数据

寒地谷薯加工基础及应用/王丽群，周野，姚鑫淼
著．--北京：中国纺织出版社有限公司，2024.7
ISBN 978-7-5229-1755-9

Ⅰ．①寒…　Ⅱ．①王…②周…③姚…　Ⅲ．①寒冷地
区—薯类作物—栽培技术　Ⅳ．①S53

中国国家版本馆 CIP 数据核字（2024）第 090832 号

责任编辑：国　帅　罗晓莉　　责任校对：王蕙莹
责任印制：王艳丽

中国纺织出版社有限公司出版发行
地址：北京市朝阳区百子湾东里 A407 号楼　邮政编码：100124
销售电话：010—67004422　传真：010—87155801
http://www.c-textilep.com
中国纺织出版社天猫旗舰店
官方微博 http://weibo.com/2119887771
三河市宏盛印务有限公司印刷　各地新华书店经销
2024 年 7 月第 1 版第 1 次印刷
开本：710×1000　1/16　印张：14.75
字数：270 千字　定价：98.00 元

前　言

五谷者，万民之命，国之重宝。一直以来，谷物生产加工是安天下稳民心的战略产业。据 2019 年联合国粮农组织发布的《全球粮食展望报告》显示，2019 年全球谷物类粮食产量约为 27.22 亿吨，其中我国的粮食总产量接近 6.64 亿吨，约为全球粮食总产量的 24.4%。我国的粮食产量已经连续数十年都是全球第一，而且远超其他国家（第二名是美国，粮食产量整体在 5 亿吨左右波动）。虽然我国是世界粮油生产和消费大国，但受饮食习惯及经济发展的影响，我国谷物加工仍以初级加工为主，粮食利用率偏低，系列精深加工产品种类少，技术创新能力弱，资源的增值效应也没有充分发挥出来。与发达国家相比，在谷物加工装备制造、新技术应用及产业发展方面均处于落后水平，还不是粮油加工业的强国。我国居民粮食消费的主流仍以精白米面为主，并以杂粮（小豆类）和薯类为辅。黑龙江省粮食总产量连续 9 年位居全国首位，是国家重要的商品粮生产基地和粮食战略储备基地，在维护国家粮食安全中发挥着"压舱石"的作用。目前，黑龙江省已将农产品产业发展提高到战略定位，力争将绿色食品和农副产品加工业打造成为黑龙江省第一支柱产业。2019 年，黑龙江省现有绿色食品认证面积 7396 万亩，占全国 1/5，有机食品认证面积 650 万亩，占全国 1/4，所产稻米原粮品质优异，寒地黑土生产的粮食具有有害元素残留少的优势，特别适合进行谷薯类产品加工。

2021 年，中共中央办公厅、国务院办公厅印发《粮食节约行动方案》，明确提出对粮食全产业链各环节节粮减损措施更加硬化实化细化，推动节粮减损取得更加明显成效、节粮减损制度体系、标准体系和监测体系的建立。2022 年，党的二十大报告指出，实施全面节约战略，推进各类资源节约集约利用。黑龙江省是我国稻米主产区，其稻谷总产量、商品量、调出量都位于全国第一，但东北地区的稻米精深加工产业却一直停留在初级阶段，以原粮加工为主体的大米产品普遍具有附加值低、加工过度及营养损耗大等问题，是造成稻米产后损失的主要原因。稻米过度加工会造成稻谷资源浪费和加工能耗增加等环境浪费问题，且长期食用过度加工主食大米会带来严重的居民营养摄入失衡，增加慢性病发病率，产生社会负担。稻米加工是谷物由种植到餐桌的必经之路，因此在加工阶段调控稻米产后损失是助力国家节粮保供政策实施的重要抓手。据统计，目前我国稻谷加工出米率约为 65%，通过加工技术调整，将完整稻粒吃干榨净，则能提高稻米生产出品率 15%~30%，相当于不增加土地、生产资料等成本投入情况下大幅增加粮食产量，对节粮保供、保障我国粮食安全意义重大。

以稻米为例，在假设碎米能够完全利用的前提下，粮食损失仍为15%以上。因此，为了减少粮食资源浪费，应大力推广全利用谷薯类产品的研发。全利用谷薯类产品充分保留了原料精加工和副产物部分，富含膳食纤维、维生素、矿物质和生理活性物质。推广全利用谷薯类产品消费既能改善我国居民营养素摄入失衡的现状，又能够大幅减少粮食资源浪费，是实施我国"藏粮于技"战略的重要举措之一。

随着精白米主食带来慢病风险的证据越来越多，节粮减损、适度加工成为我国稻米加工业的发展方向，对促进国民健康、保证粮食安全、资源节约利用和环境保护等诸多方面具有重要战略意义。全利用谷薯产品具有高营养、高出品率、高附加值等特点。但由于产品具有口感粗糙、蒸煮不便等特点，容易造成消费者的感官不接受，其发展尚处于初级阶段，产品品种及销售额在市场上占比较少。因此，为加快谷薯类全利用产品的开发，亟须针对全利用产品及副产物利用加工工艺开展技术研究。此外，鉴于长期摄入全利用谷薯类食品对慢性代谢性疾病具有保护作用，在功能性方面，全利用谷薯类食品中丰富的活性物质和抗氧化成分也需开展深入研究，进而为开发更具营养的全利用谷薯类产品奠定基础。综上，黑龙江省作为我国重要的商品粮基地和粮食战略后备基地，谷薯类粮食产能一直处于全国领先地位，加快寒地谷薯深加工发展是北方地区农业现代化的标志，在提高农产品经济附加值、振兴地方经济和节粮保供等方面发挥着重要作用。

本书由哈尔滨学院王丽群（第一著者）、黑龙江省农业科学院食品加工研究所周野（第二著者）和姚鑫淼（第三著者）共同著作完成。本著作分为四部，共十二章，其中王丽群负责第一部分、第二部分、第三部分（第9章）和第四部分（第11章）的撰写，总字数为15万字；周野负责第三部分（第10章）和第四部分（第12章）的撰写，总字数7万字；姚鑫淼负责第三部分（第6章、第7章和第8章）的撰写，总字数5万字；王丽群负责全书的整理、校对、修改和排版工作。

特别感谢哈尔滨学院青年博士科研启动基金项目（HUDF2022103）对本专著的资助。

本书是著者在积累多年的寒地谷薯类产品精深加工及应用研究的基础上撰写完成的，若有不足或不妥之处，敬请同行专家和业内人士批评指正。

著者

2024年4月

目 录

第三部分　特色红小豆全利用加工技术

第四部分　北方马铃薯加工与应用

第一部分　绪论

第一章　谷薯在膳食体系中的位置

第一节　谷薯营养概述

谷薯类膳食一类位于居民膳食金字塔最底层食物来源，但近年来我国居民谷薯类摄入趋于单一化、精细化、热量较高，以及维生素、矿物质、膳食纤维摄入量不足，增加了高血压、高血糖、高血脂异常和心脑血管疾病等慢性非传染性疾病的发生风险。目前，我国人口中超重肥胖超过 4 亿，高血压超过 3.3 亿，血脂异常超过 4 亿，糖尿病超过 1 亿（另有 1.4 亿人血糖有升高的趋势），心脑血管病超过 3 亿。

全谷物指包括全部或大部分麸皮、胚芽与胚乳的谷物食品，其营养丰富而均衡，是我国居民膳食宝塔的基础营养摄入来源，不仅提供人体 55%～65% 的能量所需，而且谷物中其他营养元素、纤维素及特殊功能成分在降低高血压、高血脂、糖尿病、老年痴呆和恶性肿瘤等相关疾病风险方面也具有不可替代的作用。因此，2022 年修订的《中国居民膳食指南》中推荐居民每天摄入全谷物和杂豆 50～150g，薯类 50～100g，可见全谷物食品对改善国民膳食营养健康具有重要意义。从加工的角度来看，全谷物在加工过程中仅脱去种子外面的谷壳；与精品粮相比，全谷物产品出品率可以提高 15%～20%；既可为企业节本增效，又可通过加工环节节约粮食、保障供应，是提高原粮附加值和利用率的有效手段，其经济、社会、生态意义重大。

我国谷物资源丰富，且以东北地区为主产区，其中黑龙江省粮食总产量连续 9 年位居全国首位，是国家重要的商品粮生产基地和粮食战略储备基地，在维护国家粮食安全中发挥着"压舱石"的作用。在"粮头食尾""农头工尾"的政策引导下，黑龙江省省委已将农产品产业发展提高到战略定位，力争将绿色食品和农副产品加工业打造成为黑龙江省第一支柱产业。2019 年，黑龙江省现有绿色食品认证面积是 7396 万亩，占全国 1/5，有机食品认证面积 650 万亩，占全国 1/4，所产谷物原粮品质优异，能够满足全谷物加工的原料需求，最适合进行高附加值的全谷物加工。但是受到我国农产品加工产业整体不发达的影响，东北地区谷物精深加工产业仍一直停留在初级阶段，精深加工不足造成谷物产品加工过度、营养损耗大，亟须科技创新引带产业良性发展，从根本上改善谷物资源浪费严重和国民营养摄入失衡等国计民生问题。

一、稻米的营养特点

据全球新产品数据库统计，2018 年世界范围内全谷物新产品比 2000 年增长了 15 倍，截止到 2018 年，全球有 2368 种全谷物产品进入市场，而在 2000 年只有 164 种。自从提出全谷物食品的概念以来，我国全谷物食品也开始起步，但仍处于产业初级阶段，2018 年稻米全谷物产品品种及销售额都不超过谷物食品总额的 2%。由于全谷物种皮层富含多种活性物质，其与健康效应密不可分，流行病学也证实，长期摄入全谷物食品对心脑血管疾病、某些癌症、糖尿病等慢性代谢性疾病具有改善作用。

全谷物稻米指利用仅经脱壳处理，保留米糠层和胚芽的大米进行加工的稻米制品。研究发现，稻谷中 64% 的营养元素集中于占糙米重量 10% 的糊粉层和胚芽中，但糙米直接食用口感较粗糙，影响了糙米的食用。随着全谷物概念的提出，全谷物产品类型不断增多。目前国内全谷物稻米产品主要包括发芽糙米制品、易熟化糙米制品、留胚米制品、糙米全谷物焙烤类制品及糙米全谷物主食制品的开发以及一些米乳饮料的开发。围绕这些全谷物稻米制品，适合的稻米加工技术也得到不断的创新和改造。在全谷物营养米加工方面，国内关于糙米、发芽糙米等全米制品营养分析及工艺改进方面的研究逐渐深入，标志性活性成分的研究也成为研究重点。例如，通过全国范围内的调查研究发现，稻谷品种能够直接影响发芽糙米中 γ-氨基丁酸的含量，而且不同品种稻米中 γ-氨基丁酸含量范围为 $10 \sim 40 mg/100g$；很多研究所和企业对糙米制品中 γ-氨基丁酸的富集和应用技术都表现出强烈关注。大量新形式的全谷物稻米也得到了开发推广，如米糠面包、糙米饼干、发芽糙米饮料等。

为了追求良好的食用品质和感官享受，精加工米面制品已成为我国居民粮食的主要品种，导致我国初期代谢综合症、肥胖症、2 型糖尿病、冠心病、癌症等慢性疾病高发呈增加的趋势。研究表明，长期摄入血糖生成指数（GI 值）较低的食物，延缓食物的消化和吸收速率对慢性疾病的防治具有重要作用，经常食用全谷物制品可降低慢性疾病的患病风险，食品的餐后消化规律和对血糖的影响与其组成成分和加工方式密切相关。我国约有 60% 的人口以稻米为主食，传统的食用方式以粒食为主，包括蒸制或煮制的白米饭、白米粥等，南方地区较为常见的还有米线、米粉等。糙米是一种典型的全谷物，其糠层含有非淀粉多糖、脂类、维生素、矿物元素和各种生理活性物质，如同一个"营养素包"，相较于精白大米营养更为丰富。目前，国内外针对低 GI 稻米制品的消化特性以及加工方式对其消化规律影响的系统研究刚刚起步。

二、红小豆的营养特点

我国是红小豆主要生产和出口国，年总产量 30 万~40 万吨，位居世界第一，比第二位的日本多约 3 倍，每年出口 5 万~8 万吨，占全世界红小豆贸易量的 85%。黑龙江省作为我国最大的商品粮基地，红小豆产量占全国总产量的 68%，拥有丰富、优质的红小豆品种资源。

红小豆又名赤豆、小豆、红豆，为豆科豇豆属赤豆的椭圆或长椭圆形种子，色泽为淡红、鲜红或深红，原产于我国，主要分布于华北、东北和长江中下游地区，南方部分地区也有少量种植，亚洲、美洲及非洲部分国家也有引种。红小豆营养丰富，是一种高蛋白、低脂肪、多营养的功能食品。其蛋白质含量平均为 22.7%，是禾谷类蛋白含量的 2~3 倍，含有 8 种人体必需的氨基酸，氨基酸种类齐全。脂肪含量平均为 0.59%，其中亚油酸（多不饱和脂肪酸）含量约占脂肪酸总量的 45.0%。膳食纤维含量为 5.6%~18.6%，维生素中以维生素 E 含量最多，并含有丰富的钙、铁、磷、钾等矿物质。其具有丰富的淀粉、膳食纤维、蛋白质、铁、钙、磷、钾等多种矿质元素，以及黄酮、皂苷、植物甾醇和天然色素等生物活性物质。此外，红小豆中含有其他豆类缺乏的三萜皂苷等成分，具有补血、清毒、治水肿等功效，且脂肪含量较低，作为食品具有较高的营养保健作用，是中国、韩国、日本等亚洲国家和地区人们广受喜爱的一种豆类食物，被誉为粮食中的"红珍珠"。目前，红小豆已是食品加工业的重要原料之一，开发利用红小豆资源具有十分重要的现实意义。

三、马铃薯的营养特点

马铃薯是碳水化合物、蛋白质、B 族维生素和部分矿物质的优质来源。马铃薯中碳水化合物含量为 25% 左右，蛋白质、脂肪含量较低，马铃薯中钾的含量也非常丰富，维生素 C 含量较谷类高。研究表明，每 100g 马铃薯粉中镁含量达 27mg，铁含量达 10.7mg，钾含量达 1075mg：这 3 种矿物元素含量显著高于小麦粉、大米。鲜薯维生素 C 含量高于鲜玉米，而其他粮食（干品）不含维生素 C。因此，马铃薯既能提供主食中富含的碳水化合物、蛋白质、脂肪等营养素，且因低热量（马铃薯鲜品的热量不到同等重量精米、白面的 1/4）而不易增肥，又能提供蔬菜中富含的膳食纤维、矿物质和维生素，特别是其他主食中缺乏的钾、镁、钙和维生素 A、维生素 C，与精制谷物相比，薯类的血糖生成指数远低于精制米面。煮熟的马铃薯属于中 GI（低于 70）食物，而大米饭、馒头、白面包、面条等米、面主食均为高 GI 食物。研究表明，坚持食用马铃薯全粉占比 30% 的馒头，人体中的血糖、血脂和胰岛素等指标更健康，是超重、肥胖、高血压、高血糖等慢性病人群的良好主食。

第二节 谷薯的口粮保障作用

我国人多地少，确保"口粮安全"是国家的基本国策。马铃薯是仅次于小麦、稻谷和玉米的全球第 4 大重要的粮食作物，在维护国家粮食安全方面具有举足轻重的作用。

一、稻米生产情况

稻米的主要种植区域为亚洲地区，是世界上 60% 人口的主粮。我国是世界稻米主产区之一，拥有丰富的稻米资源，近年来总产量都在 20000 万吨以上。我国稻类种质资源丰富，据统计，目前共收集并编入国家种质资源库 71970 份稻种资源，其中 50530 份是地方水稻品种，120 份是遗传标记材料，1605 份是杂交稻三系资源，4085 份属于国内培育品种，6944 份属野生近缘种资源，8686 份是国外引进品种。我国独有的且不同品种间品质具有显著差异，但目前关于稻米加工的研究多以稻米营养素成分对加工的影响为主，尚未对稻米品种资源的原料特性、加工特性及产品特性进行广泛且系统的研究。

我国水稻播种面积平稳增加，2010 年以后播种面积基本在 3000 万公顷以上。2020 年，我国稻谷播种面积 3007.6 万公顷，稻谷产量 21186 万吨，分别比 2019 年增加 38.2 万公顷和 224.6 万吨。水稻已成为我国单产水平最高，稳产性最好的粮食作物，为稻谷产地加工业发展提供了丰富的原料保障，为国家粮食安全发挥了无可替代的作用。我国南起海南岛，北至黑龙江呼玛县都有水稻种植，种植类型丰富。从灌水资源和栽培技术角度看，我国 90% 以上采用高产稳产性好的"育秧水稻"种植方式。据联合国粮农组织（FAO）2018—2020 年资料统计，我国稻谷三年平均单产 7066.3kg/hm²，高于世界平均值 52.3%，已超过日本和韩国。在世界 5 个种植面积超过 1000 万公顷的水稻生产大国中，我国单产水平排列第一，比世界种植面积最多的印度单产高出 41.8%。我国南方和北方分别种植粒型和特色品质差别较大的籼稻和粳稻，其中粒型细长、口感偏硬的籼稻种植面积约占 70%，粒型较短、口感偏软糯的粳稻种植面积约占 30%，人们对两类稻米消费习惯也有明显的地域性。我国南方水稻生产又分单季稻、双季稻和三季稻，由于灌浆期温光条件的不同，产量和品质差异较大。

当前我国社会发展急需节粮保供，以及营养富集均衡的全谷物稻米产品供应，但稻米全利用加工产业发展技术和装备落后、标准标识不统一、消费引导匮乏等多项瓶颈问题仍未解决，导致稻米全谷物加工产业发展迟滞。面对我国粮食需求刚性增长和资源环境约束日益趋紧的客观形势，针对"节粮减损"这一保障粮食安全的重要举措，稻米研究正以开发高值健康全谷物稻米产品（粉糊原料、含胚米制品、营养富集米制品等）加工关键技术为基础，不断开展粮食减损增值工艺理论创新、粮食加工副产物应用基础和粮食贮藏劣变机理研究，完善稻米加工系列标准以保证全利用米制品生产的规范化和标准化。一方面，为节粮保供和粮食高效制造提供理论支撑；另一方面，提升我国稻米加工产业核心竞争力，进而实现稻米全利用加工产业的振兴发展。同时，研究依托黑龙江省寒地稻米资源，在调整地方农业经济结构、保障人民健康和国家粮食安全方面具有重要意义。

二、红小豆生产情况

我国红小豆的开发利用主要集中在以下几个方面。

（1）用作传统食品豆沙馅、八宝粥的原料。多为中低档产品，产品品质粗糙，而且由于加工技术的落后导致产品转型困难，无法适应市场变化，缺乏市场竞争力，成为红小豆产业化发展瓶颈。规模性豆沙生产厂家主要集中在我国北方地区，生产红豆沙、绿豆沙、白豆沙，以及各种蓉沙粒馅、高档油沙、中油粒馅等。豆馅制品主要作为面包、糕点、甜品的配料，甜度高，需求量不多，国内实际消费量小。大部分豆沙企业为日资或合资企业。

（2）用于饮料行业开发红小豆饮料。存在的问题一方面是由于豆皮中高含量的不溶性膳食纤维而导致的口感粗糙，另一方面是红小豆内部的某些成分带来的"异味"对加工技术要求很高，因此目前红小豆在饮料行业一般只作为辅料，其价值没有被充分利用。

（3）红小豆种皮红色素的提取。红褐色素用中性或弱碱性的介质提取，紫红色素用酸性介质提取。在提取过程中，将子叶、胚与种皮彻底分离是提取的前提，若分离不彻底，水溶性淀粉和蛋白质会部分存在，引起色素溶液轻度浑浊，也会影响色素成品的纯度。目前种皮色素提取仅处于研究阶段，还没有大规模投入生产。由于我国食用豆食品的研究和开发滞后，无法形成对豆类生产和加工环节的有力技术支撑，因此地产红小豆一般以原粮或粗加工产品低价出口或销售。国内年人均消费不足250g，且消费的红小豆加工品多年来也一直处于低档水平，失去了原有的资源优势。

蒸煮是豆类常规加工方式。蒸煮过程可以软化豆类表皮和内部组织，产生良好的风味和口感，但可能使豆类中一些抗营养因子失去活性，影响其抗氧化能力，降低了豆类食品品质。红小豆在蒸煮过程中，会产生一定量剩余的汤汁，尤其在红小豆淀粉糊化、风味形成的初期，汤汁色泽鲜艳，较澄清，且溶解了大量红小豆种皮中的生物活性成分，包括黄酮、花色苷和皂素类化合物等，适宜加工成饮料。国内外对红小豆加工特性的研究主要集中在红小豆淀粉的理化特性、品种的粒形，以及淀粉颗粒度、加工方式、加工条件、添加剂（糖类及甜味剂）对红小豆及其产品红豆沙、红豆粉等的品质特性（如色泽、口感、质构特性、碳水化合物消化速率）影响。近年来，随着豆类抗氧化特性的研究深入，人们将豆类加工产品的品质研究重点转移到对其生物活性成分变化情况的方向上来，已有研究对煮制红豆汤的抗氧化特性进行分析，发现红小豆中86%的抗氧化能力由其种皮中的成分决定，并对煮制时间（60min内）、煮制pH及有氧光照下贮存对红豆汤的抗氧化能力变化情况进行了研究。蒸煮过程中，豆粒和汤汁的抗氧化特性均与相关产品（豆馅、豆汁饮料等）最终的功能特性有关。

三、马铃薯生产情况

随着城乡居民生活的改善，肉、蛋、奶的消费明显增多，但谷薯类食品消费出现了求口感（谷薯类消费量逐年下降，动物性食物和油脂摄入量逐年增多，蔬菜摄入不足）、求细（谷物消费以精米白面为主）、求精（谷类过度加工）的倾向。马铃薯主粮化是居民食物消费结构升级的需要。我国居民收入普遍提高，对食物的消费需求和加工流通出现转变，追求营养健康成为消费趋势。

从加工的角度来看，马铃薯可以加工成休闲食品、方便食品、保健食品、营养强化食品、速冻食品等多品类食品。随着马铃薯主粮化的展开，以主食化为切入点，拓宽马铃薯精、深加工渠道，按照不同收入、不同口感、不同健康需求，细分消费层次，产品功能可以多样化，产品档次可以多级化，产品口味可以个性化，以满足不同区域的饮食习惯、不同层次的消费群体和日渐多元化的食物消费需求。目前，全国已开发出包括马铃薯馒头面包、面条、米粉、糕点、复配米、莜面及休闲产品等六大系列、100多种马铃薯主食产品。同时，人们还研发了马铃薯油条、麻花、黏豆包、磨糊、芝心薯球、铜锣烧等地域特色产品，部分主食产品马铃薯粉配比由30%提高到50%以上，马铃薯主食加工企业总数超过200家、年加工能力达到100万吨。

目前，我国的马铃薯加工主要还是照搬国外技术，其产品质量又低于国外产品，导致了国际上没有竞争力，国内消费又不能适应消费者习惯的尴尬局面。因此，研究适宜我国国情的马铃薯加工产品和技术，延长马铃薯产业链，丰富我国主食产品种类，是马铃薯产业可持续发展的迫切需要。本项目在传统主食产品（杂粮煎饼）、地域特色食品（洋芋擦擦）的基础上，增加马铃薯原料的应用，在不改变传统主食产品美味和口感的前提下，解决了添加马铃薯原料后产生的成型困难、褐变、淀粉老化等问题，同时与现代营养学理论相结合，创新性地开展兼具营养、方便、美味的马铃薯主食产品，将特色薯（紫薯）也纳入其中，使产品在外官、口味上都带给消费者不同的体验，市场前景十分广阔。

第二章　寒地谷薯精深加工现状

第一节　寒地稻米深加工

目前，我国稻米消费的利用比例大致为精白米加工90%，精深加工的只占10%左右。与之对应，我国稻米加工的特点是，加工方式初级简单，精深加工不足的问题严重。东北地区寒地稻米资源丰富，从事稻米加工的科研人员一直不断搜集稻米原料的基础数据，包括不同品种稻米品种的品质特性、营养组成及贮藏特性等，分析稻米的关键组分差异与加工品质的相关性，建立我国稻米加工品种适应性评价体系从源头控制稻米细品的综合品质，进而助推我国水稻育种优质化，实现品种、加工产品与品质智能化控制有机结合，以提升我国水稻产业综合实力。

黑龙江省是我国少有的粳稻生产优势区域带，这是有别于我国其他稻区的独特优势。但黑龙江省稻米除了口粮外，出口和深加工转化率低，稻米制品加工处于初级加工或粗加工水平，对稻米的深加工不论在理念上还是技术水平上与发达国家均有较大的差距，稻米增值效应极低，保鲜米饭、留胚米、发芽糙米等精深加工稻米制品的产业化关键技术还不成熟。同时，大米加工企业盲目追求过精过细，导致碎米、米糠、糠粉增多，成品率和稻米资源利用率下降，加工能耗和成本上升。另外，副产物综合利用水平低，100kg稻米会产生35~40kg副产物，其中15~20kg具有食用价值，而这些资源也没有得到有效开发利用。现有的稻谷产品结构不能满足产业升级和消费结构升级的需要，急需高科技含量、高附加值产品的开发和产业化，提高黑龙江省稻米产业在全国的竞争力，使寒地优质粳稻资源优势转化为强大的经济优势，促进稻米产业持续健康高效发展。

稻米的蛋白质含量和组成及稻米中蛋白质对淀粉的平衡结合特性，是影响稻米物理化学和功能性质的主要决定因子。稻米蛋白质及组成不仅是决定稻米营养品质的重要指标，而且对稻米品质（碾米品质、加工品质和蒸煮食用品质等）都有着较大的影响效应。稻米中蛋白质含量与整精米率正相关，与垩白粒率及直链淀粉含量负相关。不同水稻品种（系）醇溶蛋白、谷蛋白含量对米质性状的影响比较大，而清蛋白、球蛋白含量对各米质性状的影响不大；不同水稻品种谷蛋白含量与垩白粒率、垩白度显著负相关，醇溶蛋白含量与精米率、整精米率极显著正相关。稻米蒸煮品质直接关系到米饭的口感，其主要评价指标为直链淀粉含量、胶稠度和碱消值。而直链淀粉含量、胶稠度和碱消值三个指标则随着稻米品种的不同差异显著。在稻米贮藏方面，稻米中脂类物质的含量对稻米制品的贮藏特性影响较大，脂类水解氧化是稻米品质劣变的重要原因。研究结果表明，不同稻米品种不仅脂类含量差异显著，而且其脂肪氧化酶的含量与类型也存在较大差异。如果利用脂肪氧化酶缺失品种进行保胚加工，其产品货架期可以得到适当延长。

第二节　寒地红小豆深加工

从市场需求看，红小豆作为我国具有相当长消费历史的杂粮作物，目前市场上有竞争力的红小豆日常消费食品还较少，国内的红小豆主食品主要是将其加工成粒馅，添加到面包、月饼等食品中，但往往由于馅料品质不佳，影响了消费者的消费需求。日本豆类加工业发达，人均消费食用豆类是我国的 4 倍，不仅培育了一个行业，也对日本饮食结构的改善起到了积极作用。因此，充分利用我国红小豆资源优势，改进红小豆加工技术，将红小豆加工向精细化、高端化方向发展，提高我国居民的红小豆消费量，是红小豆产业乃至杂粮产业发展的必然趋势。以全豆蒸煮制得"全谷物"红豆粒馅，保留了红豆皮中的功能物质，为人们提供了优质的"全食物营养"食品，对改善居民膳食营养结构将起到积极的作用。

蒸煮是豆类最常用的加工方式，蒸煮过程可以软化豆类表皮和内部组织，产生良好的风味和口感。蒸煮也是豆沙制作过程中的关键环节，"欠火"与"过火"都会降低出品率、影响产品的品质和口感。煮豆过程中最易发生"崩豆"，即红小豆的腹裂现象，导致红小豆内部的豆馅颗粒沉淀，易发生烧糊，而且豆馅颗粒被破坏后，流出的红小豆淀粉会使豆馅发生黏着，不仅会对产品品质造成不好的影响，而且还会大幅降低豆馅的产量。日本的食品制馅技术先进，我国大部分制馅企业为日资或中日合资，还有一批国内的中小型制馅企业，很大程度依赖于日本的制馅技术和设备。大型制馅企业为了保证产品在市场的流通顺畅，通过提高馅料的糖度同时配合高温灭菌来延长产品的保质期。这种方式有两个弊端，一是糖度的增加，使馅料在食品中的应用受到限制，如用作面包、糕点中的红豆沙、红豆馅，由于甜度高，考虑产品适口性的问题，不适合大量使用，只起到对其他食品搭配和点缀的作用，限制了产品的消费量；二是高温杀菌会造成食品的风味和营养素的大量损失，从而降低了产品的品质。

我国食用豆资源丰富，若要打破原粮销售的局面，满足市场需要，实现农产品的增值，就需要寻找突破点。本研究以具有很好市场前景的红小豆全豆粒馅为研究对象，综合国内豆馅加工工艺，借鉴日本全自动无人制馅设备的经验，将煮豆工艺进行优化和改进，同时应用改进后的新工艺研制自动化煮豆设备，目的是实现煮豆程序的标准化和自动化控制，将制馅中关键环节能够预先自动完成。这类中小型自动煮豆设备可以应用到后厂前店的连锁店模式中，馅料每日新鲜加工，用巴氏杀菌进行短时间储藏，随即被加工成即食红豆馅产品进行销售，更好地保留了产品的风味和营养。自动化煮豆设备的研制和应用，根据品种特性设定煮豆程序各参数，可以实现馅料加工品质的稳定均一；产品的甜度可以适度降低以增加红小豆的消费量，营养物质和风味物质保存更好，有利于膳食营养的补充；设备国产化，使生产成本大幅降低，以连锁门店的方式经营，将节约 2/3 左右的馅料运输成本。

第三节 寒地马铃薯深加工

我国马铃薯资源十分丰富，是仅次于水稻、玉米、小麦的极具发展前景的高产经济作物之一。由于长期以来对马铃薯的营养价值和经济价值的认识不足，我国对马铃薯的加工利用远低于世界先进水平，马铃薯消费类型仍然以鲜食为主（占消费总量的 60%~70%）。鲜薯难储，因此每年大约有 15% 的马铃薯因腐烂而失去利用价值，造成巨大的经济损失。近年来，我国马铃薯产业发展迅速，产业链不断延伸，价值链不断提升。根据 2013 年中国马铃薯大会的统计数据显示，我国马铃薯种植面积稳定在 8000 万亩以上，马铃薯鲜薯产量达到 1 亿吨，马铃薯加工企业 5000 多家，产能达 170 多万吨。黑龙江省马铃薯栽培历史悠久，是全国重要的种薯和商品薯生产基地，也是全国重要的马铃薯科研、教学、加工、救灾种薯贮备基地。依靠科技创新赋能，马铃薯产业做优做强，实现产业链条的全面发展与提升，将有助于形成推动黑龙江高质量发展的新动能，助力黑龙江全面振兴全方位振兴。

2015 年，原农业部提出马铃薯主粮战略，更是推动整个马铃薯产业的快速发展。黑龙江省因地制宜扩大马铃薯的种植面积，但马铃薯加工业的发展尚属起步阶段。尽管马铃薯主食产品（馒头、面包等）已逐渐出现在超市和百姓餐桌，但由于马铃薯全粉价格过高，每吨为 8000~12000 元之间，导致马铃薯主食产品市场竞争力不强。与谷物精细加工带来的营养素流失不同，马铃薯全粉制品中含有能够涵盖新鲜马铃薯块茎中除薯皮以外的全部干物质（淀粉、糖、蛋白质、脂肪、维生素、纤维、灰分、矿物质等）。马铃薯全粉不但储运安全，保质期较长，且贮藏储运成本远远低于新鲜马铃薯块茎。以马铃薯全粉代替新鲜马铃薯储运可以大幅简化生产过程，实现马铃薯块茎的大规模转化和保存。

我国关于马铃薯全粉的研究始于 20 世纪 80 年代，其中马铃薯雪花粉始于 1989 年，马铃薯颗粒全粉于 2000 年左右起步。2004 年，在复合薯片行业的发展带动下，马铃薯全粉得到广泛应用，有力地促进了马铃薯全粉加工行业的发展。对于马铃薯全粉加工来说，各加工企业都以干物质含量高、还原糖含量低的外来品种"大西洋"为生产原料。加工企业专用品种缺乏以及育种机构侧重于植株生长特性的改良，最终导致马铃薯加工业极度缺乏可用的适宜性加工专用品种。为解决马铃薯全粉加工品种短缺问题，我国育种专家不断开发马铃薯新品种，但全粉加工用马铃薯品质评价模型及其加工适宜性评价体系尚未建立。

参考文献

［1］赵建京，范志红，周威．红小豆保健功能研究进展［J］.中国农业科技导报，2009，11
（3）：46-50.

［2］濮绍京，郁帮华．我国红小豆产业面临问题及科研对策的思考［J］.中国农业信息，2008
（10）：40-41.

［3］梁丽雅，闫师杰．红小豆的加工利用现状［J］.粮油加工与食品机械，2004（3）：68-69.

［4］张元超，李伟雄，黄立新．赤小豆淀粉性质的研究［J］.食品科学，2006，27（3）：44-47.

［5］VIJAYAKUMARI K，SIDDHURAJU P，PUGALENTHI M，et al. Effect of soaking and heat pro-
cessing on the levels of antinutrients and digestible proteins in seeds of Vigna aconitifolia and Vigna
sinensis［J］.Food Chemistry，1998，63（2）：259-264.

［6］张志宏，张颜宇，佟敏强．红小豆国际市场需求与变化［J］.黑龙江对外经贸，2001
（3）：46.

［7］KAUR M，SANDHU K S，SINGH N，et al. Amylose content，molecular structure，physicochemi-
cal properties and in vitro digestibility of starches from different mung bean（Vigna radiata L.）culti-
vars［J］.Starch-Stärke，2011，63（11）：709-716.

［8］HOOVER R，HUGHES T，CHUNG H J，et al. Composition，molecular structure，properties，
and modification of pulse starches：A review［J］.Food Research International，2010，43（2）：
399-413.

［9］KOJIMA M，SHIMIZU H，OHBA K. Dietary fiber quantity and particle morphology of an（bean
paste）prepared from starchy pulses［J］.Journal of Applied Glycoscience，2006，53（2）：
85-89.

［10］SIMSEK S，OVANDO-MARTÍNEZ M，WHITNEY K，et al. Effect of acetylation，oxidation and
annealing on physicochemical properties of bean starch［J］.Food Chemistry，2012，134（4）：
1796-1803.

［11］刘芳，曾悦，刘波，等．加工方法对红小豆碳水化合物消化速度的影响［J］.食品与发酵
工业，2005，31（10）：89-92.

［12］邓媛媛，濮绍京，刘正坪，等．糖对红小豆豆馅品质的影响［J］.中国农业科技导报，
2011，13（3）：78-84.

［13］YAO Y，CHENG X Z，WANG S H，et al. Influence of altitudinal variation on the antioxidant and
antidiabetic potential of azuki bean（Vigna angularis）［J］.International Journal of Food Sciences
and Nutrition，2012，63（1）：117-124.

［14］YAO Y，CHENG X Z，WANG L X，et al. Biological potential of sixteen legumes in China［J］.
International Journal of Molecular Sciences，2011，12（10）：7048-7058.

［15］LUTHRIA D L，PASTOR-CORRALES M A. Phenolic acids content of fifteen dry edible bean

（Phaseolus vulgaris L. ）varieties［J］. Journal of Food Composition and Analysis, 2006, 19（2/3）：205-211.

［16］ MUKAI Y, SATO S. Polyphenol-containing azuki bean（Vigna angularis）seed Coats attenuate vascular oxidative stress and inflammation in spontaneously hypertensive rats［J］. The Journal of Nutritional Biochemistry, 2011, 22（1）：16-21.

［17］ SHI J, ARUNASALAM K, YEUNG D, et al. Saponins from edible legumes：Chemistry, processing, and health benefits［J］. Journal of Medicinal Food, 2004, 7（1）：67-78.

［18］ JAYAWARDANA B C, HIRANO T, HAN K H, et al. Utilization of adzuki bean extract as a natural antioxidant in cured and uncured cooked pork sausages［J］. Meat Science, 2011, 89（2）：150-153.

［19］ HSIEH H M, SWANSON B G, LUMPKIN T A. Abrasion, grinding, cooking and the composition and physical characteristics of azuki koshi an［J］. Journal of Food Processing and Preservation, 2000, 24（2）：87-106.

［20］ 易建勇，梁皓，王宝刚，等. 煮制红小豆的抗氧化特性分析［J］. 农产品加工（学刊），2007（7）：78-81.

［21］ 武晓娟，薛文通，王小东，等. 红豆沙加工工艺及功能特性研究进展［J］. 食品工业科技，2011, 32（3）：453-455.

［22］ 上野隆三，增田隆史，山川晃弘，等. 味道上佳的生豆馅、豆沙馅、冷冻生豆馅、干豆馅及其制造方法：CN1502262A［P］. 2004-06-09.

［23］ 顾佳升. 超高温灭菌乳与巴氏杀菌乳营养价值比较［J］. 中国乳业，2005（5）：59.

［24］ MU T H, SUN H N. Progress in research and development of potato staple food processing technology［J］. Journal of Applied Glycoscience, 2017, 64（3）：51-64.

［25］ 徐忠，陈晓明，王友健. 马铃薯全粉的改性及在食品中的应用研究进展［J］. 中国食品添加剂，2020, 31（8）：133-138.

［26］ 刘振亚. 不同品种马铃薯的加工适应性及应用研究［D］. 银川：北方民族大学，2019.

［27］ 鲁翠. 滕州市马铃薯主食产业化发展路径研究［D］. 郑州：河南工业大学，2017.

［28］ 方嘉惠. 高增稠稳定性马铃薯生全粉的筛选及在番茄酱中的应用［D］. 无锡：江南大学，2022.

第二部分　东北粳稻加工技术及其贮藏机制研究

第三章　寒地稻米加工与产品开发

第一节　全谷物稻米加工技术概述

稻米 64% 的营养元素集中于占糙米重量 10% 的糊粉层和胚芽中，因此其精加工带来的损耗和营养问题日益得以重视。目前国内全谷物稻米产品主要包括发芽糙米制品、易熟化糙米制品、留胚米制品、糙米全谷物焙烤类制品及糙米全谷物主食制品的开发以及一些米乳饮料的开发。围绕这些全谷物稻米制品，稻米全谷物加工技术也正在不断创新和改造，特别集中在改善直接食用糙米带来的粗糙口感和蒸煮方式等方面，现将各类新型全谷物稻米加工技术分别概述如下。

一、发芽糙米加工技术

发芽糙米指稻谷经去除杂质、砻谷后的糙米，放在一定温度和湿度环境中，待糙米发芽到一定程度时，将米粒中的酶灭活，所得到的幼芽长度在 0.5～1mm，加上带糠层的胚乳所组成的大米制品。发芽糙米相对于糙米来说口感更好，可消化吸收度高；相对于日常食用的精白米来说，营养成分更多更全面，富含维生素，作为一种全谷物食品对人类慢性病的预防有一定促进作用，而且在糙米发芽过程中，会诱发生物活性成分发生改变，产生新的生物活性成分 γ-氨基丁酸，改变糙米的口感，经过发芽过程，糙米的口感变好。目前关于糙米发芽终点的研究相对较少，因此很多研究对发芽终点的判定一直沿用日本的标准。日本农林水产省食品综合研究所和日本中国农业试验场联合研究发现发芽糙米芽长为 0.5～1mm 时营养成分含量最高。但是，国内也有研究者发现发芽糙米中 γ-氨基丁酸的含量与芽长呈正相关关系。

发芽糙米干燥技术是决定发芽糙米产品品质的关键技术。常见的发芽糙米加工干燥方法有日光干燥、普通热风干燥、真空冷冻干燥、微波干燥及高热蒸汽干燥等，以上几种干燥方式对发芽糙米的质量均会产生一定的影响。其中，真空冷冻干燥相较于普通热风干燥和微波干燥对发芽糙米质量的影响相对较小；高热蒸汽干燥得到发芽糙米爆腰率明显低于普通热风干燥，而且干燥温度和介质并不会影响发芽糙米中 γ-氨基丁酸的含量。爆腰率是衡量产品品质的一个关键指标。分段加工工艺和循环加湿工艺常作为降低发芽糙米爆腰率的关键加工技术。此外，通过改造试验装置，进而调整加工过程中的通风温度、加湿量、风量等指标，能够实现发芽糙米的较低爆腰率。

二、易熟化糙米加工技术

糙米的皮层和胚芽是阻碍水分渗透进籽粒内部的天然屏障，因此降解或破坏糙米的皮层是改善其蒸煮品质的主要途径。目前，为解决糙米制品"不好吃"、颜色较暗、货架期短等问题，已有一些关于降解或破坏糙米皮层的方法，如高压灭菌技术、流化干燥技术和挤压膨化技术等。

（一）高压灭菌技术

糙米发芽过程米粒吸收充足的水分，发芽结束时水分含量达35%~38%，为了实现6个月的保质期，需经过热风干燥去除20%以上的水分，最终发芽糙米的水分含量控制在14%以下，能耗很大。发芽糙米易煮米创新工艺是糙米发芽后无须干燥，通过高温高压灭菌解决产品的保质期问题，在产品水分含量35%~38%的情况下，可以室温贮存12个月。同时，高压灭菌处理后的发芽糙米皮层软化，与白米一起蒸煮时，皮层破裂，硬度显著下降，适口性显著提高，实现了与白米同煮同熟。发芽糙米易煮米创新工艺与传统发芽糙米加工工艺能效对比，新工艺加工时间从每吨18h降低到11h，节约时间39%；能耗从39.5kW·h/100kg降低到20.5kW·h/100kg，能耗降低48%；产品的出品率从98%提高到123%，出品率提高了25%。

（二）流化干燥技术

流化干燥是一种有效的谷物干燥技术，但稻谷经流化后常半有断裂或爆腰的情况产生，这会使抛光后整精米率降低，因此流化温度常常低于50℃。有研究报道，糙米经高温流化（温度130℃及以上）处理后产生了裂缝，并且米饭的硬度显著下降。这是因为裂缝能使水分快速渗透进糙米内部，从而促进淀粉快速熟化；同时直链淀粉、蛋白质、糖类等有机物能够较轻易地从裂缝渗出，使米饭柔软、黏性增大。

（三）挤压膨化技术

挤压膨化、超微粉碎等加工方式的运用，在提升了糙米制品的食用品质和方便性的同时，丰富了市场上产品的多样性。通过挤压加工，能够提高糙米制品消化体系黏度、降低糙米制品消化速率、葡萄糖扩散速率等。

除以上加工处理外，也有研究者通过设计微波改性处理试验，提高了糙米的蒸煮品质，并确定了最佳工艺处理条件，改性后糙米饭硬度为2865.85g，吸水率为56.96%。

三、全谷物稻米中抗氧化活性分析技术

抗氧化成分之所以对人体健康有益，主要是由于它们的抗氧化作用及其对相关

酶的抑制作用。糙米中含有丰富的活性成分，糙米除米糠和胚中含有蛋白质、纤维、油脂、矿物质、维生素等化学成分外，糙米中维生素 E、γ-谷维素、多酚类等具有抗氧化功能的组分也已经引起研究者的重视。γ-谷维素是糙米生物活性成分之一，它是阿魏酸酯和植物固醇的一种混合物，具有很多生物特性，其中包括降低胆固醇、抗肿瘤、预防糖尿病和抗氧化作用等。通过研究 γ-谷维素，口服糙米中的 γ-谷维素对小鼠摄食行为和兴奋平衡有较好的调控作用，可改善葡萄糖不耐效应，以及降低下丘脑内质网应激。研究者通过测定 6 种红皮米和 10 种无色大米中的酚类化合物，以及可溶酚和不可溶酚的含量，研究其对血管紧张素转化酶（ACE）活性的抑制作用，发现红皮米含有较高浓度的酚类化合物，并且主要为可溶成分，其比无色大米显示了更强的 ACE 抑制作用。

酚类化合物和黄酮类化合物作为抗氧化剂，能够起到抗炎症、免疫调节、预防和抗癌以及抑制醛糖还原酶活性的作用。研究者对糙米中多酚类物质的纯化方法进行比较分析，认为传统糙米多酚含量差异并不是归因于糙米品种的不同，而与不同纯化方法有关。在此基础上，更多的研究者围绕糙米中多酚类组分展开研究，并发现在糙米发芽过程中，糙米中酚酸及相关酶活的组成和分布会发生变化，糙米的抗氧化性也会得到提高。此外，蒸煮后发芽糙米中 γ-谷维素和生育酚的含量较高，但经过挤压、鼓风干燥和喷雾干燥后二者含量均显著降低，而利用家庭式蒸煮方法，γ-谷维素和生育酚的含量能够达到最高。

第二节　全谷物稻米产品概述

长期以来，稻米作为主食供应，在膳食中的重要性和普遍性双向导致产业长期处于平稳且缓慢发展状态。在生态、市场和健康理念等多方需求调节下，稻米加工产业问题也开始不断涌现，如加工产品单一、成品率低、营养流失、能耗较大、企业薄利等。本部分将对我国稻米加工产品类型、加工产品区域分布及产业发展情况进行介绍。

一、常见流通稻米产品类型

据国家统计数据，2020 年我国稻谷产量 21186.0 万吨，成品米产量 14700 万吨。根据稻谷不同加工程度和加工方法，国内市场中稻米加工产品可分为 9 类：主食大米、方便米制品、传统米制品、功能性米制品、米酒制品、糙米酵素、糙米焙烤食品、速食糙米粉、副产物相关产品。

（一）主食米制品

稻谷是经清理、砻谷、碾米、成品整理等工序后制成的产品。为迎合消费者对大米口感的要求，我国稻米加工存在抛光次数过多，出米率较低的现象（约为65%，比日本低 3%~5%）。主食大米过度加工的现象长期存在，不仅导致以大米为主食的居民膳食营养摄入失衡，还造成稻谷资源浪费、加工能耗增加等不利影响。随着生产者和消费者健康理念的变化，糙米、发芽糙米、富营养米（富硒、富钙、富铁）、胚芽米等系列全谷物或轻碾主食米制品的发展速度逐渐加快。

（二）方便米制品

在产业和市场需求的导向下，方便米制品产业发展迅速，各类产品陆续上市。一是在应用挤压技术创制预熟化工程米的基础上制成的速食米饭、速食米粥等；二是依托现代冷链运输技术加工成的预制调理型米饭制品，如冷冻炒饭、冷冻焗饭、糯米加工冷冻产品等；三是利用膨化、烘焙、炒制等加工工艺制备而成的休闲类大米制品，如米粉、米面条、米饼、米蛋糕和糙米茶制品等。

（三）传统米制品

我国传统稻米食品类型丰富，因多以中国南方城市为发源地，而具有地域性较强的特点。传统米制品如米糕、米线、汤圆、粽子等，多以籼米或糯米为原料，经浸泡、磨浆、发酵、成型等系列传统工序制得，产品因具有独特风味而流传下来。传统米制品涉及产品种类多、工艺复杂、规模化程度普遍较低，大多数中小企业仍处于手工及半手工生产状态，因品类差异，缺少国外经验与技术装备可供借鉴，更缺少配套的自动化和智能化装备，整体加工能力和水平仍较低。

（四）功能性米制品

功能性稻米制品指以稻米为原料创新研发的功能性特殊膳食，国外已形成了一些品牌产品，但我国在功能性米制品方面的研究处于刚起步阶段。功能性米制品的制备涉及物理、化学、生物发酵等多种加工技术，针对不同需求人群，通过精准调控大米营养成分比例、酶解大分子物质、挤压膨化、生物转化等技术手段应用，现已开发出高还原型谷胱甘肽米制品、适宜主食限制类代谢疾病人群食用的低血糖生成指数（GI）米制产品、针对肾功能不全患者开发的低蛋白米以及针对肠道损伤病人开发的全营养特殊医学用途配方产品等。

（五）米酒制品

米酒制品是一种典型的稻米发酵产品，最早起源于我国，迄今已有 3000 多年的历史，其酿造工艺传入日本后，发展成为日本的一种传统酒精饮料。近年来，清酒因具有低酒精度、高营养和保健作用等特点而得到更多关注。清酒制备需要以精米率达到 65%~75% 的精白米为原料，制备过程中用到的酒母和发酵用米都是粳米，且对稻米的理化和食味品质有着特殊要求，不同品种稻米因理化特性差异对酿造清酒的品质也有很大影响。

（六）糙米酵素

糙米酵素是在糙米的胚芽和糠中加入蜂蜜后，利用酵母和乳酸菌发酵而成的混合生物酶体系，发酵过程会衍生出数十种新的酵素，提升了糙米的营养价值，基于此，糙米酵素的研究热潮开始显现。研究者以米糠、糙米为主要原料进行发酵，以还原型谷胱甘肽为指标，能够确定糙米酵素发酵培养基的最佳配方和糙米酵素最佳发酵条件，可以使谷胱甘肽含量达到最高值 2.62mg/g。虽然对该领域的研究尚不深入，但进一步开发富含糙米酵素的功能产品是今后糙米加工的一大趋势。

（七）　糙米焙烤食品

近年来，国内外出现用米粉代替面粉制成面包、饼干等甜品的研究越来越多。稻米面包不仅可以丰富面包种类，减缓人们对小麦麸质的过敏症状，而且可以充分利用碎米资源，增加碎米的附加值，降低普通面包的生产成本。日本将米粉用酶处理后制作成米粉面包，产品柔软，保湿性好且热量比小麦面包低，目前已经实现商品化生产。美国和北爱尔兰也开发了类似的产品。稻米面包制作过程中最大的困难就是米粉中缺乏面筋蛋白，发酵过程中难以形成较好的网孔结构，所以很难获得理想的面包类发酵产品。但是国内仍然开展了糙米面包的研究，在以小麦粉为主要原料的基础上，加入 20% 的糙米粉制作糙米面包，能够获得与单纯小麦粉面包品质无显著差别的产品。

（八）　速食糙米粉

常用的速食糙米粉制备方法有湿法、干法和干湿复合法。其中，干法特有的挤压膨化过程为其产品带来更多优势，经过挤压后的产品在溶解性、口感、香味等方面的品质均有所提升，为糙米粉带来了更优良的口感和风味。采用生化法对加工纯天然速食糙米粉进行处理，能够制备湿法加工全糙米粉。以发芽糙米为原料能够制备营养更加丰富的糙米粉。糙米粉的成功研制既解决了糙米难煮、难吸收的问题，又保留了糙米的营养，为老人、小孩提供了更多的选择。同时，糙米粉可以作为原料添加到其他食品中，改善食品的风味。

（九）　副产物相关产品

稻米副产物加工主要集中在米糠和碎米两个部分，其中米糠含有稻米中 90% 的活性物质、丰富的营养物质和功能性物质，其物质组成复杂且不稳定，但产品开发潜力巨大。我国碎米的利用率为 26%，米糠不足 50%，而发达国家稻米副产物的综合利用率普遍达到 90% 以上，其中日本的米糠综合利用率达到 100%。随着稻米稳定化、功效成分提取及生物转化等精深加工技术的发展，稻米副产物的加工与利用将会创造更多经济效益。

近年来，在生态、市场、健康等多方面需求的调节下，全利用、能耗低、营养全面、类型多样的高值营养稻米制品将成为以后研发和市场流通的重点。目前国内主要研发的稻米精深加工产品有方便大米主食产品、米面条、米蛋糕、高蛋白糙米粉等一系列与稻米有关的营养食品。

第三节 稻米加工技术推广与应用

我国稻米产业一直面临着两大问题：一是加工形式初级简单，稻米产业过度加工现象严重，加工时采用的抛光工艺或双抛工艺，虽然能够获得更好的外观，但会随之产生出米率低、营养物质损失严重、能源消耗增加等问题，二是稻米加工企业数量多，产量高，却以中小企业为主，品牌虽多但龙头品牌成长缓慢，行业集中度较低。随着稻米初级加工状态逐渐被打破，国内围绕稻米加工展开研究的科研院所和研究内容都持续增加，多项稻米精深加工关键技术得以攻克并且推广到国内著名稻米加工龙头企业。稻米科研成果推广应用涉及稻米产品工业化、稻米加工工艺研究、高值化米制品开发等方面。

一、稻米精深加工技术的推广

我国稻米加工行业现状是由初加工阶段向精细化规模化发展阶段过渡，在新产品工艺优化、新技术与加工业融合，新机械投入稻米行业的带动下，以稻谷为原料，加工淀粉糖、蛋白粉、米糠油及功能性饲料等高附加值产品，利用稻米深加工产业链对稻谷做到"吃干榨尽"，与初加工大米制品相比，产品加工更加精细。在稻米制品营养均衡加工技术方面，为追求大米制品的口感、外观，致使稻米加工过度，造成许多膳食纤维、维生素、活性物质和矿物质元素的损失，也带来了稻米资源的极大浪费。"发芽糙米""留胚米""蒸谷米""γ-氨基丁酸大米"均为全谷物稻米产品。同时，稻米行业还应注重加强学科整合和行业交叉，利用高新技术，如高效减损加工、主要组分高效分离、物性修饰和质构重组、加工稳态化、双螺杆挤压技术等，促进产业科技创新和加快产业化进程，加快高值高营养稻米制品产业的发展。有效防止过度加工，产品结构逐步优化，实现稻米全营养的开发和利用。节约能源，降低成本，提高工业化效率，加快企业技术升级，提升整个稻米行业的发展速度。2016年，部分米企开始逐步合理控制加工精度，并为大米副产物的综合利用寻求出路，与科研院所合作开发碎米产品，如米粉、淀粉、制酒等；发展米糠制油，提取谷维素、植酸钙、肌醇、米胚芽制品等高值营养品。

二、传统稻米产品的工业化推广

随着现代食品工业的发展，传统主食产品示范基地和国家级米制主食品工程技术研究平台陆续开始建设，传统稻米制品作坊式生产模式将逐渐打破，通过机械设计和工艺开发，稻米主食制品工业化进程加快。米制主食产品向多品种、营养化、高品质方向发展，重点发展方便米饭、米糕、米粉、米线、汤圆、粽子等米制食品工业化，培育优良品牌的市场占有率。在传统稻米制品中试生产线集成项目建设的基础上，截至2019年，传统稻米制品，如米饭、米糕及米线产品的中试加工、包装技术及配套装备研究均已完成。研究米制品主食工业化，一方面能够加快稻米产品品种多样化进程，另一方面能够增加稻米企业活力和生命力，促进行业的健康发展。此外，稻米市场上方便制品多以休闲膨化制品为主，缺乏符合营养平衡要求的方便食品，简便、营养、卫生、经济、即开即食的方便食品市场潜力巨大。

三、高值化米制品加工技术推广

随着企业技术需求强烈，以及消费者饮食消费升级，高值米（留胚米、糙米、发芽糙米）制品正在研发过程中并陆续投入市场。例如，江南大学与无锡市惠山区粮食局、无锡市苏惠米业有限公司合作，建立了全谷物营养米生产车间，进而实现了高值米制品产业化。但是受产业发展阶段限制，高值营养米制品类产品标准十分混乱。为了保护高值米市场，一方面需要大力推进营养健康型米制品（专用米、发芽糙米、留胚米、营养强化米等）的开发生产；另一方面需要抓紧制定产品国家（行业）标准和生产规范，以保证高值营养米产业的健康发展。

第四章 留胚米加工关键技术研究

第一节 留胚米品质劣变研究基础

大米是全球性的主要粮食作物，是超过世界一半人口的主食。稻谷直接脱壳后得到的是糙米，与普通碾磨大米相比，其含有稻米全部的营养成分。尽管糙米营养组分含量丰富，但是糙米通常不会被用作餐桌大米，因为它具有较差的质地、不被接受的米糠味和难于蒸煮的特点。稻粒纵向剖面结构及不同类型稻米的结构组成分布如图4-1所示。其中，糙米为仅去除稻壳后未经碾磨的稻米籽粒；留胚米为适度去除糙米表层蜡质、种皮及部分糊粉层后制得的加工产品；精白米则只保留了胚乳部分，是碾磨加工程度最高的一种稻米产品。由于稻米含有的人体必需营养素中90%以上都存在于稻米外层和胚中，精白米营养流失最大，糙米虽保留了全部营养但因其口感和蒸煮性较差而不易被人们接受。为兼顾营养和消费需求，留胚米是一种以糙米为原料经适度碾磨后获得的活性稻米产品，除口感与精白米相近外，还含有丰富的脂质、蛋白质、矿物质、维生素及抗氧化物质（如酚酸、谷维素）等营养成分。

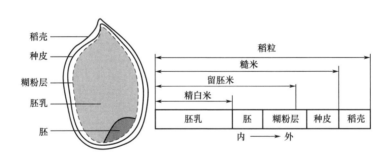

图 4-1 稻粒纵向剖面结构及不同类型稻米的结构组成

目前，我国居民膳食仍以精白米为主，其成分的90%为淀粉，精白米营养匮乏的问题正逐渐为人们所重视。留胚米是一类营养全面且具有生理活性的大米制品。日本、欧美等发达国家因有通过大面积食用活性稻米来改善营养失衡带来的各类疾病的案例而备受推崇。与精白米不同，留胚米指稻谷经过加工后保留了种皮及米胚，且具有生命力的米产品，其在保留了稻米中多种维生素及蛋白质等丰富营养成分的同时也保留了丰富的酶类。与精白米可以经年贮藏的特性相比，即使在冷藏条件下，留胚米在加工一个月至数月后即会发生劣变。研究表明，酶是影响留胚米品质的重要因素，稻米中营养成分在酶的作用下能够发生脂类物质酸败、蛋白质交联以及淀粉分子重排等多种劣变反应。不耐贮性是亟待解决的制约留胚米产业发展的主要瓶颈。

一、我国留胚米加工的市场现状

19世纪80年代，日本海军脚气病盛行，东京大学岛园顺次郎教授最先提出使用胚芽米预防脚气病，并首先在日本海军和陆军相继推广食用留胚米，后陆续形成为一种新型碾米工业产品，并于20世纪90年代流传至我国。研究发现，胚芽是稻米重要的营养结构，66%的营养都储存在胚中，留胚米类产品能够保留全部或大部分米胚，一般留胚率均能达到80%以上，因此留胚米能够在保证口感的前提下最大限度地保证稻米营养的均衡摄入。亓盛敏等通过对稻米进行不同碾减率处理，通过检测发现随着碾减率的减小，稻谷的出米率得到提高，并且碎米率减小，以及各种微量元素的含量均得到了更好的保留，特别是维生素 B_1 和膳食纤维，含量分别提高了40%和175%。张兰等在对稻米加工过程营养成分流失研究中，将稻米加工成不同精度的样品，并对样品的营养成分进行了实验分析，研究发现稻米的各种营养成分的分布是不均匀的，并且随着加工精度的增强，营养流失越严重。我国作为一个三分之二人口都以稻米为主食的大国，健康需求是推动留胚米产业发展的主要推动力。

目前我国虽然已有留胚米产品上市，但无论是从产品质量、数量还是品种上还都比较落后，基本上没有形成市场规模。中高档米定位的留胚米进入市场以来，已经得到越来越多、注重营养的消费者的欢迎，市场前景广阔。从留胚米加工的角度来看，碾磨技术及装备早已突破，而从市场的角度来看，留胚米类制品仍不能成为各大稻米加工厂的主流或支柱产品，留胚米的不耐储特性严重制约了其市场发展。黑龙江省拥有优良的稻米资源，可以保证水稻的质量和留胚米类产品的质量，基于黑龙江地区丰富的稻米资源开展留胚米品种筛选及加工品质研究，能够为进一步促进和完善留胚米产业发展提供智力支持。

二、留胚米的营养组成

从营养组成上分析，留胚米除含有胚乳中全部淀粉类物质外，还富含优质蛋白质、优质脂肪、维生素及多种矿物质。米胚与精白米中全营养组成见表4-1。

表 4-1 米胚与精白米的全营养组成

分类	营养素	米胚	精白米
基本营养素	水（%）	10~13	12~16
	粗蛋白（%）	17~26	6~9
	粗脂肪（%）	17~24	0.7~2
	碳水化合物（%）	15~30	72~80
	膳食纤维（%）	7~10	1.8~2.8
矿物质	灰分（%）	6~10	0.6~1.2
	钙（μg/g）	510~2750	46~385
	铁（μg/g）	100~490	2~27
	镁（μg/g）	6000~15300	140~1200
	锰（μg/g）	100~140	10~33
	钾（μg/g）	3800~21500	140~1200
	锌（μg/g）	100~300	3~21
维生素	β-胡萝卜素（IU）	981	痕量
	维生素 C（μg/g）	25~30	0.2
	维生素 D（IU）	6.3	痕量
	维生素 E（μg/g）	21~31	痕量
	维生素 B_1（μg/g）	45~76	痕量~1.8
	维生素 B_2（μg/g）	2.7~5.0	0.1~0.4
	维生素 B_3（μg/g）	15~99	8~26
	维生素 B_5（μg/g）	3~13	3.4~7.7
	维生素 B_6（μg/g）	15~16	0.4~6.2
	维生素 B_{12}（μg/g）	0.011	0.001
	维生素 K（μg/g）	3.6	痕量
	维生素 H（μg/g）	0.26~0.58	0.005~0.07
	叶酸（μg/g）	0.9~4.3	0.06~0.16
	肌醇（μg/g）	3725~4700	100~125

稻米中脂类含量并不高（占稻米总重的 2%~3%），且在稻米籽粒中分布不均匀，其中胚中含量最高（约占糙米中脂肪含量的 70%），其次是种皮和糊粉层，胚乳中含量极少。因此，大米中的脂类含量则随碾米精度的提高而减少是由其自身的生理结构特点决定的。留胚米中的脂类主要以不饱和长链脂肪酸为主，包括亚油

酸、油酸、软脂酸，另外还含有少量的硬脂酸和亚麻酸。这些不饱和脂肪酸在氧气及稻米中各种内源酶的作用下，氧化速度较快，增加了留胚米不耐贮藏的特性。

稻米中的蛋白质在占糙米 5% 的次外层结构中含量最高。优质蛋白质中必需氨基酸与总氨基酸的比值（E/T）应大于 36.0%，稻米中的主要蛋白质，如清蛋白、球蛋白、醇溶蛋白和谷蛋白的 E/T 值分别为 40.8%、38.0%、43.2% 和 41.0%，因此稻米中的主要蛋白质均为优质蛋白质。研究表明，清蛋白和球蛋白主要集中在米糠和精糠中，而醇溶蛋白与其他蛋白质相比，它在稻米中的分布是最均匀的。稻米蛋白质在胚内多于胚乳，糊粉层与亚糊粉层也要多于胚乳内部。王媛等对留胚米留胚率与蛋白质含量之间的相关性进行了研究，发现当稻米的留胚率随着碾精时间的延长而下降，其蛋白质含量则随着留胚率的下降而降低；同时，随着碾精时间的延长，谷蛋白和醇溶蛋白占总蛋白比例上升，清蛋白和球蛋白含量下降。

淀粉是稻米中含量最多的营养素，占稻米总重量的 62%~86%，随着稻米碾白精度的增加，淀粉的质量分数逐渐增加，在留胚米的碾制过程中，由于胚乳部分不会遭到破坏，其淀粉含量损失最少。淀粉作为稻米中的主要营养成分，除了能够提供足够的能量外，对稻米品质的影响也很大。根据淀粉链的链长和分支度不同，可以将淀粉分为直链淀粉和支链淀粉，而直链淀粉是衡量稻米品质的重要指标，研究表明，稻米老化速度与直链淀粉的含量呈正相关，直链淀粉含量越高，其老化速度越快，因此，直链淀粉含量对稻米口感和老化程度影响很大。此外，还有研究指出，稻米中支链淀粉的含量对其蒸煮和组织特性的影响也不容忽视，随着支链淀粉中短链分支程度的增加稻米制品的回生概率逐渐降低。

稻米中维生素和矿物质在稻米中的分布由外至内逐层递减，米糠层虽然含有丰富的微量元素，但其作为稻米加工的副产物，口感差、易腐败，通常仅作为饲料使用。与米糠相比，留胚米的优势在于具有良好的口感的同时，还含有丰富的微量元素。总体来说，维生素和矿物质在稻米中的含量除了受存在部位的影响外，其品种、地域和季节的不同含量也会有所差别。

三、留胚米中的酶系组成

稻米从外到内依次由种皮、果皮、糊粉层、胚芽及胚乳等生理结构组成。研究发现，稻米外层结构中富含各种非淀粉类成分，稻米在贮藏过程中发生的大多数改变都集中在占稻米总重 10% 的外层结构中。留胚米由于保留了部分外层结构和胚芽，其贮藏陈化过程变得更加复杂。作为一个活的生命体，碳水化合物、蛋白质和脂类是维持生命的三大基本营养素，与它们代谢相关的酶类及其产物如表 4-2 所示。

表4-2　稻米中常见酶类及其作用效应

反应底物	参与反应的酶	对稻米的作用效应
脂类	脂肪酶 脂肪氧化酶	水解脂类生成游离脂肪酸 氧化游离脂肪酸及三酰甘油 生成氢过氧化物及羰基化合物
蛋白质	蛋白酶	—SH→S—S，挥发性含硫化合物的含量降低 蛋白质之间相互作用，抑制淀粉颗粒的溶胀
淀粉	α-淀粉酶、 β-淀粉酶、 脱支酶	增加淀粉微束的强度 抑制淀粉颗粒的溶胀 与脂肪酸形成复合物——淀粉结合脂类

脂类物质在稻米中的含量虽然最低，占稻谷的 0.6%～3.9%，但其在贮藏过程中的劣变速度却最快，对留胚米的风味和质地影响最大。水解和氧化是脂类发生反应的两个基本途径，脂肪酶是脂肪分解代谢中第一个参与反应的酶，一般认为它对脂肪的转化速率起着调控的作用，是稻谷储藏过程中脂肪酸败变质的主要原因之一。Zhou 等认为，在贮藏期间，与淀粉结合脂类中的不饱和脂肪酸不会发生氧化，其脂肪酸组成和含量基本保持不变。由此可以推出，稻米贮藏期间参与水解和氧化反应主要是非淀粉脂类（游离脂类）。Ahmad Mujahid 等对脂类含量较高的米糠进行研究，发现在贮藏期间米糠中的脂类非常不稳定，由于脂肪酶的作用，在数天之内就有游离脂肪酸生成，为了防止油脂劣变，可以采用在加工之后立即将脂肪酶灭活的方法。以上研究表明，稻米中脂肪酶直接参与了脂类代谢，且在外层中脂肪酶含量较丰富，但脂肪酶在留胚米中的具体分布情况仍需要进一步的研究。

稻米中蛋白质在贮藏前后含量并无明显变化，但在蛋白酶的作用下，蛋白质中的巯基经氧化生成二硫键。Huang 等曾报道过陈化的稻米中二硫键数量及米谷蛋白的平均分子量均有增加。二硫键交联增多的米蒸煮后不易烂，加热后黏性变小。有研究表明，脂类水解生成的游离脂肪酸能够同直链淀粉、羰基化合物和氢过氧化物相结合，这些结合产物会进而加速蛋白质的氧化反应，并促进挥发性羰基化合物的凝聚。氧化后的蛋白质会抑制淀粉颗粒的膨胀，也会对贮藏后大米的蒸煮质构特性产生影响。此外，随着温度的升高，蛋白酶活力增加，从而游离氨基酸的含量也增加，含硫氨基酸与维生素 B_2 会导致陈米味的出现。在稻米贮藏期间，氨基酸进一步在酶的作用下分解成醛酮类物质，也是稻米出现臭味的原因之一。其他酶类，如谷氨酸分解酶、木聚糖酶等与稻米陈化的关系也很密切，但目前研究仍然很少。

淀粉通常被认为是稻米中的惰性组分，有研究指出稻米中的淀粉在整个稻米贮藏期间都不会发生显著变化。在稻米贮藏过程中，非蜡状大米陈化过程中还原糖的量有所增加，这可能是陈化期间酶的作用使淀粉降解，并且增加了短链淀粉（DP 6~12）的百分比。贮藏稻米淀粉质构特性和糊化特性的改变是其内源淀粉酶作用的结果，通过内源 α-淀粉酶的水解作用，使长链淀粉含量减少，而短链淀粉含量增加，并形成小簇，这些小簇能够增加淀粉糊化过程中淀粉颗粒的溶胀性，提高稻米食味值。而 β-淀粉酶则通过保持支链淀粉的分支结构，同样可以抑制大米中淀粉的回生特性。留胚米中除了保留了全部的淀粉类物质外，还含有丰富的淀粉代谢相关酶类。目前，关于淀粉酶对稻米老化特性方面的研究虽然较多，大多集中在稻米中淀粉代谢相关酶类对稻米蒸煮品质的影响，其在稻米（特别是留胚米）贮藏期间活力变化规律，以及其与其他酶类对稻米的协同作用研究还有待进一步展开。

四、留胚米品质不稳定理论

在糙米制备留胚米的过程中，糙米的天然保护外层被破坏、脂肪球破裂，这些加工过程为脂肪代谢相关酶与脂质的接触创造了条件。在发生一系列生理活性反应后，留胚米制品的品质最终发生劣变。因此，尽管留胚米在营养指标、感官指标和品质指标上优势明显，但由于其贮藏特性差且无法实现常温长期市场流通，很多企业不会大量生产留胚米，最终导致留胚米只能成为概念米，在市场上占有较小份额。

（一）留胚米脂质劣变理论

从稻米籽粒的生理结构上看，留胚米虽然受加工影响比较大，但其营养组成和酶系分布与糙米仍具有一致性。糙米因其表面蜡质及种皮结构的保护作用而能够实现常温条件下的经年保藏。在稻米脂质劣变的理论研究方面，现有研究多以糙米为基础原料，但从糙米外层结构的破坏到加工成为精白米的过程是稻米内部脂质发生劣变的前提条件，而留胚米是加工程度介于糙米和精白米之间的产品类型，因此糙米中脂质劣变理论研究同样适用于留胚米。

1. 脂质劣变途径

完整稻米籽粒营养全面丰富，但各类营养物质在稻米籽粒中的分布并不均匀，且集中存在于外层结构和胚中，这种分布会导致稻米外层结构的保留程度与稻米品质劣变具有显著相关性。与稻米中蛋白质等营养素的流失和变性不同，稻米脂质的水解与氧化通常会带来不愉快的酸败味或陈化味，直接影响稻米的感官品质，进而导致稻米产品不再适合消费。稻米中脂质含量为 1%~4%，与影响稻米食味品质的直链淀粉含量具有相关性。按脂质在稻米中存在形式，稻米脂质可分为淀粉脂质和非淀粉结合脂质两种类型，其中淀粉脂质指与淀粉通过单酰基与羧基稳定结合，分布于稻米胚乳中的脂类，含量为稻米总组分的 0.2%~0.7%；而非淀粉结合脂质指以脂肪球体形式存在于糊粉层（50%～55%）、胚芽（14%～18%）及内胚乳（12%～19%）中的脂类，含量为稻米总组分的2.9%～3.4%，在磷脂形成的单层膜结构保护下，三酰甘油作为脂质的主要成分稳定存在于脂肪球体内。稻米脂质劣变多以非淀粉结合脂质为底物，且历经三个变化阶段（图4-2）：第一阶段是在机械破坏或磷脂酶水解的条件下，脂肪球发生破裂释放甘油三酯；第二阶段是释放出来的脂质在脂肪酶的作用下水解生成甘油和脂肪酸；第三阶段是脂质氧化，此阶段包括酶促氧化过程和非酶自动氧化过程，脂肪酸经氧化后最终分解生成挥发性的醛和酮等羰基化合物，同时不饱和脂类也会在有氧条件下自发地发生氧化反应，生成过氧化物，并进一步氧化成醛、酮、酸等化合物产生陈米臭。稻米经氧化反应生成的脂肪酸和过氧化物会与营养成分结合，也会引起稻米蛋白质结构的变化和聚集体的形成，导致稻米的食用和营养价值严重下降。

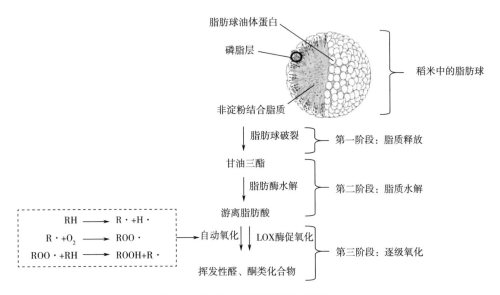

图4-2 稻米中非淀粉脂质劣变途径

2. 脂质酶促氧化

稻米中天然存在很多参与脂质水解和氧化分解的酶，如脂肪酶、脂肪氧化酶、磷脂酶、过氧化氢酶等。对于未经外力作用的稻米脂肪球体来说，磷脂酰胆碱作为脂肪球膜的主要成分能够在磷脂酶D的作用下降解生成磷脂酸，也有研究认为脂肪球膜降解是脂质降解和酸败的触发器。脂肪球膜破坏后，限制在脂肪球体内的三酰甘油经脂肪球膜渗出，并在脂肪酶的作用下水解，生成以亚油酸为主的次级代谢产物。随后，亚油酸在特异性脂肪氧化酶作用下氧化生成氢过氧化物，在碳链裂开后，形成更小的挥发性化合物如环氧醛酮类、内酯类和呋喃类化合物，具有不愉快气味，造成稻米的酸败。显然，脂肪代谢相关酶的活力在稻米品质劣变过程中发挥了重要作用。在以糙米为原料加工米制品的过程中，脂质代谢相关酶的活力大小会因加工方式的不同而发生变化，如经超高压和高强度超声技术处理后米制品的脂质水解和氧化能力提高，但发芽处理却可起到延缓脂质劣变进程的作用。此外，脂质酶促氧化可以受金属离子调节，例如脂肪酶活性能被 Ca^{2+} 激活，但会被 Mn^{2+} 和 Cu^{2+} 抑制，当加工处理带来稻米内部矿物质离子的移动与释放时，元素释放的种类、空间分布及处理条件会直接影响稻米脂质劣变进程。研究发现糙米发芽时富集于种皮和糊粉层之间的 Ca^{2+} 能迅速移动到胚，而胚中 Mg 和 Mn 的含量同时发生显著下降。由此可见，矿物质释放与脂质代谢酶活力之间存在着明显的互作关系，今后研究如能进一步明晰这些活动因子的定量关系以及不同加工处理对酶蛋白金属结合位点特异性损伤的影响，则能从调控酶促氧化反应方向的角度为留胚米脂质劣变问题提供解决思路。

3. 脂质自动氧化

在稻米品质劣变的研究中，对非酶氧化过程的关注度较低。脂质自动氧化是一个在诱发剂（如温度、单线态氧、光敏剂或辐射）的作用下激活，并由起始、增殖和终止过程组成的连锁反应。从已有报道来看，稻米脂质自动氧化的起始自由基来源无法确定，它可能是一种脂肪酸自由基 HL·，也可能是一种完全不同的自由基 R·。至今未见与稻米脂质劣变起始诱发因子相关的公开研究报道。金属离子，特别是两价态的金属离子（包括 Fe^{2+}、Cu^{2+}、Mn^{2+} 及 Mg^{2+}），除能担当酶促反应的催化剂外，也是常见的脂肪酸自动氧化引发剂，可以通过单电子转移来降低起始阶段的反应活化能。活性稻米加工过程会对金属离子间的相互作用产生影响，进而调节脂质的氧化和矿物质元素的释放。有研究指出，活性稻米体系中释放的金属离子具有调节脂质氧化的作用，如活性稻米体系内的金属离子螯合剂（如乙二胺四乙酸及其盐类）螯合金属离子后，其氧化能力降低。而硒富集发芽糙米在贮藏期间脂肪酸值和羰基值均较普通发芽糙米发生显著降低，深入研究发现，硒富集发芽糙米中存在参与脂质代谢的差异蛋白能延缓长期贮藏期间发芽糙米的氧化酸败，硒元素对稻米贮藏期间品质的劣变同样具有抑制作用。由此可见，金属元素在作为脂质氧化反应引发剂及代谢相关蛋白差异表达诱发剂方面的研究也有待展开，而以糙米为原料经适度加工后获得的留胚米制品中金属元素的分布与残留量研究也应得到同样的重视。

（二）影响留胚米脂质稳定性的其他理论研究

脂质是稻米内部的主要贮藏物质之一，也是稻米细胞的重要组成成分。在水稻生长发育、逆境胁迫、衰老过程中，脂质代谢对其生长适应性和生理效应发挥着重要作用。完整稻谷或糙米中的脂质劣变速度非常缓慢，其原因在于：一是稻米脂质集中分布于籽粒的种皮层、糊粉层和胚中，脂肪酶主要分布于稻谷种皮的横断层中，脂肪酶和脂质因处于不同的空间区域和稳定的活力状态而不利于脂质氧化反应进行；二是休眠的稻米籽粒处于自然生理平衡状态，代谢活动（包括氧化还原反应）也处于稳定的休眠期。对于留胚米来说，碾磨或铣削等外力破坏了稻米籽粒表层细胞和生理结构，在损伤胁迫的压力下，活性稻米将产生一系列生理应激及稻米自身抗氧化系统失能问题。解析这些科学问题有助于从本质上提出更先进的控制留胚米贮藏过程中脂质变化的技术手段。

1. 机械（碾磨）胁迫的影响

脂质特异性探针染色和显微观察实验显示稻米中脂质主要分布于米粒表面，碾磨或抛光处理破坏了稻米籽粒细胞，脂肪球体内的三酰甘油释放，虽然脂质代谢相关酶类的分布位置尚无明确报道，但三酰甘油的暴露确为稻米脂质的水解和氧化劣变提供了底物条件。此外，留胚米剧烈的加工过程打破了稻米籽粒的休眠状态，并激发了其生理活性。研究表明，植物细胞在损伤胁迫过程中会发生应答反应，cDNA 异源表达实验已经证实，植物在经历损伤胁迫时其 LOX 类化合物生成量增加，而通过 LOX 代谢途径释放出的活性氧（ROS）、脂质衍生羰基、丙二醛等多种自由基会进一步增加细胞膜的损伤和细胞死亡。不过，在植物处于损伤压力时，细胞外 LOX 能通过触发植物防御应答，加速植物愈伤激素，如正己醛、(E)-2-己烯醛、(E)-2-己烯醇等的迅速合成。在对拟南芥中 4 种 13 个类型的 LOXs（LOX2、LOX3、LOX4 和 LOX6）的分析研究中发现，LOX2 和 LOX6 能在受伤的叶片中产生大量植物防御激素，如茉莉酸类物质，此类物质是与抗性密切相关的植物生长物质，当植物经历机械伤害时，其含量显著增加，进而诱导一系列与抗逆有关的基因表达。因此，尽管活性氧分子是脂质发生链式反应的关键诱发剂，我们还是需要对留胚米加工过程中脂肪代谢相关酶类的胁迫应答反应做进一步探究，且已有部分研究已经发表。例如，冷冻胁迫能显著降低 48h 发芽处理后水稻胚中的活性氧水平，尤其是超氧阴离子水平，同时发现很多参与玻璃化—冷冻处理影响氧化应激反应的关键标志化合物（Cu/Zn SOD，CAT1，APX7，GR2，GR3，MDHAR1 和 DHAR1）。此外，高盐胁迫条件下稻米中的抗氧化酶会产生诱导应激，而低湿度条件下，低水分含量与低环境温度都具有延缓糙米中脂肪酸含量增加的作用。以上这些研究，均为具有损伤性的胁迫反应直接影响活性稻米中活性氧和脂质代谢相关酶类的活力提供了重要证据。但在活性稻米贮藏机制的研究方面，条件胁迫与留胚米应激反应有关的研究尚未见报道，仍需进一步研究，以明确参与脂质代谢相关酶类是稻米籽粒天然贮藏的还是因结构破坏而应激产生的。

2. 留胚米自抗氧化体系与脂质氧化之间的互作关系

脂质氧化的起始阶段是在引发因子启动下，不饱和脂肪酸分子亚甲基基团 RH

形成自由基 R·，随后进入链传递阶段并形成大量氢过氧化物游离基，即链的传递阶段；当反应生成的自由基产物已不能维持链传递，或者当抗氧化剂或自由基清除剂与链传递过程产生的自由基发生反应时，就到达了脂质氧化的终止阶段。活性氧是有氧代谢过程中不可避免出现的副产物，在正常植物代谢过程中必须维持在亚致死水平。因此，植物体自身发展出一种内在的抗氧化防御系统，通过酶和非酶抗氧化剂来保护自身免受氧化损伤。对于活细胞而言，细胞内氧化还原反应的平衡，除生理维持外，天然抗氧化剂发挥了重要作用。非酶性抗氧化剂，无论是亲水的如抗坏血酸和谷胱甘肽，还是亲脂的如 α-生育酚和类胡萝卜素，都可以淬灭各种 ROS。因此，在活性稻米加工损伤后，其自身抗氧化防御系统发挥的作用值得研究者们开展深入研究。

（1）稻米中的内源性抗氧化剂。稻米中很多植物化学成分都具有抗氧化活性，如维生素 E，γ-谷维素，植物甾醇，叶黄素、玉米黄质等类胡萝卜素，槲皮素、芦丁等类黄酮化合物，以及阿魏酸、没食子酸、香草酸、丁香酸等酚酸类物质。白米米糠中酚酸含量最高，其中游离酚酸占到总酸的 41%。这些内源性抗氧化剂主要存在于稻米的胚及糊粉层中，不同品种及不同部位含量差异较大。贮藏期内，当酶和非酶抗氧化剂水平发生改变以及产生过多自由基或活性氧/氮时，活性稻米籽粒细胞中这些抗氧化物质则有能力对抗各种氧化应激，保护细胞免受损伤。一项基于 13 个水稻品种的研究，发现水稻胚芽中维生素 E 含量比米糠中高出 5 倍，而米糠中 γ-谷维素含量比胚芽中高出 5 倍。有研究者在米糠中发现了可能对抗氧化剂提供保护作用的泛醇，并经流行病学和生化试验证实，该物质是一种具有细胞内抑制脂质过氧化作用且能再生的抗氧化剂。目前，活性稻米中内源抗氧化剂的类型及抗氧化方式仍是谷物抗氧化研究的热点。

（2）加工方式对稻米内源性抗氧化剂的影响。稻米加工方式除影响大米营养品质外，也是影响其内源抗氧化剂含量的重要因素。研究者以粳稻和籼稻为研究对象，发现随着碾磨程度增加，粳稻和籼稻糙米中槲皮素、阿魏酸和香豆酸等 9 种内源性抗氧化物的含量明显降低；在采用碳水化合物降解酶（如纤维素酶）处理稻米后，可提高酚酸的提取含量；此外，远红外辐射处理技术能起到增加稻壳提取物抗氧化活性和总酚含量的作用；而蒸煮工艺却能降低泰国非糯性紫米品种的花青素、酚类化合物水平，以及其抗氧化活性等。由于游离酚类物质比结合酚类物质具有更强的抗氧化活性，在稻谷陈化和稻米贮藏期间，游离酚类化合物因参与抗氧化反应而使其抗氧化能力降低。在稻米贮藏研究中，研究者通过加速试验发现，稻米中与清除活性氧自由基相关的酶类含量在贮藏期间呈减少趋势，而这些酶类主要集中存在于稻米胚芽中，包括超氧化物歧化酶、过氧化氢酶、抗坏血酸过氧化物酶、谷胱甘肽还原酶等，抗氧化酶类的衰减加速了稻米中氧化还原反应的失衡进程。因此，过氧化氢酶、过氧化物酶、多酚氧化酶可以作为稻米储藏期间品质变化的评价指标。通常情况下，稻谷中过氧化氢酶、过氧化物酶和多酚氧化酶的活性较低，但当稻谷脂质过氧化产物丙二醛得以大量积累时，会刺激稻谷自身氧化还原酶系统，引起酶活性的小幅度增强。由此可知，不同活性稻米中含有的天然抗氧化剂不同，加工方式不同也会对稻米内源抗氧化剂的抗氧化活性产生不同影响。

（3）稻米内源性抗氧化剂对脂质劣变的抑制作用。稻米中天然抗氧化剂与稻米脂质代谢之间存在明显互作关系：同样含有稻米外层结构及胚的米糠中总酚、总黄酮及总花青素的含量与其水解酸败程度呈负相关，米糠中的酚酸通过抑制贮藏期间脂肪酶活性，而起到抑制米糠酸败的作用；体外酶活测定实验发现，黑米中花青素与酚类物质具有抑制猪胰脂肪酶活性的能力；在脱脂米糠中也发现了一种具有DP-PH清除能力的蛋白类单体或低聚物，该物质能有效清除脂质氧化初期产生的自由基，但对传递期产生的自由基并没有清除作用；此外，在一项红麸皮基因型稻米加工后水解酸度变化的研究中，也证实单宁类天然抗氧化剂与脂肪酶活性的抑制作用有关。从已发表的报道来看，稻米内源抗氧化物对自身脂质抗氧化作用的研究成果仍然很少，活性稻米自身抗氧化体系对其自身脂质的抗氧化能力评价方面还需进行系统地研究并加以解释。在稻米自抗氧化系统的防御调节能力方面，有研究发现通过添加海藻糖能提高稻米发育细胞的氧化应激能力，进而降低细胞内活性氧含量，但关于此类自抗氧化能力调节试验在加工活性稻米中的研究尚未见公开报道。鉴于稻米自抗氧化系统对其脂质酸败的抑制效果，开展活性稻米中内源性抗氧化剂与脂质氧化之间的定量关系和抑制机制的研究，将对开发活性稻米的长期高品质贮藏技术提供重要理论支持。

五、现行留胚米品质稳定化技术

（一）育种稳定化技术

鉴于活性稻米贮藏期间产生米臭多以脂肪氧化酶的代谢产物为主的原因，在脂肪氧化酶基因（LOX）及其同工酶基因定位研究的基础上，研究者们倾向于开展更多LOX缺失突变稻株的筛选及LOX同工酶基因敲除稻株的研究。尽管水稻中已鉴定出很多与脂质合成相关的基因，但已公布的与脂质代谢相关的基因却较少，且都集中于LOX的研究，这导致LOX基因成了稻米分子育种中遗传修饰的重要靶点。稻米中脂肪氧化酶以营养贮藏蛋白的形式存在于籽粒中，据蛋白质序列解析，LOXs可分为三种类型，而稻米籽粒中常见的脂肪氧化酶多为Ⅲ型LOX的同工酶，即LOX-1，LOX-2和LOX-3。RoyChowdhury等利用RNA干扰诱导基因表达技术分析稻米LOX基因的特异性功能，发现Ⅲ型LOXs的两种同工酶更偏向于在稻米籽粒中表达，当稻米籽粒萌发时，脂肪氧化酶 LOXs 以脂质为底物启动代谢反应，在种子成熟、幼苗生长及胁迫应激过程中发挥重要作用；活性稻米贮藏期间，水稻 *Os-LOX*2 基因又可起到适当延缓稻米籽粒衰老过程的作用。Suzuki 等发现 *LOX*3 缺乏的稻米籽粒耐贮性会提高，其在贮藏期间脂质过氧化程度降低，己醛、戊醛和戊醇等化合物积累的陈腐风味减少。而张瑛等通过 *LOX* 缺失水稻品种培育，发现 *LOX*1 和 *LOX*2 基因缺失在延长稻米种子的寿命方面起着关键作用。从上述报道来看，虽然脂类代谢相关酶类是严重影响稻米陈化和营养品质下降的重要因素之一，但脂肪氧化酶缺失稻米对留胚米加工产业来说并没有带来突破性的改变。除与稻米脂质代谢相关的其他酶类基因的研究需要进一步扩展外，现有 *LOX* 基因缺失稻米的营养品质及感官品质变化也需要经实验测定以保证其商品特性。

（二）酶稳定化技术

研究表明，碾磨制得的留胚米在温度 25℃、湿度 65% 的储藏条件下，储藏 20 天后脂肪酸值和丙二醛含量明显增高，30 天后留胚米中脂肪酸值已经超过 25（KOH mg/100g 干基），米臭味明显，其品质已不适宜食用，由此可以看出，留胚米劣变反应发生迅速且以脂质氧化为主。与留胚米不同，普通稻米的品质劣变虽也以脂质的氧化和水解过程为主，但其劣变时间需要 2 年以上，且通常伴有蛋白质和淀粉等组分的规律性改变。在稻米品质稳定方面，为改善稻米酸败对稻米品质产生的严重负面影响，很多研究者陆续开展了与稻米脂质劣变调控相关的研究，探索了很多与稻米脂质代谢反应酶相关的稳定化技术。按照加工方式划分，酶稳定化技术可以分为热加工技术和非热加工技术。在对不同碾磨方式处理后稻米进行微波辐照热加工钝酶的研究中发现，微波辐照后稻米中脂肪酶活性、脂肪氧化酶活性和贮藏后稻米中游离脂肪酸释放程度显著降低，且其降低程度随微波功率的提高而增强，这表明微波加热钝酶技术可延缓稻米中脂质水解。但也有研究发现，热处理会使活性稻米中一些细胞膜结构解体，使更多极性脂质暴露于活性酶之下，因此即使稻米中酶活性有所降低，但其产生的挥发性氧化产物反而会更多。此外，因热加工后稻米外观品质破坏严重，一些非热加工技术也已应用到活性稻米钝酶加工工艺中，如低温等离子体、高压钝酶、脉冲电场钝酶技术等。研究表明，各类非热加工技术能获得很好的钝酶效果，如电子束辐照处理后的稻米货架期明显延长；高压处理也能抑制脂肪酶和脂肪氧化酶活性，降低贮藏期内稻米酸败程度；超高静水压处理具有明显提升糙米在贮藏期内抗氧化物水平的作用。但对于留胚米来说，由于稻米商品性要求较高，经非热钝酶处理的留胚米商品性难以保证，截至目前，并没有理想的灭酶技术能够应用于留胚米工业化生产。

（三）包装稳定化技术

为实现贮藏期稳定，留胚米的包装条件必须充分考虑到物理、化学、生理和生化等多方面反应。由于留胚米易变质，目前市场上流通较多的是小包装加真空或充 CO_2 包装。其中，充 CO_2 包装能充分抑制留胚米的呼吸作用，CO_2 不断地被米粒吸附，一段时间后呈现出与真空包装同样紧密的状态。此外，选择包装材料及方式也可提高留胚米贮藏稳定性，如采用纳米材料包装留胚米，研究认为该包装可以使留胚米酶活性基因表达能力下降，降低留胚米脂质氧化反应速率，延缓留胚米产品贮藏期间脂肪酸含量升高和米臭味的产生，但目前此项技术尚未得以应用，由于纳米包装调控基因和蛋白表达的作用机理还不够深入，仍需开展后续研究。一项添加吸氧剂的包装试验研究发现保质期内稻米中游离脂肪酸、总生育酚含量和多不饱和脂肪酸绝对含量都有增加，但这种包装处理却能有效抑制脂肪酸的进一步氧化。另有研究发现，贮藏期内颗粒状产品的脂质氧化产物含量显著低于同类粉末状产品，这表明脂质代谢相关酶类和脂肪酸的接触表面积等因素都会影响稻米脂质的劣变程度。但通过隔绝氧气的方式来预防稻米脂质氧化，只能在脂质氧化阶段发挥作用，并没有在本质上阻断脂质在脂肪酶作用下发生水解反应。

第二节　留胚米加工专用品种筛选

黑龙江省是世界最高纬度稻作区，是我国少有的粳稻生产优势区域带，也是世界优质食味粳稻的主要产地之一。在育种专家们的努力下，黑龙江省现已培育出大批品质优良且高产的龙稻、松粳、绥粳、龙粳和垦粳等新品种。与稻米种植业相比，稻米加工业的发展相对于这种资源优势明显落后，稻米加工仍以原粮加工为主，高附加值产品仍不能满足消费结构升级的需要。在提高稻米精深加工水平的背景下，本项目针对留胚米制品产业化过程中出现的留胚率低、碎米率高等问题，以黑龙江地区大面积栽种稻米品种为研究对象，在实验室碾磨条件下，通过留胚率、白度等品质指标的测定，筛选出适宜加工留胚米的专用品种，为后续研究留胚米制品保质期短的问题提供原料基础。本部分研究的稻谷材料为东北地区主栽的稻米品种 6 个，分别为松粳 9、龙稻 5、五优稻 4 号、绥粳 18、龙粳 31 和垦粳 2。

一、试验稻米品质评价

（一）稻谷出糙率测定

出糙率指净稻谷脱壳后所得糙米重量占净稻谷重量的百分率，是评价稻谷质量的指标之一。一般来说，粳型稻谷籽粒结构紧密，成熟度高、籽粒饱满、壳薄的稻谷出糙率高，加工出米率也高。由图 4-3 可以看出，6 个稻谷品种出糙率最高的为松粳 9（83.83%），出糙率在 80% 以上的有龙粳 31（83.44%）、龙稻 5

（80.78%）和五优稻 4 号（80.20%），垦粳 2 和绥粳 18 出糙率较低（分别为79.69%和78.08%）。

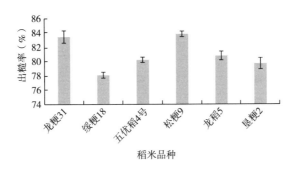

图 4-3　六个稻谷品种出糙率的测定

（二）整精米率测定

　　整精米率指净稻谷经脱壳后，由碾米机碾磨加工成精白米时，长度达到完整米粒平均长度四分之三及以上的米粒。测定结果如图 4-4 所示，6 个品种稻米整精米率由高到低的顺序为：龙粳 31（84.87%）、龙稻 5（71.36%）、松粳 9（69.44%）、绥粳 18（61.50%）、垦粳 2（61.18%）、五优稻 4 号（50.47%）。

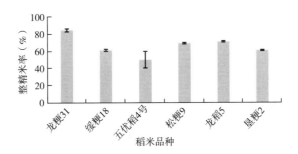

图 4-4　六个稻谷品种整精米率的测定

二、稻米加工适宜性研究

（一）粒型测定结果

　　砻谷后，分别对 6 种糙米粒型进行测定（表 4-3），龙粳 31、龙稻 5 和垦粳 2的长宽比低于 1.8，分别为 1.79、1.71 和 1.75，按照大米分类标准归类属于短粒米；绥粳 18、五优稻 4 号和松粳 9 的长宽比大于 2.1，分别为 2.15、2.20 和 2.20，属于中粒米。

表 4-3 六种糙米粒型测定结果

品种	粒长（mm）	粒宽（mm）	粒厚（mm）	长宽比
龙粳 31	5.16±0.2	2.88±0.3	2.10±0.2	1.79±0.2
绥粳 18	5.63±0.3	2.62±0.3	2.07±0.3	2.15±0.3
五优稻 4 号	5.36±0.4	2.49±0.3	2.01±0.2	2.20±0.2
松粳 9	5.40±0.2	2.44±0.2	1.98±0.3	2.20±0.3
龙稻 5	4.80±0.2	2.80±0.3	2.06±0.2	1.71±0.2
垦粳 2	4.89±0.2	2.79±0.3	2.08±0.2	1.75±0.2

（二）白度测定结果

白度是评定大米加工精度的一项参考指标，白度越大说明碾磨程度越高。糙米的白度值通常在 20 左右，经测定，试验品种龙粳 31、绥粳 18、五优稻 4 号、松粳 9、龙稻 5 和垦粳 2 的糙米白度分别为 20.3、21.6、20.4、19.8、20.0 和 21.5（图 4-5）；碾磨后，6 个品种的精米白度都比较高（>38），均可达到人们对大米的白度要求，其中五优稻 4 号白度值最高（46.7）。

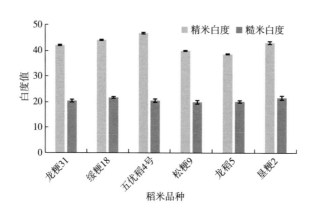

图 4-5 六个稻米品种白度的测定

（三）留胚率测定结果

设定碾米机砂辊目数为 24 目，转速 832r/min，依据不同稻米品种粒型与碾磨时间之间关系、结合稻米背沟和粒面皮层的去净程度以及碾磨白度，设定龙粳 31、龙稻 5 和垦粳 2 的碾磨时间为 8min，绥粳 18、松粳 9 的碾磨时间为 6min，五优稻 4 号的碾磨时间为 4min。分别加工获得留胚米后，测定龙粳 31、绥粳 18、五优稻 4 号、松粳 9、龙稻 5 和垦粳 2 的留胚率分别为 82.6%、79.6%、58.9%、80.8%、84.4% 和 77.6%（图 4-6）。

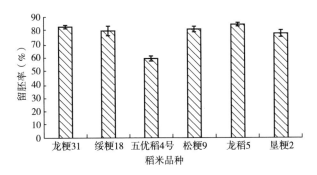

图 4-6　六个稻米品种留胚率的测定

三、留胚米加工品种专用性分析

出糙率是评价稻米是否适于加工的基本指标，直接反映稻谷质量的优质。本研究选择的 6 个稻谷品种分别代表了黑龙江地区种植面积较大的六大系列稻米品种，即龙粳、松粳、绥粳、龙稻、稻花香及垦粳系列。由出糙率结果可以看出，松粳 9 和龙粳 31 的出糙率均高于黑龙江省粳稻出糙率平均水平（82%），龙稻 5 和五优稻 4 号出糙率略低，垦粳 2 和绥粳 18 的出糙率相对较低。

据已发表研究，从品种的角度评价稻米是否适合用于留胚米加工的关键技术指标为留胚率和碎米率。整精米率是间接反映稻米碾磨品质的指标，加工过程中产生碎米比率越大精米率而精米白度与留胚米呈极显著负相关，在留胚米加工过程中，在保证产品外观品质的基础上，适当降低精米白度能够起到提高加工稻米留胚率的作用。粳稻的粒型是稻谷品种的重要质量特性，对稻米的碾磨品质、外观品质和食味品质都有重要影响，与整精米率和留胚率等指标呈相关关系。研究发现，米粒长宽比越大，或稻米粒型越长，则耐磨性越差，且随着米粒长宽比的增加，稻米品种的留胚米呈逐渐降低趋势。受实验室条件限制，本研究综合评价稻米品种粒型、结合稻米背沟和粒面皮层的去净程度以及碾磨白度等指标，分别确定 6 个品种稻米的碾磨时间，其中五优稻 4 号在碾磨时间降至 4min 时，留胚率仍低于 60%，说明五优稻 4 号及其不适于作为留胚米加工专用品种；而龙粳 31、松粳 9 和龙稻 5 的留胚率均在 80% 以上，适宜加工留胚米，并开展后续研究。

通过出糙率、整精米率、粒型、白度及留胚率等指标的测定，确定碾米辊转速 832r/min，龙粳 31 和龙稻 5 的碾磨时间为 8min，松粳 9 的碾磨时间为 6min 的加工条件，按照留胚率≥80% 的筛选标准，龙粳 31、松粳 9 和龙稻 5 作为黑龙江地区大面积栽种稻米品种，不仅留胚率高，且产品白度能达到 38% 以上，可以作为专用品种用于留胚米产品加工。

第三节　留胚米加工副产物（碎米）的利用

留胚米碾磨加工过程产生碎米在所难免，如本研究初步筛选的留胚米加工专用品种龙粳 31、龙稻 5 和松粳 9 的碎米率分别为 15.13%、28.64% 和 30.56%，由于碎米价格仅为整粒米价格的 1/3~1/2，副产物碎米的产生直接影响了稻米生产的产量和利润。大米生粉加工是稻米加工副产物再利用的一个重要解决方案之一，利用加工碎米生产的优质大米生粉能够广泛用于婴儿食品，面条，挤压早餐谷物食品和快餐，能够充分提高大米副产物附加值。从目前的研究来看，现有大米生粉加工工艺分为干法和湿法两种，其中干法加工工艺生产的大米生粉品质一般、适用性较差，而湿法加工工艺加工步骤繁琐且水资源浪费严重。由于米粉加工存在这些弊端，调研发现黑龙江地区现有米企对在加工过程中产生的碎米仍以充当动物饲料原料为主要加工副产物消化渠道。因此，本研究充分利用北方粳稻加工过程中产生的碎米资源，在改良大米生粉加工工艺的基础上，对加工米粉的白度、水合性质、淀粉损伤、热特性分析、米粉粒径分布及淀粉颗粒微观结构进行比较研究，旨在开发一种方便、节能、适用性强的大米生粉生产工艺，从加工技术的角度为提高留胚米加工碎米利用率助力。参考第四章第二节结论，本部分研究以碎米率最高的松粳 9 加工过程中收集的碎米为试验原料。

一、留胚米浸泡饱和时间的确定

如表 4-4 所示，留胚米浸泡 40min 以上基本达到饱和。通过留胚米浸泡饱和时间，确定浸泡法加工留胚米米粉的浸泡时间为 60min，浸泡温度为 25℃，浸泡后经锤式旋风磨制粉。

表 4-4　经不同时间浸泡留胚米中水分含量的测定

浸泡时间（min）	水分含量（%）
0	12.60±0.19
10	20.15±0.10
20	24.70±0.24
30	26.74±0.18
40	28.30±0.09
50	28.68±0.12
60	28.98±0.17
120	28.60±0.21

二、不同加工方式生产留胚米米粉的性能比较

（一）不同加工方式制得的留胚米生米粉颜色的比较分析

如图4-7所示，湿法和浸泡法加工制得的留胚米米粉白度明显高于锤式、IKA及FOSS干法磨粉的白度（依次为93.63%、95.29%和95.14%），且浸泡法磨粉的白度（96.58%）略低于湿法磨粉的白度（97.56%）。结果表明米粉的白度除与磨粉方式有关外，大米基质的含水量与米粉的白度表现为正相关。

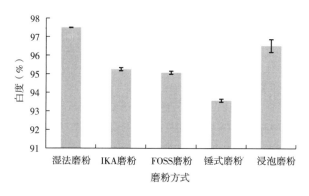

图4-7 不同方式制得留胚米米粉白度比较结果

（二）不同加工方式制得的留胚米生米粉水合性质分析

由表4-5可知，25℃时，浸泡法磨粉的吸水性（2.93）和溶胀性（2.97）与湿法磨粉的吸水性（3.02）和溶胀性（3.09）差别不显著，且均小于干法磨粉，干法、湿法及浸泡法磨粉的溶水率没有显著性差别。在100℃时，浸泡法磨粉的吸水性和溶胀性均显著低于湿法和干法磨粉，溶水率同样差异不显著。

表4-5 不同磨粉方式对留胚米米粉水合性质的影响

磨粉方式	吸水性 WAI		溶水率 WS （%）		溶胀性 SP	
	25℃	100℃	25℃	100℃	25℃	100℃
锤式磨	4.56±0.20[a]	12.85±0.07[b]	1.72±0.12[b]	1.74±0.06[a]	4.77±0.01[a]	12.98±0.01[b]
FOSS磨	3.18±0.13[c]	12.24±0.02[c]	1.87±0.01[a]	1.67±0.01[c]	3.39±0.01[c]	12.47±0.01[c]
IKA磨	4.25±0.04[b]	12.07±0.12[c]	1.81±0.01[a]	1.67±0.01[c]	4.38±0.01[b]	12.40±0.27[c]
湿法	3.02±0.04[c,d]	13.42±0.17[a]	1.87±0.01[a]	1.65±0.03[c]	3.09±0.01[d]	13.40±0.27[a]
浸泡法	2.93±0.05[d]	8.17±0.05[d]	1.91±0.01[a]	1.72±0.01[a,b]	2.97±0.02[d]	8.31±0.06[d]

注 表中数据相同字母表示差异不显著，不同字母表示差异显著（$P<0.05$）。

(三) 不同加工方式制得的留胚米生米粉淀粉损伤比较

采用 Megazyme 破损淀粉试剂盒分别对经不同干法、湿法及浸泡法制得的留胚米生米粉的淀粉损伤情况进行测定,测定结果 (图 4-8) 表明:湿法制粉获得的留胚米米粉淀粉损伤值最低,分别为 3.22% 和 4.09%;三种干法制得的留胚米生米粉淀粉损伤值均较高,且以 IKA 制粉方式获得的留胚米米粉淀粉损伤值最高 (12.89%),约为湿法制粉淀粉损伤量的 3 倍,FOSS 和锤式旋风磨制得的米粉淀粉损伤值相对较低 (8.27%);与干法和湿法磨粉工艺相比较,先浸泡后经锤式旋风磨加工制得的留胚米米粉的淀粉损伤值显著下降,且稍高于湿法制粉的淀粉损伤值。

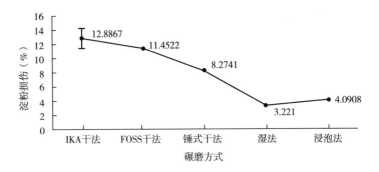

图 4-8 不同碾磨方式获得留胚米米粉的淀粉损伤情况分析

由于不同的浸泡条件使得留胚米样品中水份含量不同,从而导致相同的碾磨条件下造成的淀粉损伤程度不同,本研究对不同温度和浸泡时间对浸泡法加工留胚米生米粉的淀粉损伤情况进行测定。研究发现,当浸泡温度为 25℃、35℃、45℃ 和 55℃时,留胚米米粉的淀粉损伤值随着浸泡时间的延长呈下降趋势,但当浸泡时间一定时,留胚米米粉淀粉损伤值之间无明显相关性 (图 4-9)。

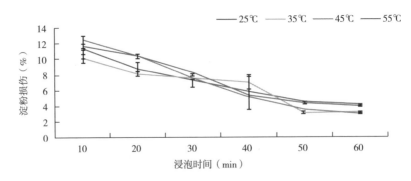

图 4-9 不同浸泡条件对留胚米米粉淀粉损伤程度的影响

（四）大米生粉 DSC 热特性分析

如图 4-10 所示，磨粉方式显著影响了大米粉的热学特性，三种干法磨粉方式制得米粉的糊化温度均显著高于湿法和浸泡法磨粉方式 2℃ 左右，这可能与加工方式对米粉物理特性的影响有关；对米粉由结晶状态向非结晶状态转变时的焓变 ΔH 的测定结果表明，干法制粉工艺获得的米粉吸热焓值均低于湿法和浸泡法，与米粉样品中的淀粉损伤值呈正相关关系。

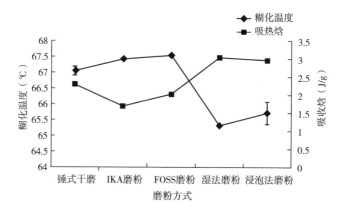

图 4-10　不同加工方式制得大米生粉的热特性分析

（五）不同加工方式制得大米生粉的粒径比较

采用激光粒度分析仪对不同加工方式制得大米生粉的粒径大小进行测定。激光粒度检测结果如图 4-11 所示，锤式干磨法制得的大米生粉平均粒径最大，达到 1802.5nm，且粒径分布范围较宽；IKA 干磨法和 FOSS 干磨法制备的大米生粉平均粒径分别为 518.8nm 和 742.0nm，均高于湿法制备大米生粉的平均粒径 435.0nm；浸泡法制备大米生粉的平均粒径最小，仅为 293.7nm，比湿法制备大米生粉的平均粒径低 32.5%。

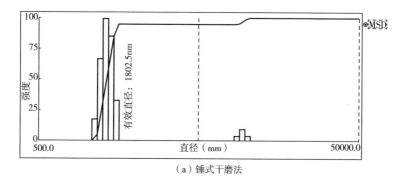

（a）锤式干磨法

图 4-11

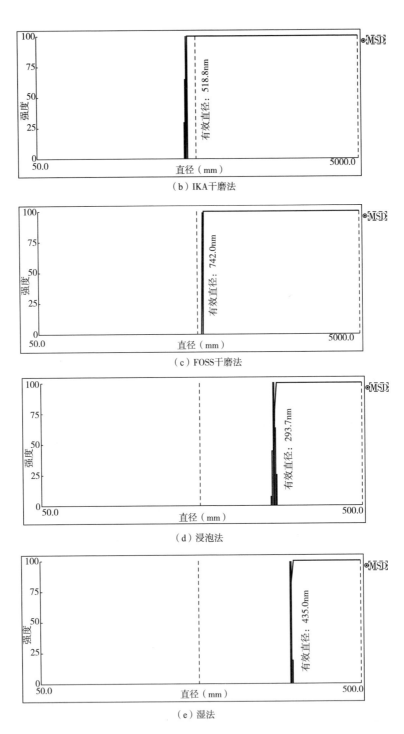

图 4-11　不同加工方式制得大米生粉的粒径分布情况

（六）不同加工方式制得大米生粉淀粉颗粒微观结构观察

为测定经不同加工方式制得大米生粉中淀粉颗粒出现的差异情况，采用扫描电镜对制备大米生粉进行显微观察，如图4-12所示。100倍放大条件下，可以观察到，与湿法和浸泡法加工工艺相比较，三种干制磨加工的大米生粉颗粒大小分布不均匀，且破碎的淀粉小颗粒边缘不规则、不整齐；而在3000倍放大条件下，能够明显地看出，三种干制磨加工的大米生粉中淀粉颗粒的晶体结构已经得到破坏，部分淀粉分布呈无序状态，淀粉颗粒边缘不清，未被破坏淀粉颗粒整体聚合，块径较大；湿法加工的大米生粉具有相对完整的淀粉颗粒，淀粉颗粒保持着完整的晶体结构，淀粉颗粒整齐且分散，说明水的存在能够起到保护淀粉颗粒完整性的作用；浸泡法加工的大米生粉，淀粉颗粒分散程度优于干法磨粉，但仍然出现部分淀粉边缘破损的情况。

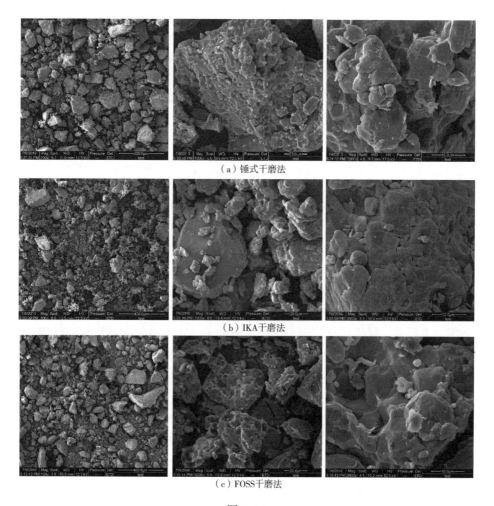

（a）锤式干磨法

（b）IKA干磨法

（c）FOSS干磨法

图4-12

（d）湿法

（e）浸泡法

图 4-12　不同加工方式制得大米生粉淀粉颗粒观察

三、留胚米米粉加工工艺分析

在米粉（粉状）原料生产方面，现有磨粉技术包括干法磨粉和湿法磨粉两种，其中干法磨粉淀粉损伤较大，造成后端产品的品质不均一，而湿法磨粉的缺点是耗水量大，造成严重的资源浪费。最近研究还报道了一种半干法大米粉调质加工工艺，由于该技术需对大米品种进行针对性调质，应用前期投入较大。本技术以留胚米加工副产物碎米为原料，在保证大米生粉加工性能的基础上，设计浸泡、磨粉、干燥等加工环节，能够广泛用于多品种米粉加工，生产出的大米生粉白度优于干磨加工且淀粉损伤程度低。浸泡法磨粉工艺因浸泡用水可以循环利用，按浸泡吸水30%计算，与湿法磨粉工艺相比较能够节约用水 70%。在米粉加工特性分析方面，白度、水合性质、淀粉损伤、热特性分析、米粉粒径分布及淀粉颗粒微观结构等性质都是反应米粉产品品质优劣和加工稳定性的重要指标。一般来说，湿法加工过程，因水的降温和保护作用，其加工的大米生粉品质高于干法加工的大米生粉。本研究创制的浸泡法生产工艺，通过前期吸水，让大米淀粉颗粒处于水饱和状态，但受到湿料专用碾磨设备的限制，浸泡法磨粉过程中的温度损伤还无法避免。但总体来看，浸泡法加工工艺在淀粉损伤和粒径分布上与湿法加工工艺接近，可以通过加工装备的改造进一步推广应用。

本研究在现有干法和湿法工艺的基础上，创新开发了浸泡法大米生粉加工工艺。具体工艺参数为：浸泡米水比 1∶2，浸泡温度 25℃，浸泡时间 40min，干燥温度 55℃。与其他大米生粉加工方法相比较，浸泡法生产的大米生粉具有平均粒径小且均匀、淀粉损伤程度低，水合性质稳定、糊化温度低等特点，利用本加工工艺生产的大米生粉能够降低生产成本，且具有更大的应用范围。

第五章　留胚米贮藏影响因素及机制

第一节　留胚米贮藏稳定性的初步研究

脂类物质通常是以完整的球体形式稳定存在于稻米细胞中的，但当脂肪球膜经受磷脂酶作用、物理损伤和高温破坏以后，脂类就会开始水解，随着游离脂肪酸含量的增加，脂肪氧化酶直接作用于脂肪酸，产生多种氧化产物及陈米臭，从而影响稻米品质。此外，脂肪氧化酶对三酰甘油也具有较强的活性，还能够催化含 1，4-戊二烯结构的多不饱和脂肪酸（如亚油酸和亚麻酸）的过氧化反应，使之变成结合态的过氧化脂肪酸。脂肪氧化酶是严重影响稻米制品贮藏质量安全的一种脂类代谢相关酶类。近年来，关于稻米中脂肪氧化酶的研究较多，但大多以脂肪氧化酶活力的测定、脂肪氧化酶基因缺失稻米品种的筛选及其对精白米贮藏特性的影响为主，不同加工精度对稻米结构层的破坏程度、脂肪氧化酶在稻米结构外层残留的分布情况及其脂肪氧化酶在贮藏条件下变化规律的研究却不多。本研究对不同加工精度获得的稻米制品中脂肪氧化酶的残留及其在各结构层中的分布情况进行测定和分析，旨在为开发满足不同加工精度要求稻米制品的生产和贮藏方法提供理论基础。

一、留胚米加工精度确定

以龙稻 5 为试验原料，采用人工计算方法对不同加工精度稻米的碾白率和留胚率进行测定，如表 5-1 和表 5-2 所示。从结果可见，碾磨 12min 以内，碾白率均较高，都在 90% 以上；碾磨 8min 以内，留胚率均高于 80%（留胚米碾制基本标准），而在碾磨 12min 后，留胚率低至 80% 以下。从试验结果可以看出，随着碾磨时间的延长稻米样品的碾白率和留胚率不断下降，胚芽保有率越高，碾白率越高。

表 5-1　不同碾磨时间下稻米碾白率的测定（1000 粒）

碾磨时间	2min	4min	8min	12min
碾白率	99.25%	96.14%	95.01%	94.11%

表 5-2　不同碾磨时间下稻米留胚率的测定

碾磨时间	2min	4min	8min	12min
留胚率	89.92%	86.75%	86.25%	79.00%

二、稻米中脂肪氧化酶活力分布确定

以龙稻 5 为试验原料，对稻米进行分级碾磨，获得其米糠层、留胚米层、胚芽及胚乳层，在脂肪氧化酶的测定结果（图 5-1）中，我们发现，除胚芽外，稻米中脂肪氧化酶的活力由外到内差异显著（$P<0.05$），并由此得出脂肪氧化酶在稻米的生理结构层中分布并不均一，而是由外至内逐层递减，以米胚中活力最高。米胚中脂肪氧化酶含量较高是导致保留米胚的留胚米制品及保留所有种皮在内的发芽糙米制品迅速酸败而难于贮藏的主要原因。

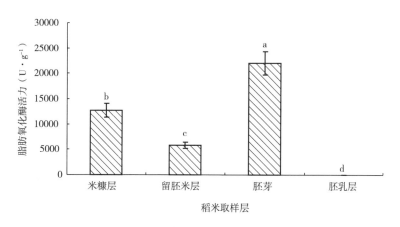

图 5-1　稻米中脂肪氧化酶的分布情况

三、不同加工精度对脂肪氧化酶活力影响研究

在转速 832r/min 条件下，稻米经 2min、4min、8min 和 12min 分别碾磨后，稻米外层由种皮层至糊粉层逐层脱落，收集不同碾磨条件下获得的米糠，测定脂肪氧化酶活力。结果表明，随着稻米外皮层的逐渐脱落，稻米中 LOX 活力由外至内逐层递减，随碾米时间的延长，米糠中 LOX 活力差异趋于不显著（$P>0.05$）（图 5-2）。经过 12min 碾磨，在稻米的种皮和糊粉层被完全去除，留胚率降至 80% 以下时，脂肪氧化酶活力也降至最低。但是由于稻米外层及米胚含有丰富的营养物质，如蛋白质、脂肪酸、B 族维生素及矿物质，通过去除稻米外层来延长贮藏期的方法同样会造成营养成分的流失，因此对于留胚米及发芽糙米等一类活性物质含量丰富的稻米

制品来说，在保留稻米生理结构的前提下，为了延长其贮藏期，新的灭酶方法亟待开发并应用。

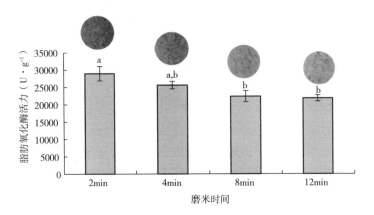

图 5-2　不同加工精度对脂肪氧化酶活力的影响

四、留胚米贮藏期间品质变化的研究

以粳稻品种龙稻 5 和垦粳 2 为试验材料分别磨制成留胚米样品后，在 25℃、相对湿度 65% 条件下贮藏 35 天，分别对反映稻米品质的脂肪酸值、丙二醛含量进行测定，取样间隔为 5 天。

(一)脂肪酸值的变化

实验结果表明，2 个留胚米样品的脂肪酸值随时间的延长而不断增加，特别在贮藏 10 天后，所有样品的脂肪酸值均呈显著增长（$P<0.05$），如图 5-3 所示。

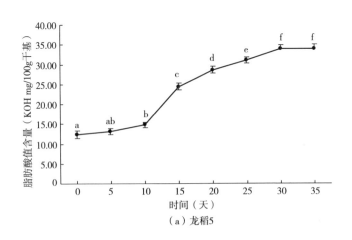

(a) 龙稻5

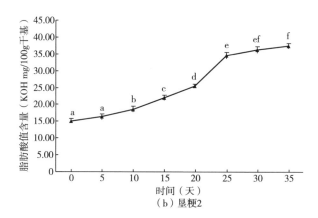

图 5-3　储藏期间留胚米脂肪酸值含量的变化

（二）丙二醛（MDA）的变化

如图 5-4 所示，在贮藏前 10 天，2 个留胚米样品中 MDA 含量变化均不显著（$P>0.05$）；从第 10 天开始 MDA 含量呈显著变化（$P<0.05$）；在贮藏 25 天 MDA 含量达到峰值后，MDA 含量开始呈下降趋势。

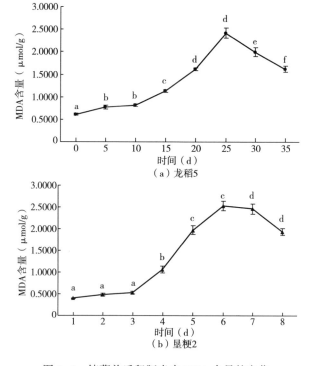

图 5-4　储藏前后留胚米中 MDA 含量的变化

(三) 贮藏期间脂肪氧化酶活性变化及劣变关键控制点分析

以龙稻 5 为试验原料,以脂肪氧化酶含量较高的米胚、糊粉层、种皮等混合的米糠层为实验对象,通过一个月贮藏实验测定不同贮藏条件下稻米中 LOX 活力变化情况。如图 5-5 所示,在 -20℃、4℃、16℃ 贮藏条件下,米糠中 LOX 活力变化差异不显著 ($P>0.05$);当贮藏温度为 30℃ 时,米糠中脂肪氧化酶活力一直高于其他温度条件下的酶活力,但其活力在贮藏一周后即发生显著下降 ($P<0.05$)。贮藏实验结果表明,脂肪氧化酶在一般贮藏温度条件下,其活力变化随贮藏时间的延长变化不显著,当贮藏温度高于 30℃ 后,其活力贮藏第 7 天即发生显著下降,这表明高温贮藏一方面可以钝化酶的活力,另一方面也能够加速酶反应进程,关于脂肪氧化酶代谢产物随贮藏温度变化的研究仍在进行中。

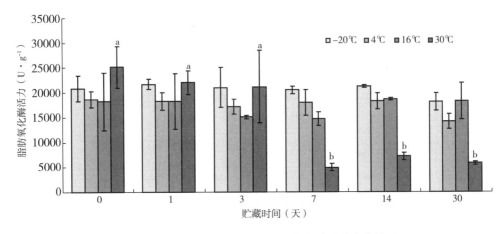

图 5-5　不同贮藏条件下稻米中脂肪氧化酶活力变化情况

五、留胚米贮藏期间酶活力变化分析

稻米贮藏期间,各种内源性酶类同脂类、蛋白质和淀粉等营养组分发生相互作用。有研究指出,随着贮藏时间的延长 α-淀粉酶和 β-淀粉酶的活力逐渐减弱,蛋白酶、脂肪酶和脂肪氧化酶的活力不断增加,游离脂肪酸的含量也在增加。储藏期间,稻谷的过氧化氢酶、过氧化物酶和多酚氧化酶的活性也随着储藏时间的延长逐渐降低,其最大值出现在新收获的稻谷中,储藏 3 年的稻谷过氧化氢酶活性、过氧化物酶活性、多酚氧化酶活性最小。但在 3~5 年储藏期间,酶活性会出现小的波动,这主要是由于稻谷膜质过氧化产物丙二醛含量的大量积累,刺激了体内氧化还原酶系统,造成酶活性的小幅度增强。由于脂肪氧化酶的活性易于检测,所以脂肪氧化酶活性通常作为稻米品质测定的储藏指标之一。

脂类物质在稻米中的含量虽然最低，占稻谷的 0.6%~3.9%，但其在贮藏过程中的劣变速度却最快，对稻米的风味和质地影响最大。近年来关于稻米中各种代谢相关酶类的报道虽然很多，但大多集中在稻米内源酶系对其陈化品质的影响和防控。Zhou 等认为，稻米品质劣变时与淀粉结合脂类中的不饱和脂肪酸不会发生氧化，其脂肪酸组成和含量基本保持不变。由此可以推出，稻米贮藏期间参与水解和氧化反应主要是非淀粉脂类（游离脂类）。Mujahid 等对脂类含量较高的米糠进行研究，发现在贮藏期间米糠中的脂类非常不稳定，由于脂肪酶的作用，在数天之内就有游离脂肪酸生成，为了防止油脂劣变，可以采用在加工之后立即将脂肪酶灭活的方法。因此，稻米中脂肪酶直接参与了脂类代谢，且在外层中脂肪酶含量较丰富，但脂肪酶在稻米中的具体分布情况仍需要进一步的研究。本研究对稻米中脂肪氧化酶的分布进行了初步研究，并发现随着加工精度的增强米糠中脂肪氧化酶活力逐层降低，米胚中脂肪氧化酶的活力与种皮中的活力相近。稻米从外到内依次由种皮、果皮、糊粉层、胚芽及胚乳等生理结构组成。此外，有研究表明，由于稻米外层结构中富含各种非淀粉类成分，稻米在贮藏过程中发生的大多数改变都集中在占稻米总重 10% 的外层结构中，本研究也得出类似结论。通过测定不同加工精度稻米外层中脂肪氧化酶活力，试验结果表明，脂肪氧化酶在外层和胚中含量丰富，且由外到内逐层递减。

通过测定留胚米中脂肪氧化酶在稻米外层的分布与活力，研究发现：米胚中脂肪氧化酶含量较高是导致保留米胚的留胚米制品迅速酸败而难于贮藏的主要原因；稻米中脂肪氧化酶在稻米各生理结构层中分布不均，且由外至内逐层递减，并以米胚中活力最高；此外，脂肪氧化酶活力受温度影响较大，在常温条件下活力变化不显著，在温度高于 30℃ 时才会发生显著下降。

第二节 留胚米贮藏劣变机制的研究

留胚米的碾磨程度介于糙米与精白米之间，虽去除了口感差的米糠部分，但其丰富的活性酶系及脂质组成却严重影响了活性稻米制品的贮藏特性。研究者们通过加工、包装和流通等技术手段开展了很多关于延缓活性稻米脂质劣变的研究，但已取得的成果尚不能突破活性稻米加工产业的技术壁垒，活性稻米贮藏难题似乎已无法可解。在初步确定酶系组成对留胚米贮藏品质影响的基础上，本研究通过应用蛋白质组学技术，对碾磨胁迫前后留胚米进行蛋白质组学测定与生物信息学分析，旨在从分子水平明确酶促劣变中脂肪代谢相关酶系与脂质之间的作用途径，明晰留胚米脂质劣变的内部诱发因子，为进一步探讨留胚米脂质劣变机制奠定理论基础。

一、留胚米贮藏期间脂肪酸值确定

加工获得的留胚米样品经 37℃ 贮藏 7 天后，其脂肪酸值迅速增长并超过国家规定稻谷脂肪酸值安全值 25（mg KOH/100g 干基），经过 42 天贮藏后，留胚米样品的脂肪酸值达 146.36（mg KOH/100g 干基），且感官劣变严重，逐渐由酸败味转变为酸臭味（图 5-6）。综合考虑贮藏留胚米的脂肪酸值和提取的差异蛋白浓度等因素，选取贮藏 21 天的留胚米样品进行蛋白质组学差异分析。

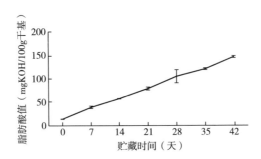

图 5-6　留胚米贮藏期间脂肪酸值的测定结果

二、留胚米中的蛋白质组学测定

（一）蛋白的提取与鉴定

将待测的两组留胚米分别命名为：1-1、1-2、1-3、1-4、1-5 和 1-6。样品留胚米中的蛋白提取后，通过 SDS-PAGE 电泳确定蛋白质的提取情况，如图 5-7 所示，所提取的蛋白质条带清晰，且无降解。按 bradford 测定的蛋白定量标准曲线如图 5-8 所示，6 个样品中的蛋白质含量见表 5-3。

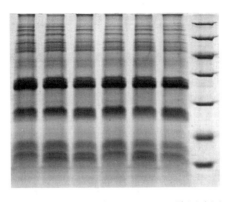

图 5-7　留胚米蛋白 SDS-PAGE 检测胶图

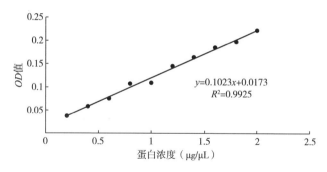

图 5-8 蛋白定量标准曲线

表 5-3 留胚米提取蛋白的定量结果

样品编号	1-1	1-2	1-3	1-4	1-5	1-6
浓度（μg/μL）	1.28	1.67	1.64	1.30	1.56	1.78
体积（μL）	900	900	900	900	900	900
总量（μg）	1150	1502	1480	1167	1405	1599

（二）蛋白质预分离结果

样品经酶解后，采用高效液相色谱进行分离，得到预分离的色谱图，如图 5-9 所示。本次预分离共收集 36 个组分，按照色谱图分布，将出峰较少的部分合并，最终合并成 16 个组分并进行后续处理。

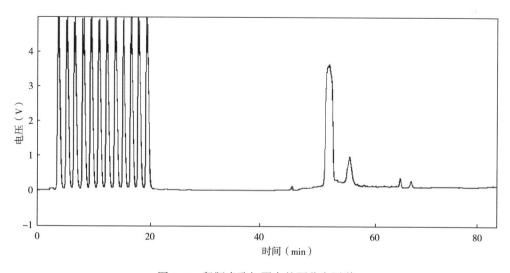

图 5-9 留胚米酶解蛋白的预分离图谱

（三）质谱测定结果及差异蛋白分析

以脂质劣变显著的稻米品种为实验对象，832r/min下碾磨5min，收集样品进行 iTRAQ 检测分析。定量分析发现，经碾磨胁迫后，稻米中上调蛋白 58 个（$P<0.05$），下调蛋白 69 个（$P<0.05$），差异蛋白总数为 127 个（图5-10）。利用 GO 分类分析，在 127 个表达差异蛋白中发现参与氧化磷酸化、亚油酸代谢和过氧化反应的蛋白各 1 个（表5-4）。检索 KEGG 数据库，对鉴定到的蛋白进行生物通路层面的注释，发现参与氧化磷酸化生物通路的蛋白表达下调（图5-11）；参与亚油酸代谢通路的蛋白表达上调（图5-12）；参与过氧化通路的蛋白表达下调（图5-13）。

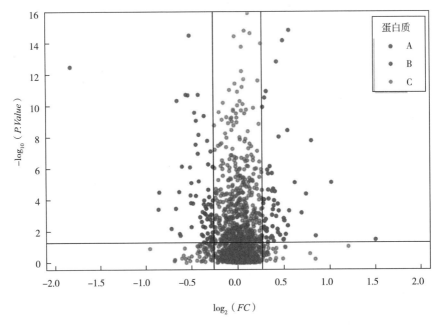

图5-10　胁迫前后活性稻米中差异蛋白表达火山图

表5-4　脂质代谢相关差异蛋白的筛选

代谢通路	P 值	蛋白编号	相关蛋白
氧化磷酸化	0.7997	28	A0A0P0W251；Q2R3H7
亚油酸代谢	0.1982	2	Q60EL1
过氧化反应	0.8452	17	A0A0E0HTQ4

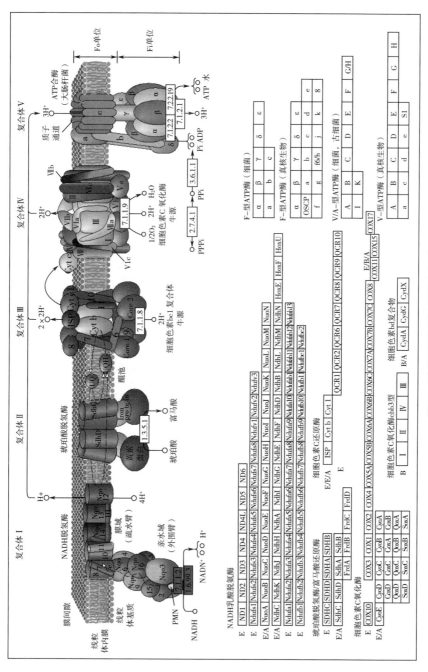

图5-11 氧化磷酸化代谢通路中差异蛋白的表达

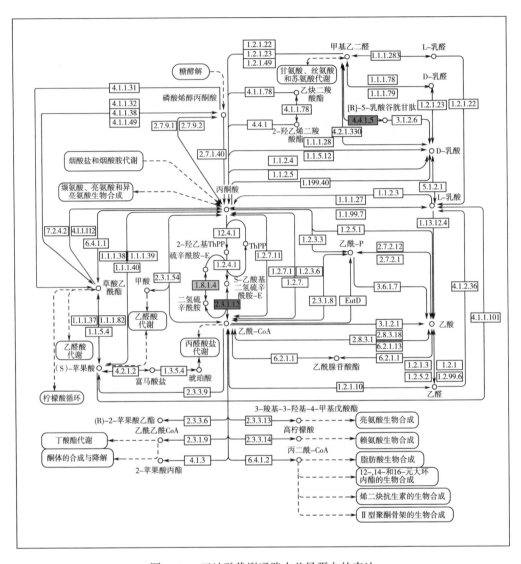

图 5-12 亚油酸代谢通路中差异蛋白的表达

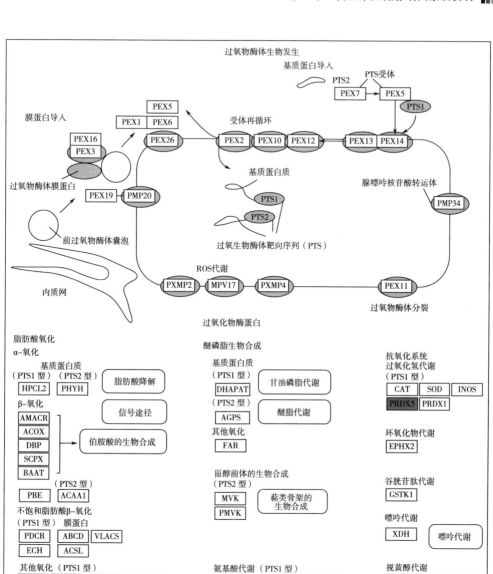

图 5-13　过氧化反应中差异蛋白的表达

三、留胚米中蛋白质组学结果分析

留胚米经加工后会造成脂肪球破裂，在脂类代谢相关酶系的作用下，脂类物质释放后，迅速发生一系列劣变反应。现有的研究多集中在留胚米加工方法及营养增值方面，而关于脂类代谢相关酶类的控制方面不多。与精白米可以经年贮藏的特性相比，即使在冷藏条件下，留胚米在加工一个月至数月后即会发生劣变。研究表明，酶是影响活性稻米品质的重要因素，稻米中营养成分在酶的作用下能够发生脂类物质酸败、蛋白质交联以及淀粉分子重排等多种劣变反应。不耐贮性是亟待解决的制约活性稻米产业发展的主要瓶颈。已经报道的留胚米贮藏相关研究发现，各种灭酶技术（如微波、辐照、过热蒸汽灭酶法）并不能有效去除活性稻米中的酶类物质。国内外很多文献也集中报道了酶对稻米贮藏品质的影响，以及贮藏后稻米营养成分的变化机理，但是至今还未构建出完整的活性稻米酶系组成图谱，各类酶系在稻米中的分布情况及其在贮藏过程中的互作机制也尚不清楚。本研究利用蛋白质组学技术初步探索了留胚米贮藏过程中蛋白质组成变化，并发现有价值的差异表达蛋白 3 个，这三个蛋白及其发挥作用的代谢通路将是今后留胚米脂质劣变机制研究的重要切入点。

通过对贮藏前后留胚米蛋白质组学测定及生物信息学分析，筛选出有价值的参与脂质代谢与过氧化反应的差异表达蛋白 3 个，分别参与氧化磷酸化、亚油酸代谢和过氧化反应等代谢通路，这些蛋白的调取是开展留胚米中脂质劣变机制基础研究的关键步骤，后续研究工作将通过干预亚油酸代谢途径及过氧化反应过程来进一步验证留胚米脂质劣变的内控因素，进而明确留胚米品质劣变关键控制点，为突破留胚米品质保护提供理论支持。

以上研究通过测定留胚米中脂肪氧化酶在稻米外层的分布与活力，初步确定米胚中脂肪氧化酶含量较高是导致保留米胚的留胚米制品迅速酸败而难于贮藏的主要原因；经加工精度与酶分布的测定，发现稻米中脂肪氧化酶在稻米各生理结构层中分布不均，且由外至内逐层递减，并以米胚中活力最高；贮藏试验结果表明，脂肪氧化酶在一般贮藏温度条件下，其活力变化随贮藏时间的延长变化不显著，当贮藏温度高于 30℃ 后，其活力在贮藏第 7 天即发生显著下降，推测高温贮藏可以起到钝化酶活力的作用。此外，通过对贮藏前后留胚米蛋白质组学测定及生物信息学分析，筛选出龙稻 5 贮藏前后的差异表达蛋白 3 个，其中参与氧化磷酸化和过氧化反应等代谢通路的反应蛋白下调，而参与亚油酸代谢通路的反应蛋白上调。今后的研究工作将重点研究亚油酸代谢通路在留胚米脂质代谢中发挥的作用，通过设计试验干预亚油酸代谢途径、氧化磷酸化和过氧化反应过程以验证留胚米脂质劣变的内控因素，进而明确留胚米品质劣变关键控制点，为突破留胚米品质保护提供理论支持。

参考文献

［1］ QI X G, CHENG L L, LI X J, et al. Effect of cooking methods on solubility and nutrition quality of brown rice powder ［J］. Food Chemistry, 2019, 274：444-451.

［2］ 朱光有, 张玉荣, 贾少英, 等. 国内外糙米储藏品质变化研究现状及展望 ［J］. 粮食与饲料工业, 2011 (10)：1-4.

［3］ DAS M, BANERJEE R, BAL S. Evaluation of physicochemical properties of enzyme treated brown rice (Part B) ［J］. LWT - Food Science and Technology, 2008, 41 (10)：2092-2096.

［4］ WU F F, CHEN H Y, YANG N, et al. Effect of germination time on physicochemical properties of brown rice flour and starch from different rice cultivars ［J］. Journal of Cereal Science, 2013, 58 (2)：263-271.

［5］ KIM M Y, LEE S H, JANG G Y, et al. Effects of high hydrostatic pressure treatment on the enhancement of functional components of germinated rough rice (Oryza sativa L.) ［J］. Food Chemistry, 2015, 166：86-92.

［6］ TSUZUKI W, SUZUKI Y, YAMADA S, et al. Effect of oxygen absorber on accumulation of free fatty acids in brown rice and whole grain wheat during storage ［J］. LWT - Food Science and Technology, 2014, 58 (1)：222-229.

［7］ 谢骏琦, 李莉, 时优, 等. 纳米抗菌包装对胚芽米储藏过程中陈化的抑制作用 ［J］. 中国农业科学, 2017, 50 (19)：3797-3807.

［8］ 亓盛敏, 任晨刚, 谢天. 不同碾减率大米微量元素含量变化 ［J］. 粮油加工 (电子版), 2015 (1)：41-43.

［9］ 乔金玲, 张景龙. 中国富硒大米的研究与开发 ［J］. 北方水稻, 2018, 48 (1)：57-59.

［10］ 任顺成, 王素雅. 稻米中的蛋白质分布与营养分析 ［J］. 中国粮油学报, 2002, 17 (6)：35-38.

［11］ WU J Y, CHEN J, LIU W, et al. Selective peroxidase inactivation of lightly milled rice by superheated steam ［J］. Journal of Cereal Science, 2014, 60 (3)：623-630.

［12］ 王嫘, 王芳, 王子怀, 等. 稻米留胚率与蛋白质含量的相关性研究 ［J］. 中国农学通报, 2012, 28 (30)：106-110.

［13］ HAMADA S, HASEGAWA Y, SUZUKI Y. Identification of a GDSL-motif carboxylester hydrolase from rice bran (Oryza sativa L.) ［J］. Journal of Cereal Science, 2012, 55 (2)：100-105.

［14］ 吴跃, 陈正行, 李晓暄. 抑制淀粉回生方法的研究现状和进展 ［J］. 食品工业科技, 2011, 32 (4)：423-427.

［15］ 叶霞, 李学刚, 张毅, 等. 稻谷中游离脂肪酸与脂肪酶活力的相关性 ［J］. 西南农业大学学报 (自然科学版), 2004, 26 (1)：75-77, 80.

［16］ ZHOU Z, ROBARDS K, HELLIWELL S, et al. Ageing of stored rice：Changes in chemical and physical attributes [J]. Journal of Cereal Science, 2002, 35 (1): 65-78.

[17] MUJAHID A, HAQ I U, ASIF M, et al. Effect of various processing techniques and different levels of antioxidant on stability of rice bran during storage [J]. Journal of the Science of Food and Agriculture, 2005, 85 (5): 847-852.

[18] HUANG Y C, LAI H M. Characteristics of the starch fine structure and pasting properties of waxy rice during storage [J]. Food Chemistry, 2014, 152: 432-439.

[19] 夏吉庆, 郑先哲, 刘成海. 储藏方式对稻米黏度和脂肪酸含量的影响 [J]. 农业工程学报, 2008, 24 (11): 260-263.

[20] ROYCHOWDHURY M, LI X B, QI H Y, et al. Functional characterization of 9-/ 13-LOXs in rice and silencing their expressions to improve grain qualities [J]. BioMed Research International, 2016, 2016: 4275904.

[21] VISWANATH K K, VARAKUMAR P, PAMURU R R, et al. Plant lipoxygenases and their role in plant physiology [J]. Journal of Plant Biology, 2020, 63 (2): 83-95.

[22] SUZUKI Y, ISE K, LI C Y, et al. Volatile components in stored rice [Oryza sativa (L.)] of varieties with and without lipoxygenase-3 in seeds [J]. Journal of Agricultural and Food Chemistry, 1999, 47 (3): 1119-1124.

[23] 张瑛, 吴跃进, 卢义宣, 等. 脂肪氧化酶同工酶缺失对水稻耐储藏特性的影响 [J]. 安徽农业科学, 2003, 31 (6): 911-913. DOI: 10.13989/j.cnki.0517-6611.2003.06.003.

[24] 孟庆虹, 杜红霞, 严松, 等. 留胚米储藏过程中理化指标的变化研究 [J]. 北方水稻, 2015, 45 (6): 7-10.

[25] AHMAD MIR S, AHMAD SHAH M, BOSCO S J D, et al. A review on nutritional properties, shelf life, health aspects, and consumption of brown rice in comparison with white rice [J]. Cereal Chemistry, 2020, 97 (5): 895-903.

[26] LING B, LYNG J G, WANG S J. Effects of hot air-assisted radio frequency heating on enzyme inactivation, lipid stability and product quality of rice bran [J]. LWT, 2018, 91: 453-459.

[27] ZHONG Y J, TU Z C, LIU C M, et al. Effect of microwave irradiation on composition, structure and properties of rice (Oryza sativa L.) with different milling degrees [J]. Journal of Cereal Science, 2013, 58 (2): 228-233.

[28] CHEN M H, BERGMAN C J, MCCLUNG A M. Hydrolytic rancidity and its association with phenolics in rice bran [J]. Food Chemistry, 2019, 285: 485-491.

[29] QIAN J Y, GU Y F, JIANG W, et al. Inactivating effect of pulsed electric field on lipase in brown rice [J]. Innovative Food Science and Emerging Technologies, 2014, 22: 89-94.

[30] HE R, WANG Y J, ZOU Y C, et al. Storage characteristics of infrared radiation stabilized rice bran and its shelf-life evaluation by prediction modeling [J]. Journal of the Science of Food and Agriculture, 2020, 100 (6): 2638-2647.

[31] LUO X H, LI Y L, YANG D, et al. Effects of electron beam irradiation on storability of brown and milled rice [J]. Journal of Stored Products Research, 2019, 81: 22-30.

[32] WANG H, ZHU S M, RAMASWAMY H S, et al. Effect of high pressure processing on rancidity

of brown rice during storage [J]. LWT, 2018, 93: 405-411.

[33] XIA Q, LI Y F. Ultra-high pressure effects on color, volatile organic compounds and antioxidants of wholegrain brown rice (Oryza sativa L.) during storage: A comparative study with high-intensity ultrasound and germination pretreatments [J]. Innovative Food Science & Emerging Technologies, 2018, 45: 390-400.

[34] 高雪燕. 留胚米营养成分研究及留胚米产品的开发 [D]. 天津: 天津科技大学, 2016.

[35] 李容容. 纳米复合包装储藏胚芽米保鲜机理的研究 [D]. 南京: 南京财经大学, 2019.

[36] DOEHLERT D C, ANGELIKOUSIS S, VICK B. Accumulation of oxygenated fatty acids in oat lipids during storage [J]. Cereal Chemistry, 2010, 87 (6): 532-537.

[37] 张瑛. 脂肪酶和脂肪氧化酶影响稻谷储藏的作用机制研究 [D]. 合肥: 中国科学院合肥物质科学研究院, 2007.

[38] MALEGORI C, BURATTI S, BENEDETTI S, et al. A modified mid-level data fusion approach on electronic nose and FT-NIR data for evaluating the effect of different storage conditions on rice germ shelf life [J]. Talanta, 2020, 206: 120208.

[39] JIANG H, LIU T, HE P H, et al. Quantitative analysis of fatty acid value during rice storage based on olfactory visualization sensor technology [J]. Sensors and Actuators b-Chemical, 2020, 309: 127816.

[40] MA Z Q, YI C P, WU N N, et al. Reduction of phenolic profiles, dietary fiber, and antioxidant activities of rice after treatment with different milling processes [J]. Cereal Chemistry, 2020, 97 (6): 1158-1171.

[41] ZHANG X Q, SHEN Y, ZHANG N, et al. The effects of internal endosperm lipids on starch properties: Evidence from rice mutant starches [J]. Journal of Cereal Science, 2019, 89: 102804.

[42] LIU L, WATERS D L E, ROSE T J, et al. Phospholipids in rice: Significance in grain quality and health benefits: A review [J]. Food Chemistry, 2013, 139 (1/2/3/4): 1133-1145.

[43] 陈银基, 鞠兴荣, 董文, 等. 稻谷中脂类及其储藏特性研究进展 [J]. 食品科学, 2012, 33 (13): 320-323.

[44] 王丽群, 孟庆虹, 张志宏, 等. 稻米中脂肪氧化酶分布及其在贮藏期间的变化 [J]. 食品与机械, 2016, 32 (7): 103-105, 170.

[45] 张秀琼, 吴殿星, 袁名安, 等. 稻米脂类的功能特性及其生物调控 [J]. 核农学报, 2019, 33 (6): 1105-1115.

[46] HU X Q, LU L, GUO Z L, et al. Volatile compounds, affecting factors and evaluation methods for rice aroma: A review [J]. Trends in Food Science & Technology, 2020, 97: 136-146.

[47] YILMAZ TUNCEL N, YILMAZ KORKMAZ F. Comparison of lipid degradation in raw and infrared stabilized rice bran and rice bran oil: Matrix effect [J]. Journal of Food Measurement and Characterization, 2021, 15 (2): 1057-1067.

[48] WU X J, LI F, WU W. Effects of rice bran rancidity on the oxidation and structural characteristics of rice bran protein [J]. LWT, 2020, 120: 108943.

[49] 王雅静. 水分胁迫下植物磷脂酸调控细胞膜稳定性的作用与机理 [D]. 北京: 中国农业科

学院，2019.

[50] XIA Q, WANG L P, YU W J, et al. Investigating the influence of selected texture-improved pretreatment techniques on storage stability of wholegrain brown rice: Involvement of processing-induced mineral changes with lipid degradation [J]. Food Research International, 2017, 99 (Pt 1): 510-521.

[51] GOFFMAN F D, BERGMAN C. Relationship between hydrolytic rancidity, oil concentration, and esterase activity in rice bran [J]. Cereal Chemistry, 2003, 80 (6): 689-692.

[52] ST ANGELO A J, VERCELLOTTI J, JACKS T, et al. Lipid oxidation in foods [J]. Critical Reviews in Food Science and Nutrition, 1996, 36 (3): 175-224.

[53] CHEN D J, SUN H Y, SHEN Y X, et al. Selenium bio-absorption and antioxidant capacity in mice treated by selenium modified rice germ polysaccharide [J]. Journal of Functional Foods, 2019, 61: 103492.

[54] 王吉中，冯昕，王丽娟. 不同金属离子对米糠解脂酶活性影响的研究 [J]. 现代食品科技，2007, 23 (2): 28-30.

[55] LI Y, LIU K L, CHEN F S, et al. Comparative proteomics analysis reveals the effect of germination and selenium enrichment on the quality of brown rice during storage [J]. Food Chemistry, 2018, 269: 220-227.

[56] 余诚玮，邓施璐，温志刚，等. 米糠及其脂肪酶的研究进展 [J]. 食品安全质量检测学报，2019, 10 (2): 297-305.

[57] GUL K, YOUSUF B, SINGH A K, et al. Rice bran: Nutritional values and its emerging potential for development of functional food—a review [J]. Bioactive Carbohydrates and Dietary Fibre, 2015, 6 (1): 24-30.

[58] WOOD D F, SIEBENMORGEN T J, WILLIAMS T G, et al. Use of microscopy to assess bran removal patterns in milled rice [J]. Journal of Agricultural and Food Chemistry, 2012, 60 (28): 6960-6965.

[59] MOSTOFA M G, HOSSAIN M A, FUJITA M. Trehalose pretreatment induces salt tolerance in rice (Oryza sativa L.) seedlings: Oxidative damage and co-induction of antioxidant defense and glyoxalase systems [J]. Protoplasma, 2015, 252 (2): 461-475.

[60] HUANG B, ZHANG J M, CHEN X L, et al. Oxidative damage and antioxidative indicators in 48h germinated rice embryos during the vitrification-cryopreservation procedure [J]. Plant Cell Reports, 2018, 37 (9): 1325-1342.

[61] HAN Y X, CHENG J H, SUN D W. Activities and conformation changes of food enzymes induced by cold plasma: A review [J]. Critical Reviews in Food Science and Nutrition, 2019, 59 (5): 794-811.

[62] LEE D H, KIM Y S, LEE C B. The inductive responses of the antioxidant enzymes by salt stress in the rice (Oryza sativa L.) [J]. Journal of Plant Physiology, 2001, 158 (6): 737-745.

[63] GENKAWA T, UCHINO T, INOUE A, et al. Development of a low-moisture-content storage system for brown rice: Storability at decreased moisture contents [J]. Biosystems Engineering, 2008,

99（4）：515-522.

［64］ QIU S, KAWAMURA S, FUJIKAWA S, et al. Long-term storability of rough rice and brown rice under different storage conditions［J］. Engineering in Agriculture, Environment and Food, 2014, 7（1）：40-45.

［65］ SEN S, CHAKRABORTY R, KALITA P. Rice - not just a staple food：A comprehensive review on its phytochemicals and therapeutic potential［J］. Trends in Food Science & Technology, 2020, 97：265-285.

［66］ MOONGNGARM A, DAOMUKDA N, KHUMPIKA S. Chemical compositions, phytochemicals, and antioxidant capacity of rice bran, rice bran layer, and rice germ［J］. APCBEE Procedia, 2012, 2：73-79.

［67］ CHEN M L, NING P, JIAO Y, et al. Extraction of antioxidant peptides from rice dreg protein hydrolysate via an angling method［J］. Food Chemistry, 2021, 337：128069.

［68］ SAJI N, FRANCIS N, SCHWARZ L J, et al. The antioxidant and anti-inflammatory properties of rice bran phenolic extracts［J］. Foods, 2020, 9（6）：829.

［69］ LIN J H, LIN Y H, CHAO H C, et al. A clinical empirical study on the role of refined rice bran in the prevention and improvement of metabolic syndrome［J］. Journal of Food Biochemistry, 2020, 44（11）：e13492.

［70］ SAJI N, SCHWARZ L J, SANTHAKUMAR A B, et al. Stabilization treatment of rice bran alters phenolic content and antioxidant activity［J］. Cereal Chemistry, 2020, 97（2）：281-292.

［71］ YU S G, NEHUS Z T, BADGER T M, et al. Quantification of vitamin E and γ-oryzanol components in rice germ and bran［J］. Journal of Agricultural and Food Chemistry, 2007, 55（18）：7308-7313.

［72］ S VALLABHA V, INDIRA T N, JYOTHI LAKSHMI A, et al. Enzymatic process of rice bran：A stabilized functional food with nutraceuticals and nutrients［J］. Journal of Food Science and Technology, 2015, 52（12）：8252-8259.

［73］ LIU L, GUO J J, ZHANG R F, et al. Effect of degree of milling on phenolic profiles and cellular antioxidant activity of whole brown rice［J］. Food Chemistry, 2015, 185：318-325.

［74］ KIM S M, LIM S T. Enhanced antioxidant activity of rice bran extract by carbohydrase treatment［J］. Journal of Cereal Science, 2016, 68：116-121.

［75］ LEE S C, KIM J H, JEONG S M, et al. Effect of far-infrared radiation on the antioxidant activity of rice hulls［J］. Journal of Agricultural and Food Chemistry, 2003, 51（15）：4400-4403.

［76］ CHATTHONGPISUT R, SCHWARTZ S J, YONGSAWATDIGUL J. Antioxidant activities and antiproliferative activity of Thai purple rice cooked by various methods on human colon cancer cells［J］. Food Chemistry, 2015, 188：99-105.

［77］ Yin G K, Xin X, Song C, et al. Activity levels and expression of antioxidant enzymes in the ascorbate-glutathione cycle in artificially aged rice seed［J］. Plant Physiology and Biochemistry, 2014, 80：1-9.

［78］ YIN L N, WANG S W, ELTAYEB A E, et al. Overexpression of dehydroascorbate reductase, but not monodehydroascorbate reductase, confers tolerance to aluminum stress in transgenic tobacco [J]. Planta, 2010, 231 (3): 609-621.

[79] 张向民, 周瑞芳, 冯仑. 脂类在稻米陈化过程中的变化及与稻米糊化特性的关系 [J]. 中国粮油学报, 1998, 13 (3): 5.

[80] KLAYKRUAYAT S, MAHAYOTHEE B, KHUWIJITJARU P, et al. Influence of packaging materials, oxygen and storage temperature on quality of germinated parboiled rice [J]. LWT, 2020, 121: 108926.

[81] FABRONI S, BALLISTRERI G, AMENTA M, et al. Screening of the anthocyanin profile and in vitro pancreatic lipase inhibition by anthocyanin-containing extracts of fruits, vegetables, legumes and cereals [J]. Journal of the Science of Food and Agriculture, 2016, 96 (14): 4713-4723.

[82] CHIOU T Y, KOBAYASHI T, ADACHI S. Characteristics and antioxidative activity of the acetone-soluble and-insoluble fractions of a defatted rice bran extract obtained by using an aqueous organic solvent under subcritical conditions [J]. Bioscience, Biotechnology, and Biochemistry, 2013, 77 (3): 624-630.

[83] 李霞辉. 粳稻品种图鉴 [M]. 北京: 中国轻工业出版社, 2009.

[84] 孟庆虹, 严松, 王少元, 等. 留胚米加工专用品种筛选研究 [J]. 中国稻米, 2014, 20 (3): 50-53.

[85] 王少元, 孟庆虹, 严松, 等. 北方粳稻留胚米碾磨工艺的研究 [J]. 中国稻米, 2014, 20 (5): 31-35.

[86] TONG L T, GAO X X, LIN L Z, et al. Effects of semidry flour milling on the quality attributes of rice flour and rice noodles in China [J]. Journal of Cereal Science, 2015, 62: 45-49.

[87] 高山, 张瑛, 宋美, 等. 水稻脂肪氧化酶研究进展 [J]. 安徽农业科学, 2005, 33 (1): 126-127, 141.

[88] 谢宏. 稻米储藏陈化作用机理及调控的研究 [D]. 沈阳: 沈阳农业大学, 2007.

[89] 振环. 留胚米的碾制及质量要求 [J]. 粮食与饲料工业, 2008 (7): 1-2.

[90] 卞科, 尹阳阳. 稻谷储藏品质指标测定方法研究进展 [J]. 粮食与饲料工业, 2010 (7): 5-8.

[91] Jirapa P, Anchanee U, Onanong N, Kuakoon P. Debranching enzyme concentration effected on physicochemical properties and α-amylase hydrolysis rate of resistant starch type Ⅲ from amylase rice starch. Carbohydrate Polymers, 2009: 78 (1): 5-9

[92] DHITAL S, BUTARDO V M JR, JOBLING S A, et al. Rice starch granule amylolysis—differentiating effects of particle size, morphology, thermal properties and crystalline polymorph [J]. Carbohydrate Polymers, 2015, 115: 305-316.

第三部分　特色红小豆全利用加工技术

红小豆也称赤小豆，为一年生药食兼用的草本植物，原产于我国，主要分布于华北、东北和长江中下游地区，因营养丰富而广受喜爱，被誉为粮食里的"红珍珠"。我国食用豆种植广泛，年总产量约 600 万吨，其中红小豆年出口 5 万~8 万吨，占世界红小豆贸易量的 85%，但这些资源绝大部分以原粮或粗加工产品低价销售，国内食用豆年人均消费不足 250g，且食用豆加工技术与设备处于落后水平。红小豆是双子叶植物，主要由种皮、胚构成。胚是种子的主要结构，包括子叶（储存营养物质）、胚芽（发育成茎和叶）、胚轴（发育成连接茎与根部分）和胚根（发育成根）四部分。由于红小豆种子营养物质大部分储存在子叶中，比较肥厚，通常所说的豆瓣是红小豆种子子叶。红小豆蛋白质含量约为 22.65%，是禾谷类的 2~3 倍；红小豆中膳食纤维平均含量在 5.60%~18.60%，主要集中于豆皮中。除上述营养物质外，红小豆中还含有如 γ-氨基丁酸（gamma aminobutyric acid，GABA）、花青素、多酚、黄酮、皂苷等功能性成分，以及铁、钙、镁、磷、钾等多种矿质元素和 B 族维生素。同时，红小豆中含有其他豆类缺乏或很少含有的三萜皂苷等成分，因此具有解毒、利尿、补血等功效。红小豆具有降血压、控制糖尿病、抗氧化作用和抑菌作用等。红小豆含 18 种氨基酸，游离氨基酸以谷氨酸为主；平均脂肪含量为 0.59%，水平相对较低，但其脂肪酸种类比较丰富并且总不饱和脂肪酸比例较大，达到 68.91%；红小豆中膳食纤维含量约为精米的 20 倍；此外，红小豆中还含有丰富的维生素和矿物质。因此，红小豆是一种蛋白含量高、脂肪含量低、营养丰富的杂粮。

第六章　红小豆功能特性及加工基础

第一节　红小豆功能特性

一、控制血糖

　　碳水化合物的消化速度会直接影响淀粉类主食在餐后的血糖反应。红小豆的碳水化合物含量约为 63.4%，可部分代替粮食。食用红小豆后，人体血糖上升速度慢，血糖指数在 60 以下，属低血糖指数食物；红小豆还含有其他因子，如抗营养因子单宁、植酸等，对消化速度有一定抑制作用。王彤等研究眉豆、绿豆及红小豆对人体餐后血糖的影响，发现红小豆的血糖值明显低于馒头、眉豆、绿豆，同时红小豆维持人体餐后血糖稳定的能力较强。食用豆类淀粉特性的研究中，范志红等研究发现豆类淀粉的血糖指数低于谷类淀粉，因此各国营养学界都建议糖尿病、肥胖和心血管疾病的高危人群提高豆类摄入量，红小豆已被证明有利于糖尿病人的血糖控制。刘芳等研究不同加工方法对红小豆中碳水化合物消化速度和淀粉组分中快速消化淀粉（RDS）、慢速消化淀粉（SDS）和抗性淀粉（RS）含量的影响，证明了高压、组织结构变化对 RDS 和淀粉水解指数（SDI）有显著影响。

二、抗氧化作用

　　红小豆种皮中含有的多酚、单宁、植酸、皂苷和色素等多种生物活性物质具有显著的抗氧化作用，可快速、有效地清除自由基。周威等对红小豆提取物体外抗氧化活性进行了研究，结果表明，红小豆皮的酸性乙醇提取物含有丰富的多酚和单宁，有很强的羟基自由基清除能力和还原能力，并且多酚和单宁含量均与其抗氧化活性成正相关关系。易建勇等对煮制红小豆汤抗氧化性进行了分析，发现红小豆抗氧化能力大部分都是由豆皮中物质决定，在 24h 内比较稳定。以上研究都表明红小豆具有一定的抗氧化能力，而且其抗氧化能力较为稳定。在加热条件下，豆类籽粒内部组分和表皮所含物质均会发生物理、化学变化，组织软化、风味形成；还有热敏性功能物质失去活性，影响其抗氧化能力。Yang 等对比了挤压膨化前后红小豆总酚、总抗氧化能力、DPPH 清除率的变化情况，确定膨化对红小豆抗氧化能力有明显的抑制作用。姚鑫淼等对有代表性的红小豆品种进行蒸煮过程的抗氧化特性变化研究，结果显示蒸煮过程对其抗氧化能力具有极显著影响。

三、抑菌作用

红小豆对伤寒杆菌、福氏痢疾杆菌、金黄色葡萄球菌等都具有明显的抑制作用，因此红小豆具有一定的抑菌作用。郭彩珍等研究了利用超声波法提取绿豆中的生物碱，分别对金黄色葡萄球菌、大肠埃希氏菌、枯草芽孢杆菌进行抑菌试验，测定温度和 pH 对生物碱抑菌活性的影响。结果表明，绿豆生物碱对 3 种细菌均有明显的抑菌作用，不同浓度的生物碱的抑菌效果不同，生物碱浓度大小与抑菌效果呈正相关，其中对枯草芽孢杆菌的抑制作用最为明显。

第二节　红小豆食品的加工基础

红小豆作为高蛋白、低脂肪、多营养的食品原料，品质性状一般包括外观品质、加工品质和营养品质，红小豆的品种是体现品质特性的关键因素，不同品种红小豆品质适宜不同的产品加工，种皮、淀粉含量、淀粉理化特性影响产品加工成本及品质。红小豆常见食品有豆馅、豆沙等。红豆豆沙风味独特、口感细腻，在亚洲国家具有很大的消费市场。常见的去皮豆沙，虽然去除了由豆皮引起的口感粗糙，但有产品营养素的损失和出品率的降低等问题。利用全豆蒸煮制得红小豆全豆粒馅，保留豆皮及其所含的功效成分，符合"全谷物食品"和"全食物营养"的消费趋势。国内外对食用豆类原料本身营养特性的研究很多，但对加工后以及不同加工条件下风味和营养的变化却鲜有报道。由于食品在加工过程中，都会有色、香、味以及营养品质的变化，通过红小豆开展加工对其风味和功能营养特性的影响研究，对食用豆类加工技术的改进具有很好的指导作用。因此，本研究主要关注热加工对食用豆类风味和营养特性的影响。

一、加工对红小豆中淀粉、蛋白质等组分的影响研究

张静祎以黑龙江省所产的产量较高的三种红小豆（大红袍、宝清红、珍珠红）作为研究对象，添加氯化钠和蔗糖对其淀粉性质和体外消化性的影响规律进行了研究。研究人员用扫描电子显微镜（SEM）对不同品种红小豆淀粉颗粒形状及排布有很多区别：大小不一的不规则椭圆形（珍珠红品种），表面光滑规则的椭圆形（宝清红）、平均粒径光滑饱满球形（大红袍）；淀粉的颗粒形状饱满无限接近于饱满的球形，且表面光滑。偏光显微镜显示，大红袍淀粉的偏光十字相对其他两种淀粉更为清晰明了。大红袍淀粉最低为 35.58μm；宝清红淀粉的表面

积粒径最高为15.52μm，而珍珠红淀粉最低为8.3μm。用X射线衍射仪（XRD）研究结晶结构和相对结晶度，结果显示三种红小豆淀粉在衍射角2θ为15°、17°、23°处出现较强衍射峰，均表现为典型的A型结晶结构；相对结晶度范围在22.7%~29.4%，其中大红袍淀粉的相对结晶度较高。三种红小豆淀粉的傅里叶变换红外光谱仪的结果显示，三种红小豆淀粉的红外光谱的吸收峰强度大小顺序为珍珠红淀粉、宝清红淀粉、大红袍淀粉；利用差示扫描量热仪（DSC）测定的三种红小豆淀粉的糊化性质，糊化起始温度的范围在59.75~62.92℃，其中大红袍淀粉的起始温度最高，珍珠红淀粉的最低，大红袍、宝清红和珍珠红淀粉的热焓值分别为7.47J/g、6.55J/g和7.34J/g；三种红小豆淀粉的黏度性质显示，三种淀粉的峰值黏度范围为8614~11461cP，其中珍珠红淀粉的峰值黏度最高，大红袍淀粉的最低。另外，三种淀粉最终黏度范围为6170~6863cP，大红袍淀粉最终黏度最高，珍珠红淀粉的最低；三种红小豆淀粉剪切应力均随着剪切速率增大而增大，具备假塑性流体特征；比较分析氯化钠、蔗糖和油脂对不同品种红小豆淀粉间粒径、黏度、热力学特性、凝胶性和体外消化性的差异，结果表明在添加2%氯化钠后，红小豆淀粉糊化温度、凝胶的黏度提高、粒径减小；加入10%的蔗糖后，三种红小豆淀粉平均粒径、峰值和谷值黏度降低，衰减值、最终黏度和回生值增大；对凝沉速率、凝胶强度和消化率没有显著影响；当添加10%油脂时，三种不同红小豆淀粉平均粒径、糊化温度和焓值增大，降低了红小豆淀粉糊的凝沉速率、峰值黏度和凝胶强度，同时延缓了老化；与对照的红小豆淀粉相比，三种红小豆淀粉在加入脂质后，RDS（rapidly digested starch）的含量降低，SDS（slowly digested starch）含量增大，RS（resistant starch）含量增高，意味着油脂的添加降低了淀粉的消化性。综上所述，本实验基于对不同品种红小豆的淀粉性质的多角度比较的基础上，研究了添加氯化钠、蔗糖和油脂对红小豆淀粉的性质和体外消化特性的影响，确定了使淀粉构效发生改变的原因，促进红小豆的功能特性的提高。

杨小雪等研究不同的加工方式可通过影响红小豆淀粉的糊化、结晶程度以及淀粉颗粒的完整性，对最终产品淀粉消化性能与eGI值产生显著影响。微波加工和蒸煮加工过程中保持整豆状态，加工后细胞壁对消化酶形成物理屏障作用；微波加工时，有限水分使淀粉分子在高温加热过程中无法充分展开、糊化程度降低，造成有限的α-淀粉酶水解，导致微波加工红小豆粉eGI值最低。滚筒加工和挤压加工前红小豆粉碎豆粉，细胞结构被破坏，在充足水分中淀粉糊化完全，eGI较高。但挤压处理红小豆粉在高温高压状态下，淀粉与蛋白质结合、包裹，形成致密组织结构，降低淀粉与酶接触，使eGI值较滚筒干燥豆粉低。因此，采用湿、法加工的整豆加工再粉碎或者干法微波加工方法，均可得到较低eGI值的即食红小豆粉。另考虑到微波加工具有高效、经济等优点，采用微波熟化加工技术加工低血糖指数特殊营养食品，满足糖尿病或肥胖人群需求。

韩飞飞等为改善绿豆分离蛋白（MBPI）的理化特性，利用葡聚糖（Dextran）接枝改性 MBPI，并对改性后蛋白的溶解性、乳化特性、表面疏水性、亚基结构的变化进行研究。SDS-PAGE 凝胶电泳分析结果表明，MBPI 和 Dextran 接枝反应生成分子量较大共价复合物，表面疏水性分析表明，相比于未处理蛋白，MBPI-Dextran 共价复合物表面疏水性含量降低，改性后蛋白质溶解性和乳化特性得到不同程度改善。朱伟等通过检测不同芽长黄豆芽和绿豆芽对二苯代苦味酰基自由基（DPPH·）抑制率，结果表明：黄豆和绿豆在发芽过程中有相同抗氧化性变化，芽长 1.0cm 和 4.0cm 达到较高抗氧化活性，发芽绿豆的抗氧化性高于发芽黄豆的；总酚含量变化趋势与其抗氧化性的一致，多酚含量决定其抗氧化性。任传英等分析了黑龙江主栽 9 个品种红小豆的主要功效成分和抗氧化性，佳红 1 号红小豆 γ-氨基丁酸和总酚含量最高、分别为 192.62mg/100g 和 2.48mg/g，龙引 09-05 红小豆总黄酮含量最高达 4.03mg/g，龙小豆 3 号红小豆总抗氧化能力最强 529.47 单位/g；9 种红小豆总酚含量与总黄酮含量之间显著正相关，GABA 含量与总抗氧化能力显著正相关。程晶晶等以红小豆粗粉为研究对象，研究高频振动式超微粉碎技术对红小豆全粉物化特性的影响，随着超微粉碎时间延长，微粉颗粒大小更均匀、颜色更白亮均匀，红小豆微粉休止角和滑角均增大，松装密度和振实密度均小于粗粉。超微粉碎处理可以显著改善红小豆全粉的颗粒均匀性、颜色均匀性、吸湿性、溶胀度、溶解性等物化特性。

二、食用豆类加工风味的研究

加工过程对食用豆香味影响很大。王艳等对东北扁豆果荚蒸煮热加工前后挥发性物质组成进行检测与分析，挥发性成分化学组成发生明显变化，热加工对食品风味和组成成分的重要影响。施小迪等豆类风味是由多种组分构成的复杂而不稳定平衡体系，通过酶促反应、非酶促反应等形成的挥发性小分子物质，大约有 70 种以上，主要包括酸、醇、醛、酮、酯类等。豆类中脂肪氧化酶是影响豆类产品风味，豆类中脂肪酸可在脂肪氧化酶作用下形成氢过氧化物，在其他酶进一步作用或受热条件，产生挥发性或不挥发性不良风味物质，从而形成豆类加工产品整体风味。脂肪氧化酶活性受到温度、pH、无机盐、有机电解质等影响。目前，改善豆乳风味方法集中在去除或钝化脂肪氧化酶活方面，包括品种选育、热处理法和化学法，但这些方法可能降低豆类产品的风味，因而研究侧重点应在部分钝化大豆脂肪氧化酶而使风味充分呈现方面。传统热加工是将食物熟化并获得良好风味的重要手段，食用豆类经过热加工，可有效去除"豆腥"味并产生良好的豆香，形成各种食用豆特有的风味。红豆沙（粉）是红小豆的主要加工产品，丰富营养、独特风味和良好口感，深受消费者的喜爱、产品应用范围广、市场占有率高。目前我国红豆沙市场基本被日资加工企业垄断，其加工工艺（加热方式为蒸汽或电）自动化程度很高，但与我国传统的加工工艺有一定区别，国内有部分规模较小的红豆沙企业，在传统工艺（加热方式有炒制环节）下制得产品，风味远优于大型红豆沙企业，但由于其加工效率低、工艺原理不清，导致产品成本高、市场占有率很低。对复杂风味的检测技术（气质联用）不断改进，以及先进电子鼻等替代感官评价香气检测仪器应用，奠定对风味物质研究基础。

在食用豆类抗氧化能力的研究方面，在加热条件下，豆类籽粒内部组分和表皮所含物质均会发生复杂的物理、化学变化，组织软化，风味形成，同时一些热敏性功能物质也会失去活性，影响其抗氧化能力，降低豆类食品品质。Hu 等分别对烘焙、膨化的可可豆进行总酚、总黄酮、特征风味物质及感官测定，结果显示膨化可以更好的保留可可豆的抗氧化能力，并赋予产品更好的风味，但膨化压力的增加也会对产品的风味产生不良影响。因此，加热方式和工艺条件对食品的抗氧化特性具有很大影响，有必要对食用豆类在热加工下抗氧化特性的变化进行深入研究。

三、食用豆类抗营养因子活性的研究

豆类中还含有多种抗营养因子，包括胰蛋白酶抑制剂（TI）、植酸、单宁、皂苷等。它的存在有碍营养素的吸收，导致身体的不适，热处理可使豆类中对热敏感的抗营养因子活性降低或消除。适度的加热有利于豆类蛋白被动物体吸收利用，但加热不足不能消除抗营养因子，加热过度则会破坏氨基酸和维生素；加热过程中还会引起氨基酸与碳水化合物反应，导致蛋白质消化率下降。红小豆，分别经蒸煮、烘焙、膨化，其产品的风味、色泽差异很大，淀粉消化和吸收速率也不同。为了保持红小豆淀粉慢速消化这一特性，本研究将系统考察热加工方式对红小豆淀粉特性的影响，为功能性豆类食品的开发提供理论依据。

对于不同热加工方式，由于其加热原理、物料所处水分状态等组分环境以及对食品组织结构的改变程度不同，其所产生的风味和营养特性变化也存在很大差异，目前国内还没有系统的针对不同热加工方式对食用豆类风味和营养特性的影响研究。本研究以食用豆类中有特色和代表性的红小豆为对象，研究不同热加工方式（蒸煮、烘焙、微波、挤压膨化）对其营养特性（血糖生成指数、淀粉特性、抗氧化特性、抗营养因子等）和风味（酶活性、风味物质组成、生成和降解）的影响，探索影响食用豆香气质量和营养品质的主要因素，阐明热加工条件对红小豆风味和营养特性作用机理，以期为食用豆加工过程中的物质积累与转化找到人工调控的方法。Liu 等研究了 NaOH 质量分数、碱性萃取时间、碱性萃取温度、酸提取温度、

酸提取时间对于绿豆 IDF 提取结果的影响。结果分析表明，在最佳工艺条件下，IDF 产生率高达 64.23%，IDF 纯度达到 90.12%。

四、红小豆蒸煮品质研究

姚鑫森等系统研究了蒸煮条件对不同品种红小豆及其汤汁抗氧化特性等指标的影响，结果表明蒸煮过程中红小豆汤汁 pH 由中性快速降低至弱酸性，汤汁亮度降低、彩度增加；虽然品种间各指标差异较大，但蒸煮初期，汤汁和豆粒的总抗氧化能力均显著下降，之后保持稳定，变化趋势一致；蒸煮过程对汤汁和豆粒的 DPPH 清除率、总酚含量影响极显著。对各指标之间的相关性进行分析，结果表明汤汁的总酚含量与色值具有显著相关性，而蒸煮红小豆豆粒中总酚含量与其抗氧化能力或者清除 DPPH 的能力无显著相关性。采用中心组合试验设计方法，蒸煮时间、加热功率、浸糖时间和糖液的 pH 值为加工条件，以红豆粒馅的感官、色泽、质构特性、总抗氧化能力品质指标，研究了加工条件对红豆粒馅品质的影响规律，优化出红豆粒馅加工工艺。结果显示，蒸煮时间、加热功率、浸糖时间与粒馅硬度、豆皮硬度呈负相关；蒸煮时间对粒馅黏着性和豆粒内部硬度的影响大于其他因素；糖液 pH 越高，粒馅的黏着性越大；低加热功率下，蒸煮时间对粒馅弹性的影响要大于高加热功率水平；蒸煮使粒馅总抗氧化能力显著下降。各因素对粒馅感官的作用从大到小依次为蒸煮时间、浸糖时间、加热功率、糖液 pH；提出红小豆全豆粒馅蒸煮工艺条件：蒸煮时间 50min，加热功率 1.1kW，浸糖时间 2h，糖液 pH 8.0。采用全质构分析方法研究糖类及其衍生物（糖醇、糖酯）对红豆粒馅质构特性的影响，结果表明蔗糖对粒馅硬度、黏着性、胶黏性均有很大的影响。蔗糖增加，粒馅初始硬度、胶黏性增大，黏着性降低；麦芽糖可明显提高粒馅的黏着性并降低胶黏性；糖酯的加入对红豆粒馅的硬度、黏着性、凝聚性、胶黏性等指标均有显著影响，但对弹性影响不显著；随着糖酯添加量的增加，红豆粒馅的硬度值、黏着性和胶黏性均降低。分析糖类及其衍生物（糖醇、糖酯）对红豆粒馅低温贮藏过程中质构特性的影响，结果表明：糖类及其衍生物，对粒馅贮藏过程中硬度影响显著，其中蔗糖的抗老化能力较强；麦芽糖或木糖醇部分替代蔗糖，没有改变粒馅硬度的增长速率，但可明显降低粒馅的初始硬度；蔗糖单酯对红豆粒馅的老化抑制效果要优于麦芽糖单酯。蔗糖的加入会使粒馅的黏着性明显下降；以麦芽糖部分替代蔗糖，粒馅的黏着性显著增加；木糖醇替代部分蔗糖，对粒馅的黏着性影响差异不显著；糖酯的加入对粒馅贮藏过程中黏着性的影响不显著；粒馅质构改善的最佳时间是在粒馅制备后立即进行。加糖使粒馅的弹性明显降低；麦芽糖替代部分蔗糖显著影响贮藏过程中粒馅的弹性，当麦芽糖替代粒馅中蔗糖的 15%（质量分数），红豆粒馅的弹性较大；木糖醇部分替代蔗糖对贮藏过程中粒馅弹性的影响显著，随着木糖醇比例的增加，粒馅弹性有降低的趋势；蔗糖单酯和麦芽糖单酯影响粒馅贮藏过程中的弹性，粒馅4℃下贮藏7d，以加入0.05%蔗糖单酯的粒馅弹性最好。蔗糖的添加使粒馅的凝聚性降低；麦芽糖比例增加，粒馅的凝聚性增加；木糖醇部分替代蔗糖对红豆粒馅凝聚性的影响不显著；蔗糖单酯和麦芽糖单酯的添加对红豆粒馅的凝聚性有极显著影响，添加0.15%的蔗糖单酯或麦芽糖单酯效果最佳。麦芽糖部分替代蔗糖，对粒馅的胶黏性影响极显著；添加蔗糖的粒馅比添加木糖醇的粒馅胶黏性更强。木糖醇的添加影响粒馅胶黏性，但不影响粒馅贮藏过程中胶黏性；糖酯对红豆粒馅4℃贮藏期间的胶黏性具有稳定效果，以0.15%质量分数的糖酯降低体系胶黏性的效果最好。根据优化的工艺条件，研制出自动化煮豆设备，对每一阶段进行水量、水温、时间等参数设定，通过温度传感和液位监测进行加热速率和加水量的调整，精准控制实现自动化程度更高的蒸煮，经中试试验验证了其煮豆效果。

解蕊对红豆沙的加工工艺进行了研究，红豆沙的工艺流程为：红小豆原料→筛选→清洗→浸泡→煮制→去皮取沙→压榨→搅拌（砂糖、油脂、乳化剂）→装袋→封口→杀菌→冷却→成品。蒸煮过程、水分、加糖量等很多方面都对豆沙的品质有一定的影响。武晓娟等研究发现，在蒸煮过程中火候欠佳或者过大都会使豆沙的出沙率降低。Byung-Kee B等研究表明糖在红豆沙加工过程中起到非常重要的作用，不仅能够为豆沙提供甜味和风味，有深棕颜色及结构特性。邓媛媛等研究发现，用木糖醇和麦芽糖醇部分替代白砂糖，红小豆馅料的颜色未受到明显改变，但豆沙的抗氧化能力显著降低，糖对豆沙抗氧化能力有一定影响。红小豆可以利用微生物进行发酵制成具有保健功能的饮料，红小豆饮料具有非常好的开发前景。梁永海等对红小豆双歧杆菌发酵保健饮料生产工艺进行了研究，确定了最佳的配方和工艺条件。韩涛等研究开发了红小豆纤维饮料，对其生产工艺及影响产品品质的几个主要因素进行了研究，确定了生产纤维饮料的最佳条件。张斌利用酶法制备红小豆饮料，与传统煮制方式相比，不仅可以提高红小豆中营养元素的消化吸收率，还可以提高其微量元素的利用率。即食红小豆粉不仅营养全面、口感较好，而且方便快捷。艾启俊等对红小豆即食粉的两种生产工艺进行了研究，重点分析了浸泡条件、水煮时间和增稠剂用量等几个影响产品质量的因素，并确定了即食红小豆粉的工艺流程和配方。经蒸煮、熟化而制成的速食红小豆食用方便，既可作红小豆汤等消暑佳品，又可作为辅食制作红小豆饭菜，而且可以干食。凌霞等对速食红小豆进行了研制，确定最佳操作条件。

五、红小豆特色深加工产品及工艺研究

发芽是一种经济有效、能提高豆类营养品质的培养技术。芽豆萌发伴随着水分吸收的同时，内源酶活性被刺激，生化反应加速，促使芽豆类种子生长。红小豆经

发芽后有益于营养成分的富集。郑立军等发现红小豆经发芽处理后，GABA 含量可提高至（83.22±5.84）mg/100g。红小豆自身含有丰富的 GABA，在发芽过程中因水解酶的作用更使 GABA 含量增加。食用豆类是健康膳食的重要组成部分。随着人们健康意识的增加，食用豆类被越来越多地用于食品加工，作为食品配料在保持产品特性的基础上，提供优质蛋白质，丰富产品营养成分。由于食用豆类中含有很多功能成分，具有去除自由基、增强免疫力的功效，因此增加豆类食品，可平衡膳食、降低慢性病的发生率。我国目前在产业界、学术界和消费者们对豆类加工效益、营养和产品有越来越高的认知度，对豆类食品的品质和食用方便性提出更高的要求，但消费者很难见到既能满足口感、又能保证营养的高品质产品，我国食用豆产业面临产品升级和产业发展的双重需求，食用豆类加工市场需求和政策推动。

以红小豆为原料，采用高温流化技术（流化温度 215℃、流化处理时间 55s、进料速率 62kg/h）对其进行处理，通过分析红小豆籽粒结构、淀粉结构、糊化特性，以及水分吸收、迁移和分布情况，探究高温流化技术改良红小豆蒸煮品质的机理。结果表明，红小豆经过高温流化处理后，籽粒致密结构变得疏松、子叶相邻细胞间毛细孔直径增大、部分淀粉颗粒结构破损。在 98℃近沸水蒸煮时，原料红小豆蒸煮 60min 时的糊化度与高温流化红小豆蒸煮 30min 时的糊化度相当；经过高温流化处理之后，红小豆的糊化黏度更低，回生趋势更小；蒸煮 60min 时，高温流化红小豆吸水率为 90.06%，比原料红小豆提高 34.84%，吸水性能明显改善；高温流化红小豆颗粒内部的水分迁移速率明显加快且分布更均匀；高温流化红小豆煮饭的感官评分更高。综上，高温流化改良红小豆蒸煮品质的途径主要是通过拓宽籽粒水分进入的通道、破坏吸水屏障来提高吸水性能，从而使淀粉吸水更充分、糊化更彻底，同时也改善了其煮饭的口感风味。

红小豆的营养价值和保健功能已经越来越受到重视，为适应市场需求，在今后的工作中，应着力在以下几个方面开展研究：系统地对红小豆加工品质特性进行评价，筛选出特定加工专用型红小豆品种；对红小豆传统加工工艺进行改良，研发方便的新型红小豆健康食品；深入研究红小豆的功能成分及特性，开发红小豆功能保健等精深加工产品。

六、豆类热加工技术

热加工是食品工业最广泛采用的加工方法，主要包括蒸煮、烘焙、微波、挤压膨化等。人们关注食物的营养，但不同加工条件对豆类健康相关成分的保存效果以及抗营养物质的影响方面却少有报道。一方面，由于豆类含有较高水平的植酸、单宁、皂苷和胰蛋白酶抑制剂等抗营养成分，它们可能会降低人体消化酶的作用，并降低部分矿物质的吸收效率，从而降低机体对营养物质的利用，成为部分居民消费豆类的障碍；另一方面，鉴于我国存在大量消化不良人群的同时，患各种慢性疾病的国民也日益增加，适度保留抗营养物质也有重要的健康意义。因此，研究以红小豆为突破点，系统研究不同热加工工艺和条件对红小豆营养特性的影响，探索各因素对红小豆营养特性影响机制，为开展适宜不同人群的豆类食品加工提供理论指导，提高豆类食品的食用价值。

目前，食用豆类蛋白的利用偏少，主要是由于食用豆类中内源酶的存在使豆子产生不良的风味，影响食品的感官品质，采用热处理如微波、烘烤、膨化、蒸汽可以使这些氧化酶失活，从而无法与脂肪作用，因此热加工对豆类具有非常重要的意义。已有文献报道微波和热可以明显降低食物中氧化酶的活性，但对以红小豆为代表的高淀粉、高蛋白、低脂肪、富含功能活性物质的食用豆类，不同热加工方式对其酶活性和风味的影响研究很少，因此开展此类研究，旨在为加工中食用豆类风味的控制提供理论依据，提高食用豆类加工产品的感官品质。试验通过开展热加工前后红小豆风味物质和营养成分的对比，揭示热加工过程中红小豆风味和营养品质变化机理，探索热加工条件对食用豆类风味和营养特性影响的一般规律，以品质控制为目标丰富食用豆类热加工理论。

微波加热具有加热效率高的特点，相比传统的由外向内传热的加热方式，微波可使物料内外同时加热，迅速提高物料温度，更好地保持物料色泽、香味及营养成分。此外，微波还具有杀菌的作用，微波辐射频率极高，快速致热使物料中各种细菌、虫卵等有害微生物无法抵抗而被完全消灭，可对物料起到保护作用。故在保证微波加热装置封闭和使用安全的条件下，微波加热是具有杀菌功能且环保高效的食品加工方式。微波食品加工被广泛应用，利用微波炉可以蒸、炖和烘焙各种食品，营养损失少且节约时间，在食品工业生产中微波也被用于食品的干燥、焙烤、膨化等加工。微波作为一种绿色的加热技术，在食品加工中的应用也越来越广泛，并取得了重要研究成果。微波加热食品具有效率高、加热均匀、血糖生成指数低特点，微波焙烤薏米、红小豆和黑豆可提高加工效率，让物料内外受热均匀，保证加工杂粮的品质。

微波干燥过程中，干燥温度是影响发芽红小豆干后品质的重要因素，而含水率和干燥速率是描述物料干燥过程的重要指标。任奕林等应用微波炉改制而成的微波试验装置干燥黄豆，指出装载量和微波功率对黄豆微波干燥特性影响较大。潘旭琳等用微波炉干燥绿豆芽，研究微波功率、铺料厚度和装载量对绿豆芽干燥特性的影响，得出在不同微波功率和不同装载量下，绿豆芽的干燥速率曲线相差较大，而铺料厚度对含水率和干燥速率影响不大。段罗佳等对豇豆进行热风干燥试验，探讨不同的温度、风速对豇豆含水率和干燥速率的影响规律，指出温度和风速均影响干燥过程。刘春燕等对绿豆芽进行热风干燥试验，研究风温和装载量对绿豆芽含水率的影响，发现风温升高，热风干燥所需时间缩短；装载量增大，热风干燥所需时间延长。Doymaz 等以红芸豆为试验对象进行热风干燥试验，研究热风温度对红芸豆干燥特性的影响，发现在整个干燥过程中，红芸豆的干燥速率持续下降，且干燥速率在干燥开始阶段较高，再随着样品含水量下降而下降、热风温度上升而上升。

以上对干燥特性的研究主要集中于未发芽豆，干燥条件以热风干燥为主，对发芽豆的微波干燥研究报道较少，且已有干燥特性研究除含水率和干燥速率外，很少关注微波干燥过程中温度的变化规律。在微波干燥设备的应用方面，上述研究主要采用微波炉或微波干燥实验台，这些试验设备所能提供的微波功率低、干燥量少，与生产实际存在一定差异。本试验所使用的连续式微波干燥机更符合实际生产，具有较高实用价值。使用此设备进行发芽红小豆微波干燥特性研究，有望为深入研究发芽红小豆的品质变化及生产实践提供参考依据。本文试验研究中，选取微波功率、每循环干燥时间、风速和装载量为试验因素，探究对发芽红小豆温度、含水率和干燥速率的影响规律。

颜色是消费者感知的重要感官品质，芽豆类食品的颜色通常会对消费者的接受度有很大影响。段罗佳等研究热风干燥对豇豆色泽的影响，指出温度和风速过高会影响豇豆色泽及表面质量。胡舰等研究不同微波真空干燥工艺对醋豆色泽的影响，并用响应面法对醋豆的生产工艺进行优化。胡庆国等采用热风与真空微波联合干燥法，研究干燥前期热风干燥温度、向真空微波干燥过渡的转换点时间以及真空微波功率等因素，对毛豆色差值、维生素 C 和叶绿素的保持等指标的影响；得到优化后的操作条件为：前期用 70℃热风干燥 20min，当毛豆含水率在 52%（湿重）后采用微波强度 9.33W/g 在最大真空度 95kPa（表压）下连续工作 15min。Biernacka 等研究气流干燥和冷冻干燥对西兰花芽颜色参数的影响，得出气流干燥能降低芽的亮度，当气流干燥温度从 60℃升高到 80℃会增加芽的红色和黄色，而冷冻干燥能较好保持干燥食品的自然颜色。孙军涛等研究微波干燥、鼓风干燥和真空冷冻干燥对浸泡时长在 2.5h 内的红豆在质构特性、营养成分和色泽方面的影响，指出真空冷冻干燥效果最好，然后依次是微波干燥与鼓风干燥。

国内外相关学者采用不同的干燥方式，来研究干燥处理后不同物料的外观颜色变化，但目前对豆类经微波干燥后的外观颜色变化研究较少，尚缺乏不同微波干燥条件对发芽红小豆色度变化规律的影响研究。糊化程度是评价发芽红小豆加工品质的重要指标，能影响食品中营养物质的消化吸收。糊化特性可以反映湿热处理时，淀粉糊化的难易程度。杨小雪等研究蒸煮熟化、滚筒熟化、微波熟化和挤压熟化对红小豆粉糊化特性的影响，发现微波熟化过程中，有限的水分使淀粉分子在高温加热过程中不能充分润胀，降低淀粉糊化程度。陆湛溪等研究微波加热对红芸豆糊化度的影响，发现红芸豆的糊化度随着微波功率的上升而升高，也随着微波时间的增加而升高。孙军涛用微波处理浸泡时长在 2.5h 内的红豆，指出红豆的糊化度随着微波功率的增大逐渐降低，随着微波时间的延长呈上升趋势。对糊化度的研究大都集中于未发芽豆，关于微波干燥对豆类糊化度变化规律影响的研究很少。因此，本文用差示扫描量热仪对不同干燥条件下到达安全含水率的发芽红小豆样品进行检测，测得发芽红小豆淀粉糊化特性，以期最大限度提高发芽红小豆淀粉糊化程度，提高发芽红小豆微波干后品质。

γ-氨基丁酸（GABA）是一种对人体健康有益的游离氨基酸，由谷氨酸脱羧酶（glutamate decarboxylase，GAD）催化谷氨酸（L-Glu）脱羧而成，有降低大脑压力、帮助抗高血压和限制癌细胞增殖的作用。赵甲慧等研究了大豆发芽过程中 GABA 含量的变化，指出浸泡后大豆 GABA 含量为原大豆的 4 倍。任传英等对黑龙江主栽的 9 个品种的红小豆中 GABA 含量进行分析，得出佳红 1 号红小豆 GABA 含量最高，为 192.62mg/100g。白青云等指出，植物在盐胁迫、低氧胁迫、低温胁迫、高温胁迫、超声、水分胁迫、低 pH、机械损伤等逆境环境下刺激会强烈激活 GAD 和二胺氧化酶（diamine oxidase，DAO）的活性、促使 GABA 富集。朱青霞等采用真空干燥、热风干燥及微波热风联合干燥法干燥发芽豇豆，得出经微波热风联合干燥后的发芽豇豆中 GABA 含量最高。

第七章　红小豆热加工关键品质特性研究

红小豆是一种高蛋白、低脂肪、多营养的食品，其产品红豆豆沙风味独特、口感细腻，在亚洲国家具有很大的消费市场。虽然常见的去皮豆沙去除了豆皮引起的口感粗糙，但存在产品营养素的损失和出品率的降低等问题。利用全豆蒸煮制得红小豆全豆粒馅，保留豆皮及其所含的功效成分，符合"全谷物食品"和"全食物营养"的消费趋势。红小豆被加工成馅料的过程中，内部淀粉发生糊化，形成良好的风味和口感。糊化后的淀粉胶体在冷却后通过氢键作用开始老化，在4℃左右时，淀粉老化速率达到最大，24h之内主要为系统内直链淀粉的有序化，之后主要是支链淀粉侧链的结晶，而直链淀粉含量，脂—直链淀粉络合物含量和支链淀粉的结构等对其糊化和老化特性都有着重要影响。红豆馅中由于淀粉的老化而引起的产品劣变，严重影响了产品的品质和货架期。糖酯是近几年备受关注的一类乳化剂，是由糖与脂肪酸和脂肪酸酯经酯化反应生成的酯类化合物，在细胞膜上承担物质传输和能量传递的具有重要生理活性的物质。糖酯有较高的生理生化活性、生物降解性及对人体和环境的安全性，乳化性能的糖酯所含脂肪酸数目通常少于4，同时带有亲水和亲油基团，可进入淀粉颗粒螺旋体结构中，与直链淀粉结合形成稳定的络合物，使淀粉制品冷却后，其中直链淀粉难以结晶析出，延缓淀粉的老化，是淀粉食品的柔软保鲜剂。利用差示扫描量热仪（DSC）研究在4℃（淀粉最易发生老化的温度）下储存不同天数（货架期7~14d），红小豆粉的糊化和老化特性，研究黑龙江省有代表性的红小豆品种组成成分（蛋白、脂肪、直链淀粉、支链淀粉含量）对糊化、老化性质的影响，同时研究糖酯浓度对红小豆全粉糊化和老化特性的影响，为改善红小豆食品的加工品质提供理论依据。

第一节　红小豆粉糊化和老化特性研究

红小豆籽实内部约含有25%的蛋白质、1%的脂肪以及50%的淀粉。已有研究表明，淀粉中脂肪（包括天然及后加入的）或乳化剂会显著影响其溶解、溶胀、糊化及流变特性，进而影响食物的质地。在蛋白和脂肪存在下，红小豆淀粉的糊化和老化情况最能真实反映红小豆在加工成豆馅过程中体系内部的变化，因此本研究拟通过差示扫描量热仪（DSC）来研究不同品种红小豆粉的糊化、老化特性，以及糖酯的加入对抑制红小豆淀粉老化作用的情况。差示扫描量热仪（DSC）是目前研究淀粉糊化和老化特性最常用的仪器之一，具有样品用量少、仪器操作简单等优点。已广泛用于淀粉类食品的热特性分析及老化动力学研究，如莲子淀粉、木薯淀粉、小麦淀粉、小麦面粉等，目前尚未有相关去皮红小豆全粉糊化老化特性的研究。

一、红小豆粉糊化和老化特性研究

不同品种红小豆粉、淀粉和脱脂淀粉的糊化与老化 DSC 参数如表 7-1 所示。

表 7-1　不同品种红小豆粉、淀粉和脱脂淀粉的糊化与老化 DSC 参数

| 时间（d） | 样品类别 | 龙引 09-05 | | | | 中红 7 号 | | | |
		T_0（℃）	T_P（℃）	T_C（℃）	ΔH（J/g）	T_0（℃）	T_P（℃）	T_C（℃）	ΔH（J/g）
糊化	红小豆粉	63.71	69.36	79.27	3.66	62.22	68.40	78.80	3.91
糊化	淀粉	60.68	66.62	72.47	9.57	59.23	66.35	72.93	9.41
糊化	脱脂淀粉	61.55	67.09	73.59	9.96	60.44	66.47	71.40	9.08
7	红小豆粉	53.51	62.89	71.13	1.27	48.76	59.96	71.24	0.98
7	淀粉	48.55	58.13	64.98	3.47	47.86	57.95	65.05	3.89
7	脱脂淀粉	51.58	60.30	67.45	4.98	52.13	60.63	67.28	4.85

| 时间（d） | 样品类别 | 佳红 1 号 | | | | 小丰 2 号 | | | |
		T_0（℃）	T_P（℃）	T_C（℃）	ΔH（J/g）	T_0（℃）	T_P（℃）	T_C（℃）	ΔH（J/g）
糊化	红小豆粉	68.60	75.36	80.87	2.35	68.31	75.45	82.57	3.44
糊化	淀粉	62.33	72.11	77.16	10.43	58.93	65.60	74.40	8.96
糊化	脱脂淀粉	62.90	72.46	78.02	9.91	59.77	66.11	74.72	8.74
7	红小豆粉	57.93	65.40	71.00	1.12	51.82	59.41	70.48	0.37
7	淀粉	48.50	59.29	68.43	4.72	49.24	58.78	65.40	3.14
7	脱脂淀粉	51.93	57.59	65.30	5.49	53.06	61.04	65.09	3.79

| 时间（d） | 样品类别 | 宝清红 | | | | 宝航红 | | | |
		T_0（℃）	T_P（℃）	T_C（℃）	ΔH（J/g）	T_0（℃）	T_P（℃）	T_C（℃）	ΔH（J/g）
糊化	红小豆粉	67.63	75.01	80.72	2.40	65.95	72.11	78.56	4.08
糊化	淀粉	59.34	67.54	75.71	10.23	62.43	67.90	73.76	9.90
糊化	脱脂淀粉	60.12	68.72	76.91	9.34	62.54	68.03	73.70	10.51
7	红小豆粉	52.94	63.61	69.56	0.29	56.90	63.62	70.63	0.42
7	淀粉	49.83	59.09	65.48	4.01	49.48	59.41	64.42	5.30
7	脱脂淀粉	53.22	61.44	65.55	4.30	53.02	62.70	66.62	6.38

续表

时间（d）	样品类别	天津红				珍珠红			
		T_0（℃）	T_P（℃）	T_C（℃）	ΔH（J/g）	T_0（℃）	T_P（℃）	T_C（℃）	ΔH（J/g）
糊化	红小豆粉	64.56	71.51	77.97	2.47	63.52	71.68	79.75	5.49
糊化	淀粉	60.99	68.01	75.33	8.71	61.32	67.20	75.12	9.67
糊化	脱脂淀粉	61.17	68.62	75.29	9.89	61.84	68.06	73.74	10.55
7	红小豆粉	55.66	63.57	71.05	0.40	54.11	63.36	70.94	0.80
7	淀粉	51.01	60.23	65.50	4.33	51.62	60.46	65.27	4.26
7	脱脂淀粉	53.29	62.38	65.64	5.35	53.77	62.13	67.45	4.77

注　T_0、T_P、T_C 分别代表糊化过程的起始温度、峰值温度和终止温度，ΔH 为热焓值。

对表 7-1 中 8 个红小豆品种的热特性指标进行分析，其红小豆粉的起始糊化温度范围为 62.22~68.60℃，峰值温度范围为 68.40~75.45℃，糊化终止温度范围为 77.97~82.57℃，糊化热焓值范围为 2.35~5.49J/g；淀粉的起始糊化温度范围为 58.93~62.43℃，与韩春然等所测得的相同地域 4 个红小豆品种的淀粉糊化温度范围 58.92~60.98℃相接近；红小豆粉相对于和红小豆淀粉的平均起始糊化温度提高了约 5℃，糊化热焓值有大幅度下降。由于红小豆全粉中含有大量蛋白和少量脂肪，影响红小豆淀粉的糊化过程。蛋白含量对淀粉糊的能量传递及其糊化度有显著影响。Yang 等用差示扫描量热法（DSC）研究小麦的热特性，随着面筋蛋白在淀粉体系中所占比例的增加，淀粉的糊化热焓值降低，糊化峰值温度升高。李明菲利用 DSC 和热量分解重量计（TGA）研究发现，面筋提取蛋白和面筋蛋白都会降低淀粉糊化焓变、增加淀粉起始糊化温度和峰值温度。这些结论与本研究结果相一致，可能是蛋白质与淀粉之间形成了结构复杂的络合物，加上蛋白质自身的吸水特性，影响了淀粉糊化体系中可利用水分的运转，同时蛋白质的热特性也会影响糊化体系中的能量传递。而脱脂后的淀粉样品，其糊化的 DSC 参数大多有所提高。表 7-1 表明，不同品种的红小豆粉中，淀粉颗粒的溶胀速度、糊化能及其分配具有明显差别。珍珠红的吸热焓最大，佳红 1 号的吸热焓最小。红小豆粉的起始糊化温度范围为 62.22~68.60℃，峰值温度范围为 68.40~75.45℃，糊化终止温度范围为 77.97~82.57℃，糊化热焓值范围为 2.35~5.49J/g，相对于红小豆淀粉起始糊化温度提高 5℃，糊化热焓值显著下降。

二、红小豆粉的糊化、老化参数与其基本组分的相关性分析

8 种红小豆粉的蛋白质、脂肪、淀粉、直链淀粉、支链淀粉含量如表 7-2 所示，由表看出，不同品种红小豆在基本成分含量存在显著性差异，为分析不同品种

红小豆粉的糊化和老化特性提供基础数据。红小豆成分含量与其DSC糊化参数之间的相关性分析如表7-3所示，为解释不同品种红小豆品种的糊化特性差异提供依据。

表7-2　不同品种红小豆粉基本组分含量

品种	粗蛋白（干基,%)	粗脂肪（干基,%)	粗淀粉（干基,%)	直链淀粉（干基,%)	支链淀粉（干基,%)
龙引09-05	27.73	1.08	56.20	11.60	44.60
中红7号	23.80	0.82	59.28	13.94	45.34
佳红1号	25.78	0.95	56.82	12.37	44.45
小丰2号	28.67	1.14	55.52	11.77	43.75
宝清红	28.04	1.14	57.35	10.86	46.49
宝航红	25.91	1.38	59.28	12.25	46.95
天津红	28.75	1.24	56.48	12.71	43.77
珍珠红	22.83	1.37	59.10	13.04	46.06

表7-3　红小豆粉基本组分与DSC结果的相关分析

成分含量	起始糊化温度 T_0（℃）	峰值糊化温度 T_p（℃）	糊化焓 ΔH糊化（J/g）
粗蛋白	0.49	0.38	-0.70
粗脂肪	0.04	0.16	0.39
粗淀粉	-0.51	-0.43	0.60
直链淀粉	-0.65	-0.58	0.44
支链淀粉	-0.12	-0.08	0.40

如表7-3所示，直链淀粉含量与起始糊化温度呈负相关，相关系数为-0.65，即样品直链淀粉含量越高，起始糊化温度越低，样品越易于糊化，这与直链淀粉易发生糊化的特性相吻合。蛋白含量与糊化焓值呈负相关，相关系数为-0.70，蛋白含量高，淀粉糊化的吸热焓值越低，这是由于蛋白含量高，同等质量样品中的淀粉含量相对减少，因此其糊化焓值降低。由于淀粉糊化是吸热过程，淀粉晶体结构的崩解、淀粉颗粒的溶胀，以及淀粉颗粒内的淀粉分子向颗粒外扩散，这些过程都需要吸收热能来完成，不同品种的红小豆全粉中，淀粉颗粒的溶胀速度、糊化能及其分配差别明显，存在耦合关系，不能简单的以各组份的含量来衡量。

图7-1为红小豆粉在4℃下贮存两周（14d）后的老化度变化趋势，贮存2d内，各品种红小豆粉的老化度增长缓慢；贮存2d后，老化度曲线上出现较明显的

拐点，老化程度明显增加，且在 7d 内保持较快的老化速度，之后再进入缓慢老化的阶段。淀粉老化划分为两个阶段即短期老化和长期老化：短期老化一般发生在淀粉糊化后较短时间内，主要是由直链淀粉的重结晶引起的；长期老化相对比较缓慢、可以持续数天，主要是由支链淀粉侧链重结晶引起的。红小豆淀粉中直链淀粉含量在 12% 左右，其淀粉特性较易发生老化，而本研究中 8 个红小豆粉在短期老化阶段，平均老化度只在 10% 左右，表明红小豆粉中蛋白质和脂肪对淀粉老化有抑制作用。

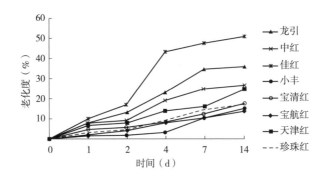

图 7-1　在贮藏温度（4℃）下的贮存时间与老化度的关系

因此，糊化后的红小豆粉在 4℃ 下贮存两周（14d），贮存 2d 内老化度增长非常缓慢，贮存 2d 至 7d，老化程度明显增加，贮存 7d 内保持较快的老化速度，之后又进入缓慢老化的阶段，贮存期间老化度呈先慢、后快、又慢的变化趋势。红小豆粉在短期老化阶段，平均老化度只在 10% 左右，明显低于红小豆淀粉的老化速度。

由图 7-2、表 7-4、图 7-3 和表 7-5 可得表 7-4，由表 7-6 可知，不同品种的红小豆全粉 n 值的大小也不同，不同品种红小豆全粉在晶核成核和生长方式有差异。

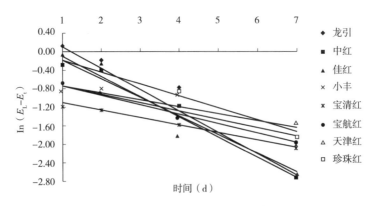

图 7-2　8 种红小豆粉 4℃ 下 $\ln(E_L-E_t)$ 与贮存时间的对应关系

通常情况下，$n \leqslant 1$ 对应在一维、二维和三维结晶生长方式中，成核方式为瞬间成核；当 $1 < n \leqslant 2$ 时对应的成核方式主要是自发成核。各样品结晶速率常数 k 值之间相差较大，表明 k 值能很好地放大淀粉—蛋白—脂肪—水这一复杂体系中淀粉的结晶速率。R^2 值接近于 1，说明用 Avrami 方程能够较好的描述体系内部的老化过程。

表 7-4　8 种红小豆粉 4℃下 ln（$E_L - E_t$）与贮存时间的对应关系

品种名称	方程	R^2
龙引 09-05	$y = -0.4603x + 0.5609$	0.9297
中红 7 号	$y = -0.3972x + 0.1930$	0.9721
佳红 1 号	$y = -0.4317x + 0.3133$	0.9591
小丰 2 号	$y = -0.1773x - 0.5649$	0.8399
宝清红	$y = -0.1589x - 0.9429$	0.9783
宝航红	$y = -0.1996x - 0.5488$	0.9928
天津红	$y = -0.1462x - 0.6026$	0.9508
珍珠红	$y = -0.2548x + 0.0533$	0.9740

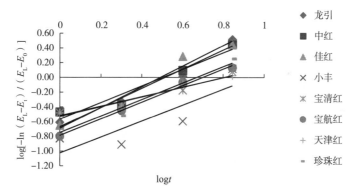

图 7-3　红小豆粉 4℃下 log［-ln（$E_L - E_t$）/（$E_L - E_0$）］与 log$t$ 的对应关系

注：E_L 为最大老化热焓值（本研究以 14d 的老化焓值表示）；E_t 为 t 时刻的热焓值；E_0 为零时刻的热焓值；t 为结晶时间。

表 7-5　红小豆粉 4℃下 log［-ln（$E_L - E_t$）/（$E_L - E_0$）］与 log$t$ 的对应关系

品种名称	方程	R^2
龙引 09-05	$y = 1.3008x - 0.6702$	0.9681
中红 7 号	$y = 1.1242x - 0.5669$	0.9370
佳红 1 号	$y = 1.4033x - 0.6904$	0.9575

品种名称	方程	R^2
小丰 2 号	$y = 1.0803x - 1.0255$	0.7175
宝清红	$y = 0.6570x - 0.5290$	0.9432
宝航红	$y = 1.1252x - 0.7876$	0.9936
天津红	$y = 0.6435x - 0.5196$	0.9524
珍珠红	$y = 1.1170x - 0.7483$	0.9585

表 7-6   不同品种红小豆粉老化的 Avrami 参数

品种	n	k	R^2
龙引 09-05	1.30	0.460	0.930
中红 7 号	1.12	0.397	0.972
佳红 1 号	1.40	0.432	0.959
小丰 2 号	1.08	0.177	0.840
宝清红	0.66	0.159	0.978
宝航红	1.13	0.200	0.993
天津红	0.64	0.146	0.951
珍珠红	1.12	0.255	0.974

注 n、k、R^2 为 Avrami 指数、速率常数和回归相关关系平方。

表 7-7 为 8 种红小豆粉的蛋白质、脂肪、淀粉、直链淀粉、支链淀粉含量与 Avrami 方程参数间的 Pearson 双变量相关分析结果。Avrami 指数 n 与速率常数 k 呈极显著正相关，相关系数为 0.795，这说明晶核成核方式对老化速率有非常显著的影响。n、k 值均与老化焓呈极显著正相关，相关系数分别为 0.775 和 0.951（$p <$ 0.05）。糊化焓值与蛋白含量呈极显著负相关，相关系数为 -0.725，这与 Li 等和 Monhamed 等研究结果一致，物料中蛋白含量增加导致其糊化焓值降低。而糊化焓值与淀粉含量呈显著正相关，相关系数为 0.633。直链淀粉含量与 n、k 值均呈较弱的正相关，与朱帆等对小麦淀粉和小麦面粉的结论趋势一致，但直链淀粉和 k 值未达到显著相关，与体系中淀粉种类不同有关。虽然体系中脂肪含量所占比例很小，与 n 值呈较弱负相关，而与 k 值负相关性达到显著，相关系数为 -0.653，不同品种的红小豆粉 Avrami 方程中指数 n 值可表征淀粉—蛋白—脂肪—水体系内部老化过程，表明脂肪存在对红小豆粉中淀粉老化成核方式没有显著影响，但抑制体系老化作用。

表 7-7　红小豆粉基本组分与 Avrami 参数间的 Pearson 双变量相关分析

参数	n	k	糊化焓 ΔH 糊化（J/g）	老化焓 ΔH 老化（J/g）
n	1			
k	0.795 **	1		
ΔH	0.307	0.038	1	
老化焓	0.755 *	0.951 **	0.168	1
粗蛋白	−0.439	−0.378	−0.725 *	−0.444
粗脂肪	−0.305	−0.653 *	0.404	−0.472
粗淀粉	0.075	0.038	0.633 *	0.055
直链淀粉	0.220	0.273	0.465	0.358
支链淀粉	−0.078	−0.172	0.416	−0.208

注　* 在 0.05 水平显著相关；** 在 0.01 水平极显著相关。

三、糖酯对红小豆粉糊化、老化特性的影响

龙引 09-05 红小豆粉中分别加入不同质量分数的蔗糖单酯和麦芽糖单酯，体系的 DSC 参数值见表 7-8、表 7-9。

表 7-8　蔗糖单酯对红小豆粉糊化与老化 DSC 参数影响

时间（d）	对照（蔗糖单酯 0.00%）				蔗糖单酯 0.03%			
	T_0（℃）	T_P（℃）	T_C（℃）	ΔH（J/g）	T_0（℃）	T_P（℃）	T_C（℃）	ΔH（J/g）
糊化	66.79	73.56	77.41	3.66	66.79	73.36	80.38	4.17
1	59.35	66.29	72.64	0.29	53.39	63.98	66.76	0.25
2	57.32	63.11	69.31	0.50	56.37	65.42	71.69	0.57
4	53.19	63.88	74.58	0.85	48.37	58.08	65.98	0.91
7	51.46	63.50	72.74	1.27	54.36	62.14	70.33	1.19
14	50.28	63.67	72.89	1.32	51.57	61.35	69.62	1.28

时间（d）	蔗糖单酯 0.06%				蔗糖单酯 0.09%			
	T_0（℃）	T_P（℃）	T_C（℃）	ΔH（J/g）	T_0（℃）	T_P（℃）	T_C（℃）	ΔH（J/g）
糊化	66.74	73.59	79.95	4.14	67.27	73.65	79.94	4.84
1	53.97	64.38	71.39	0.24	55.68	64.89	68.91	0.24
2	55.20	62.85	68.89	0.46	54.06	62.83	75.54	0.45
4	53.14	62.08	70.72	0.91	47.79	59.82	67.36	0.86
7	52.37	62.10	71.51	1.16	52.45	61.34	70.98	1.13
14	51.25	61.67	70.63	1.22	51.86	60.73	69.64	1.27

续表

时间（d）	蔗糖单酯0.12%				蔗糖单酯0.15%			
	T_0（℃）	T_P（℃）	T_C（℃）	ΔH（J/g）	T_0（℃）	T_P（℃）	T_C（℃）	ΔH（J/g）
糊化	67.04	73.01	78.80	4.96	67.70	73.63	77.98	5.12
1	54.64	59.10	63.71	0.17	58.83	64.10	65.93	0.19
2	53.04	62.29	65.33	0.42	56.27	64.13	74.59	0.43
4	53.47	62.20	69.77	0.82	52.23	60.10	63.71	0.89
7	51.86	61.53	70.52	1.09	52.43	63.08	72.24	1.03
14	50.71	60.57	68.22	1.23	52.08	62.73	70.64	1.19

表 7-9　麦芽糖单酯对红小豆粉糊化与老化 DSC 参数影响

时间（d）	对照（麦芽糖单酯0）				麦芽糖单酯0.03%			
	T_0（℃）	T_P（℃）	T_C（℃）	ΔH（J/g）	T_0（℃）	T_P（℃）	T_C（℃）	ΔH（J/g）
糊化	66.79	73.56	77.41	3.66	67.19	73.64	79.81	4.28
1	59.35	66.29	72.64	0.29	59.92	65.39	70.20	0.28
2	57.32	63.11	69.31	0.50	59.98	65.71	70.72	0.42
4	53.19	63.88	74.58	0.85	53.84	62.96	68.26	0.80
7	51.46	63.50	72.74	1.27	54.30	63.20	68.94	1.38
14	50.23	63.35	71.57	1.32	55.20	62.15	67.39	1.47

时间（d）	麦芽糖单酯0.06%				麦芽糖单酯0.09%			
	T_0（℃）	T_P（℃）	T_C（℃）	ΔH（J/g）	T_0（℃）	T_P（℃）	T_C（℃）	ΔH（J/g）
糊化	67.80	73.45	78.55	4.39	66.78	73.55	79.68	4.31
1	57.98	62.40	70.71	0.22	55.88	63.91	70.55	0.15
2	60.28	65.13	70.18	0.35	55.43	61.38	71.21	0.23
4	53.56	63.23	71.62	0.71	54.72	63.31	72.09	0.57
7	53.09	63.18	72.05	1.28	53.16	63.34	72.27	1.16
14	51.89	64.21	69.61	1.51	52.87	62.15	71.59	1.24

时间（d）	麦芽糖单酯0.12%				麦芽糖单酯0.15%			
	T_0（℃）	T_P（℃）	T_C（℃）	ΔH（J/g）	T_0（℃）	T_P（℃）	T_C（℃）	ΔH（J/g）
糊化	67.10	73.28	79.84	5.14	67.00	73.74	81.42	5.33
1	55.07	59.33	71.30	0.18	56.63	63.97	70.92	0.20
2	55.93	64.28	70.17	0.22	59.27	64.17	70.74	0.23
4	53.00	62.50	71.90	0.73	52.91	62.17	71.69	0.76
7	54.08	63.52	72.54	1.31	55.54	63.28	70.99	1.35
14	52.34	63.87	70.62	1.52	54.31	62.18	69.82	1.46

从表7-9中可以看出，在红小豆粉—水体系中加入糖酯，其糊化焓值明显提高，表明体系中淀粉糊化需要吸收更多热量，而糖酯阻碍糊化反应进程，这是由于糖酯和淀粉形成复合物，热稳定性高。

图7-4、图7-5为红小豆粉中分别加入不同质量分数的蔗糖单酯和麦芽糖单酯，经加热糊化后，在4℃下贮存两周的老化度的变化趋势。从结果可以看出，添加糖酯可以不同程度地降低红小豆粉的老化度，随着糖酯在小豆粉体系中质量分数的增加，红小豆粉老化度逐渐降低。因此，添加相同质量的糖酯，蔗糖单酯的老化抑制效果要优于麦芽糖单酯。

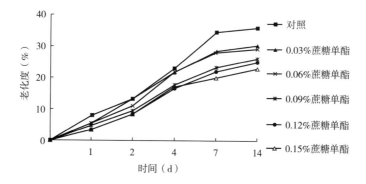

图7-4　蔗糖单酯对红小豆粉4℃下贮存时间与老化度关系的影响

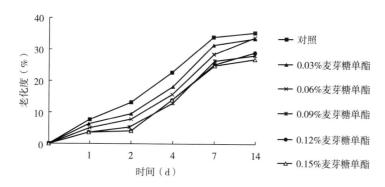

图7-5　麦芽糖单酯对红小豆粉4℃下贮存时间与老化度关系的影响

图7-6~图7-9为蔗糖单酯、麦芽糖单酯体系中，分别由 $\ln(E_L - E_t)$ 对时间 t 作图、$\log[-\ln(E_L - E_t)/(E_L - E_0)]$ 对 $\log t$ 做图，求得 k 值（表7-10和表7-12）和 n 值（表7-11和表7-13）。由结果（表7-14）可以看出，两种糖酯的加入均使红小豆粉的老化速率大幅降低，$1<n\leqslant2$ 成核方式以自发成核为主。但随着糖酯浓度的增加，老化速率呈波动式变化，这是由于糖酯与淀粉的作用还受到体系中水、蛋白等

因素的影响，相对于纯淀粉更复杂，需要进一步研究。因此，添加糖酯可以不同程度的降低红小豆粉的老化度，成核方式以自发成核为主，随着糖酯在体系中质量分数增加，红小豆粉老化度逐渐降低，蔗糖单酯抑制老化的能力强于麦芽糖单酯。

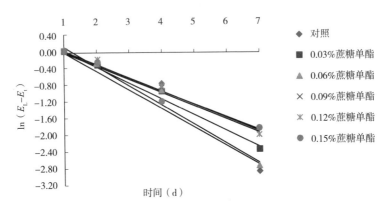

图 7-6　添加蔗糖单酯的红小豆粉 4℃下 ln（E_L-E_t）与贮存时间的对应关系

表 7-10　添加蔗糖单酯的红小豆粉 4℃下 ln（E_L-E_t）与贮存时间的对应关系

添加条件	方程	R^2
对照	$y=-0.4603x+0.5609$	0.9297
0.03%蔗糖单酯	$y=-0.3819x+0.3780$	0.9867
0.06%蔗糖单酯	$y=-0.4452x+0.4201$	0.9769
0.09%蔗糖单酯	$y=-0.3211x+0.3411$	0.9915
0.12%蔗糖单酯	$y=-0.3243x+0.3393$	0.9887
0.15%蔗糖单酯	$y=-0.3045x+0.2279$	0.9751

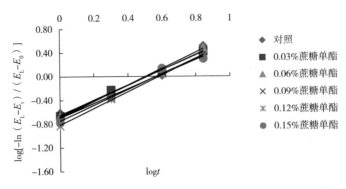

图 7-7　添加蔗糖单酯的红小豆粉 4℃下 log［-ln（E_L-E_t）/（E_L-E_0）］与 log$t$ 的对应关系

表 7-11　添加蔗糖单酯的红小豆粉 4℃下 log $[-\ln (E_L-E_t)/(E_L-E_0)]$ 与 log$t$ 的对应关系

条件	方程	R^2
对照	$y=1.3008x-0.6702$	0.9681
0.03%蔗糖单酯	$y=1.2619x-0.6461$	0.9966
0.06%蔗糖单酯	$y=1.3751x-0.6912$	0.9960
0.09%蔗糖单酯	$y=1.2227x-0.6938$	0.9974
0.12%蔗糖单酯	$y=1.3903x-0.8125$	0.9985
0.15%蔗糖单酯	$y=1.3133x-0.7437$	0.9809

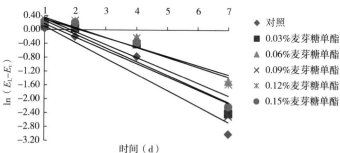

图 7-8　添加麦芽糖单酯的红小豆粉 4℃下 $\ln (E_L-E_t)$ 与贮存时间的对应关系

表 7-12　添加麦芽糖单酯的红小豆粉 4℃下 $\ln (E_L-E_t)$ 与贮存时间的对应关系

条件	方程	R^2
对照样	$y=-0.4603x+0.5609$	0.9297
0.03%麦芽糖单酯	$y=-0.2653x+0.5676$	0.9363
0.06%麦芽糖单酯	$y=-0.3907x+0.6528$	0.9090
0.09%麦芽糖单酯	$y=-0.3786x+0.5459$	0.8738
0.12%麦芽糖单酯	$y=-0.2839x+0.6315$	0.9243
0.15%麦芽糖单酯	$y=-0.3687x+0.6827$	0.9034

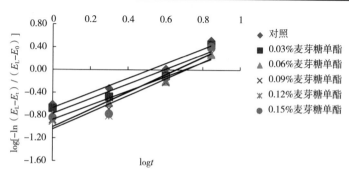

图 7-9　添加麦芽糖单酯的红小豆 9 粉 4℃下 log $[-\ln (E_L-E_t)/(E_L-E_0)]$ 与 log$t$ 的对应关系

表7-13 添加麦芽糖单酯的红小豆9粉4℃下 log [−ln (E_L−E_t)/(E_L−E_0)] 与 log$t$ 的对应关系

条件	方程	R^2
对照样	$y = 1.3008x − 0.6702$	0.9681
0.03%麦芽糖单酯	$y = 1.3023x − 0.7704$	0.9388
0.06%麦芽糖单酯	$y = 1.2589x − 0.8762$	0.9599
0.09%麦芽糖单酯	$y = 1.5309x − 1.0061$	0.9269
0.12%麦芽糖单酯	$y = 1.4764x − 1.0453$	0.9255
0.15%麦芽糖单酯	$y = 1.5379x − 1.0050$	0.9087

表7-14 糖酯对 Avrami 参数的影响

贮存时间 (d)	蔗糖单酯		麦芽糖单酯	
	n	k	n	k
糊化	1.3008	0.4603	1.3008	0.4603
1	1.2619	0.3819	1.3023	0.2653
2	1.3751	0.4452	1.2589	0.3907
4	1.2227	0.3211	1.5309	0.3786
7	1.3903	0.3243	1.4764	0.2839
14	1.3133	0.3045	1.5379	0.3687

第二节 热加工对红小豆淀粉消化特性的影响研究

红小豆已被证明有利于糖尿病人的血糖控制，但对其淀粉的消化速度研究尚未见国内外报道。鉴于加工方法可能对豆类的物理状态和可接受性产生较大影响，采用体外模拟消化法，初步了解不同热加工方式对红小豆中碳水化合物消化速度的影响，为红小豆功能性食品开发提供理论依据。

一、不同蒸煮时间对样品淀粉组分的影响

由图7-10 （a）~（c）可知，随着蒸煮时间的延长，RDS 含量显著增加（$P<0.01$），SDS 含量显著增加（$P<0.01$），RS 含量显著减小（$P<0.05$）。蒸煮初期是 RDS 和 SDS 含量快速增长时期，增加蒸煮时间明显提高了 RDS 的相对比例，RS 含量则持续下降，红小豆的淀粉消化指数 SDI 不断升高后趋于平稳。随着蒸煮时间的延长，样品变得易于消化，食用后的血糖反应理论上会增加。

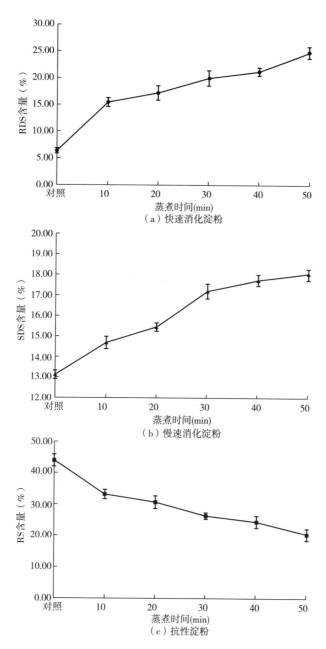

图 7-10　蒸煮时间对红小豆粉中淀粉含量的影响

二、不同微波加热时间对红小豆中淀粉特性的影响

由图 7-11（a）~（c）可知，随着微波加热进程，红小豆中 RDS 含量显著增加

（*P*<0.01），SDS 含量显著增加（*P*<0.01），RS 含量显著减小（*P*<0.05），这与微波红小豆样品的淀粉组成变化趋势相一致。尤其在加热初期，温度和水分条件适宜的情况下，红小豆淀粉发生糊化、变性和与其他成分形成复合物，引起淀粉组成上的显著变化，进而影响其食用后消化情况和血糖反应。

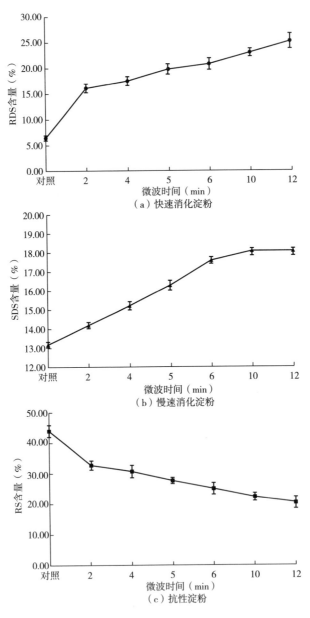

（a）快速消化淀粉

（b）慢速消化淀粉

（c）抗性淀粉

图 7-11　微波时间对红小豆粉中淀粉含量的影响

三、不同烘焙条件对样品淀粉组分的影响

由图 7-12（a）~（c）可知，随着烘焙时间的延长和温度的升高，RDS 含量和 SDS 含量增加均不显著，RS 含量的降低也呈现不显著（$P>0.05$）趋势。因此相比于蒸煮和微波等热加工方式，烘焙并没有显著影响红小豆粉中淀粉组分的变化。采用烘焙方式进行红小豆食品加工，理论上更有利于保持红小豆原有血糖反应水平。

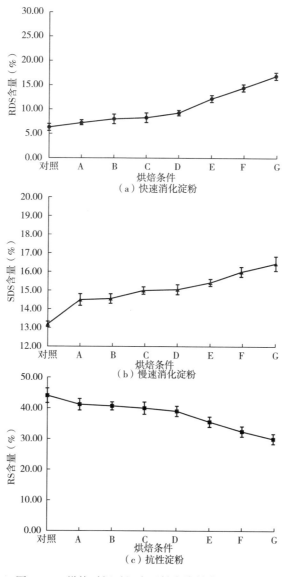

图 7-12　烘焙时间对红小豆粉中淀粉含量的影响

四、热加工方式对红小豆碳水化合物水解率影响

根据图7-13可知，随着样品反应时间的延长，红小豆样品的碳水化合物水解速率也逐渐增大，其中在反应初期0~20min增长速率最大，在反应30min后碳水化合物水解速率显著下降（$P<0.01$），60min以后碳水化合物水解率基本稳定。

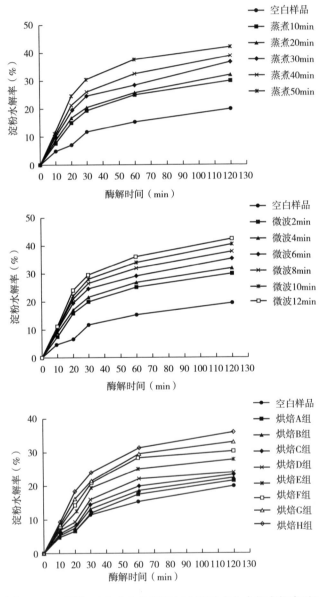

图7-13　不同加工方式和条件下红小豆碳水化合物水解率对比

第三节　热加工过程对红小豆的关键成分的功能特性影响

国内外对红小豆加工特性的研究主要集中在红小豆淀粉的理化特性、品种的粒形和淀粉颗粒度、加工方式、加工条件、添加剂（糖类和甜味剂）对红小豆及其产品红豆沙、红豆粉等的品质特性（如色泽、口感、质构特性、碳水化合物消化速率）影响。

一、典型红小豆品种的营养成分含量

测定结果53份不同红小豆品种测定，如表7-15所示，蛋白质含量均值为27.70%，变化幅度为22.7%~27.70%，变异系数为3.95%，说明品种间差异不大。总淀粉含量均值为51.65%，变化幅度为46.75%~56.00%，变异系数为2.19%，说明品种间差异不大。脂肪含量均值为0.51%，变化幅度为0.24%~0.84%，变异系数为2.06%，说明品种间营养成分差异不显著。

表7-15　53份红小豆蛋白、淀粉、脂肪含量测定结果

品种	蛋白质（%）	总淀粉（%）	脂肪（mg/g）
小豆品系	26.15 ± 0.49^{EBDACF}	53.75 ± 1.48^{GEFCD}	0.24 ± 0.01^{C}
小豆品系	24.70 ± 0.85^{EBIDHAGCF}	47.45 ± 0.21^{STR}	0.44 ± 0.01^{T}
小豆品系	24.25 ± 1.48^{EBIDHAGCF}	51.25 ± 1.48^{OLNMPKJ}	0.53 ± 0.01^{LONM}
小豆品系	24.00 ± 0.28^{MLKIOHJN}	51.00 ± 0.42^{OLNMHKIJ}	0.51 ± 0.01^{PONM}
小豆品系	$24.75\pm0.64^{MELKIHJGNF}$	52.45 ± 0.64^{GEFHI}	0.61 ± 0.01^{HIJ}
小豆品系	25.45 ± 0.49^{EBIDHJGCF}	52.45 ± 1.06^{GLFHKIJ}	0.64 ± 0.02^{DE}
小豆品系	$24.05\pm0.92^{ELKIDHJGCF}$	52.10 ± 1.41^{GLNMHKIJ}	0.63 ± 0^{DGEF}
小豆品系	25.75 ± 0.64^{BDAC}	47.60 ± 0.14^{QSTR}	0.61 ± 0.01^{HGI}
小豆品系	$24.05\pm0.64^{MELKIDHJGF}$	52.80 ± 0.14^{GEFCD}	0.51 ± 0.01^{PONM}
小豆品系	$24.20\pm0.71^{ELKIDHJGCF}$	52.65 ± 1.34^{GLFHKIJ}	0.44 ± 0.01^{T}
小豆品系	24.60 ± 0.99^{EBIDHAGCF}	51.15 ± 1.77^{ONMP}	0.53 ± 0.01^{LNM}
小豆品系	$24.15\pm0.49^{MELKIDHJGF}$	54.30 ± 2.83^{GEFH}	0.38 ± 0.01^{W}
小豆品系	24.55 ± 0.92^{EBIDHAGCF}	52.60 ± 1.7^{GLMHKIJ}	0.30 ± 0.01^{Y}
小豆品系	24.15 ± 0.35^{MELKIHJGF}	53.50 ± 1.56^{GEFHD}	0.27 ± 0.01^{BA}
苏黑小豆1号	$24.70\pm0.14^{MELKIDHJGCF}$	52.40 ± 0.71^{GEFHIJ}	0.33 ± 0.01^{X}

品种	蛋白质（%）	总淀粉（%）	脂肪（mg/g）
苏红 1 号	26.20±0.42^{EBDACF}	51.75±1.48^{OLNMHKIJ}	0.48±0.01^{RQ}
苏玛瑙小豆	24.90±1.98^{BAC}	50.75±0.78^{OLNMPKJ}	0.36±0.03^{W}
小翡翠小豆	24.50±1.27^{EBIDHAGCF}	54.55±0.49^{BC}	0.40±0.01^{V}
苏黑小豆 2 号	24.45±1.48^{EBDHAGCF}	51.10±1.56^{OLNMP}	0.30±0.01^{ZY}
苏橙小豆	26.05±1.06^{BA}	47.30±0.57^{T}	0.46±0.01^{TS}
苏麻皮小豆	24.20±1.56^{EBIDHAGCF}	48.15±0.78^{QSPR}	0.54±0.02^{LKM}
吉红 10 号	23.60±0.99^{MELKIHJGNF}	56.00±1.13^{A}	0.52±0.01^{PONM}
吉红 9 号	24.00±0^{MLKIHJGN}	51.85±0.78^{GEFHD}	0.53±0^{LKM}
吉红 8 号	26.20±0.28^{EBDAC}	52.90±0.42^{EFCD}	0.61±0.01^{HGIF}
吉红 7 号	26.95±0.07^{A}	51.30±0.57^{GLFHKIJ}	0.6±0.01^{IJ}
吉红 11 号	26.45±0.78^{EBDACF}	54.70±1.7^{ECD}	0.54±0^{LK}
尚寨红小豆	23.8±0.85^{MELKIHJGF}	51.05±1.2^{GEFHIJ}	0.52±0.01^{PLONM}
神木小豆	24.75±1.48^{MLKIOJN}	51.40±0.71^{OLNMHKIJ}	0.58±0.01^{J}
半脂红小豆	23.90±0.99^{MELKIDHJGCF}	49.50±0.14^{OQNP}	0.62±0.01^{HGEF}
佳县小豆	22.90±0.99^{O}	55.30±0.14^{BA}	0.65±0.01^{DC}
神木灰小豆	23.60±1.98^{O}	55.85±2.47^{BCD}	0.50±0.01^{PQ}
小丰 2 号	23.55±0.92^{MLKIHJGNF}	53.30±1.84^{GEFHI}	0.42±0^{VU}
BH13-1580	25.70±1.7^{MELKIDHJGF}	52.85±3.46^{OLNMPKIJ}	0.25±0.02^{BC}
红白 2 号	25.80±1.41^{EKIDHJGCF}	52.50±1.56^{GLMHKIJ}	0.53±0.01^{LKM}
红白 3 号	25.50±1.13^{ELKIDHJGCF}	53.70±2.4^{GEFHI}	0.28±0^{ZA}
红白 4 号	25.30±1.41^{MELKIHJGNF}	52.10±0.28^{GEFHIJ}	0.78±0.02^{B}
红白 5 号	26.35±0.92^{EBDAGCF}	50.10±1.7^{QPR}	0.77±0.01^{B}
红白 6 号	27.35±0.92^{BA}	49.5±0.85^{OLNMPK}	0.67±0.02^{C}
红白 7 号	24.70±1.27^{MLKIOHJN}	49.10±0.57^{ONP}	0.63±0^{DGEF}
红白 8 号	25.80±0.14^{EBDAGCF}	46.75±0.07^{T}	0.44±0.03^{TU}
红白 9 号	27.25±0.49^{A}	48.65±0.07^{QSPR}	0.37±0.01^{W}
红白 10 号	23.05±1.06^{MLKIOHJN}	50.95±0.07^{GLNMHKIJ}	0.41±0.01^{V}
BH13-1578	26.65±0.92^{EBDAC}	50.25±0.07^{OLNMPKJ}	0.52±0.01^{LONM}
BH13-1599	24.25±1.91^{MON}	54.15±2.05^{GEFCD}	0.56±0.01^{K}
BH13-1600	23.15±1.2^{MLKIHJGN}	50.25±1.48^{OQP}	0.42±0.01^{VU}

续表

品种	蛋白质（%）	总淀粉（%）	脂肪（mg/g）
BH13-1477	23.10±0.14[MLON]	51.25±1.48[OLNMPKJ]	0.51±0.02[PON]
BH13-1472	22.70±0.71[MLKON]	53.20±2.4[GLFMHKIJ]	0.64±0.02[DEF]
BH13-1501	23.75±1.63[ON]	53.25±0.78[GEFCD]	0.77±0[B]
俚小豆	27.15±1.2[BAC]	50.05±1.63[QPR]	0.84±0.01[A]
白小豆	27.70±1.27[BA]	48.20±1.56[ST]	0.64±0.01[DE]
BH13-917	24.50±1.98[MLKON]	53.55±2.47[GEFHKIJ]	0.47±0.01[RS]
BH13-918	24.55±1.63[MLKOJN]	51.20±1.56[OLNMPK]	0.47±0[RS]
BH13-919	24.45±1.91[EBDACF]	51.80±0[GEFHKIJ]	0.51±0.01[PO]

注 表中每列数字的上标字母表示统计上显著性差异的区别。

二、红小豆功能成分分析

如表 7-16 所示，红小豆中总多酚含量均值为 25.52mg/g，变化幅度为 16.06~36.92mg/g，变异系数为 1.66%，说明红小豆品种间多酚差异小。总黄酮含量均值为 14.76mg/g，变化幅度为 7.11~24.497mg/g，变异系数为 4.96%，说明品种间差异小。0.1g/mL 小豆粉醇提取液的 DPPH 抑制率平均值为 86.13%，变化幅度为 69.26%~99.15%，变异系数为 7.01%，说明品种间差异不明显。0.1g/mL 小豆粉水提取液的 α-糖苷酶抑制率平均值为 10.93%，变化幅度为 1.02%~29.60%，变异系数为 48.42%，说明品种间差异很大。α-糖苷酶抑制率最强的 10 个品种为：尚寨红小豆（29.60%）、小豆品系 13（24.59%）、BH13-917（20.28%）、BH13-918（18.46%）、神木小豆（16.61%）、神木灰小豆（16.44%）、小豆品系 11（16.33%）、小豆品系 10（15.85%）、小豆品系 9（15.48%）、红白 4 号（15.28%）。

表 7-16 53 份红小豆总多酚、总黄酮含量测定结果

品种	总酚（mg/g）	总黄酮（mg/g）	DPPH（%）	α-糖苷酶抑制率（%）
小豆品系	28.26±0.33[HG]	16.79±1.42[GHJFI]	85±1.57[OPQRST]	8.83±0.7[OPQRSTU]
小豆品系	27.17±0.42[KMJL]	13.94±0.96[LMOPN]	87.36±0.59[FGHJKLMNOP]	7.71±0.89[STUVW]
小豆品系	27.32±1.97[HJGI]	14.82±0.49[LMJKN]	87.92±2.16[DEFGHIJKLMN]	9.13±0.19[OPQRSTU]
小豆品系	26.27±0.91[MLN]	14.89±0.55[LMJKN]	90.42±0.98[BCDE]	6.55±0.38[TUVWX]
小豆品系	24.42±0.12[QR]	16.03±0.35[LHJKI]	92.08±2.95[BC]	8.33±0.19[QRSTUV]
小豆品系	25.15±1.03[QOP]	12.05±0.91[RSPQ]	89.44±0.79[CDEFGH]	9.66±1.03[NOPQRS]

续表

品种	总酚 （mg/g）	总黄酮 （mg/g）	DPPH （%）	α-糖苷酶抑制率 （%）
小豆品系	27.34±0.55^{KHJI}	13.69±0.19^{LMOPNQ}	85.56±0.39^{LMNOPQRS}	8.63±1.64^{PQRSTU}
小豆品系	23.07±0.27^{SVUT}	14.91±0.31^{LMOKN}	88.06±2.36^{DEFGHIJKLM}	14.18±1.67^{FGHIJK}
小豆品系	26.57±0.73^{KML}	13.87±0.12^{LMOPNQ}	87.08±0.98^{FGHIJKLMNOP}	15.48±0.26^{FG}
小豆品系	30.02±0.45^{E}	18.29±1.32^{GCEFD}	86.67±0.39^{HIJKLMNOPQ}	15.85±3.18^{EF}
小豆品系	27.96±0.03^{HJGI}	11.18±1.07^{RS}	86.25±0.2^{IJKLMNOPQR}	16.33±0.94^{E}
小豆品系	28.6±0.27^{FG}	16.71±0.23^{GHJKI}	87.78±0.79^{IJKLMNOEFGH}	4.88±0.38^{WXY}
小豆品系	23.39±1.64^{SVUT}	17.09±0.85^{GHJFI}	88.06±0.79^{DEFGHIJKLM}	24.59±5.5^{AB}
小豆品系	28±0.09^{HGI}	19.24±0.5^{CEBD}	88.33±0.79^{DEFGHIJKL}	7.65±0.9^{STUVW}
苏黑小豆1号	33.38±0.49^{C}	15.72±0.13^{LMJKI}	91.78±1.16^{BC}	1.25±0.84^{Z}
苏红1号	23.8±0.27^{SR}	16.52±0.09^{GHJKI}	90.68±1.55^{BCD}	11.72±3.2^{JKLMNO}
苏玛瑙小豆	27.06±0.45^{KJLI}	12.74±3.89^{ROPQ}	85.62±2.13^{KLMNOPQRS}	8.86±3.53^{OPQRSTU}
小翡翠小豆	19.88±0.24^{X}	18.25±8.28^{GCEFD}	85.48±0^{MNOPQRS}	8.5±4.87^{QRSTUV}
苏黑小豆2号	26.07±0.39^{MON}	11.7±0.23^{RSQ}	90.27±0.19^{CDE}	5.65±4.27^{VWXY}
苏橙小豆	16.06±0.67^{Z}	7.96±0.55^{UT}	88.49±3.1^{DEFGHIJ}	3.55±0.74^{YZ}
苏麻皮小豆	20.57±0.85^{XW}	7.14±0.25^{U}	86.71±2.52^{HIJKLMNOPQ}	9.13±2.23^{OPQRSTU}
吉红10号	20.65±0.49^{XW}	13.63±0.26^{RMOPNQ}	84.66±0.77^{PQRST}	3.28±2.04^{YZ}
吉红9号	23.46±0.45^{SVUT}	16.76±0.33^{GHJKI}	86.44±0.19^{IJKLMNOPQR}	6.2±3.76^{UVWXY}
吉红8号	18.27±0.82^{Y}	12.63±0.23^{ROPNQ}	86.71±0.19^{HIJKLMNOPQ}	1.02±0.7^{Z}
吉红7号	24.51±0.12^{QR}	20.23±0.06^{CB}	89.86±0.39^{CDEF}	6.7±1.95^{TUVWX}
吉红11号	23.87±0.24^{SR}	20.2±0.36^{CBD}	83.84±1.16^{RST}	7.81±0.37^{STUVW}
尚寨红小豆	22.54±0.49^{VU}	12.21±0.65^{RSPQ}	80±1.05^{UV}	29.6±0.7^{A}
神木小豆	27.9±0.97^{KHJGI}	14.61±0.19^{LMJKN}	87.02±1.35^{GHIJKLMNOP}	16.61±0.97^{E}
半脂红小豆	32.36±0.55^{C}	16.07±1.18^{LHJKI}	76.81±0.75^{WX}	13.07±0.18^{GHIJKLM}
佳县小豆	28.11±0^{HG}	13.64±0.28^{MOPNQ}	85.85±0^{JKLMNOPQRS}	10.96±1.84^{MNOPQR}
神木灰小豆	31.43±0.21^{D}	8.15±0.5^{UT}	90.32±1.81^{BCDE}	16.44±0.83^{E}
小丰2号	26.18±0.61^{MOLN}	10.18±0.14ST	88.83±0.3^{DEFGHI}	15.2±3.65^{FGH}
BH13-1580	24.55±0.18^{QR}	12.97±0.17^{ROPNQ}	78.94±1.65^{VW}	12.24±1.05^{IJKLMN}
红白2号	23.35±0.42^{SUT}	11.61±0.51^{RS}	84.04±0.15^{QRST}	14.58±1.01^{FGHIJ}
红白3号	25.67±0.3^{OPN}	12.47±0.85^{ROPQ}	82.55±1.05^{TU}	11.57±1.27^{KLMNOP}

续表

品种	总酚 （mg/g）	总黄酮 （mg/g）	DPPH （%）	α-糖苷酶抑制率 （%）
红白4号	35.31±0.42[B]	24.49±0.47[A]	83.19±1.35[ST]	15.28±12.03[FG]
红白5号	23.61±0.36[SRT]	17.53±0.51[GHEFI]	79.04±1.2[VW]	12.28±1.54[HIJKLMN]
红白6号	19.92±0.12[XW]	15.67±1.25[LMJKI]	71.81±0.6[Y]	9.49±2.15[NOPQRST]
红白7号	20.33±0.45[XW]	18.99±0.19[CEFD]	79.04±1.2[VW]	11.2±9.44[LMNOPQ]
红白8号	24.98±0.24[QP]	18.13±0.98[GHEFD]	71.81±0.6[Y]	9.07±0.44[OPQRSTU]
红白9号	22.69±0.03[VU]	15.37±0.56[LMJKI]	69.26±1.2[Y]	14.86±2.24[FGHI]
红白10号	23.76±0.39[SR]	17.27±0.62[GHJFI]	85.21±1.2[NOPQRST]	8.03±1.54[RSTUV]
BH13-1578	22.71±0.42[VUT]	15.59±0.37[LMJKI]	93.09±0.3[B]	8.9±3.38[OPQRSTU]
BH13-1599	36.92±0.09[A]	21.5±1.48[B]	97.66±0.75[A]	12.81±0.31[HIJKLM]
BH13-1600	28.2±0[HG]	12.65±0.23[ROPQ]	98.78±0.53[A]	11.46±2.11[KLMNOP]
BH13-1477	34.71±0.24[B]	15.21±0.49[LMJK]	89.68±0.3[CDEFG]	8.45±0.44[QRSTUV]
BH13-1472	29.2±0.45[FE]	16.6±0.82[GHJKI]	99.15±1.35[A]	9.8±1.8[NOPQRS]
BH13-1501	29.72±0.09[E]	16.43±0.28[GHJKI]	79.15±3.76[VW]	10.57±0.22[MNOPQRS]
俚小豆	23.8±0.03[SR]	7.11±0.23[U]	75.74±2.26[X]	8.65±1.89[PQRSTU]
白小豆	22.6±0.03[VU]	7.43±0.5[U]	88.4±1.5[DEFGHIJK]	14.01±1.14[FGHIJKL]
BH13-917	20.78±0.06[W]	16.52±0.76[GHJKI]	88.51±2.86[DEFGHIJ]	20.28±5.09[ABC]
BH13-918	22.26±0.76[V]	12.44±0.43[ROPNQ]	90.53±5.12[BCDE]	18.46±4.35[D]
BH13-919	17.74±0.3[Y]	14.58±0.27[LMOKN]	89.68±0.3[CDEFG]	4.22±0.51[XY]

三、红小豆降血糖动物实验评价

样品制备：使用实验室 DS56 双螺杆挤压机（赛信机械，山东，中国）进行挤压，其操作参数如下：给料速度 20g/min，螺杆转速 160r/min，水分含量 16%（湿基），温度设置区 80℃-110℃-150℃。对挤压膨化后红小豆进行粉碎出，粉末过 60 目筛，固液比 1∶8，浸泡 12h，豆粉浆液用 1mol/L 的 NaOH 调节 pH 至 9.5，在 2000×g 离心 15min，收集上清。然后用 1mol/L 的 HCl，将 pH 调节至 4.5，在 2000×g 下离心 15min，除去上清液，收集沉淀得到蛋白质凝乳。用蒸馏水洗涤凝乳，洗涤后的沉淀物收集、立即放入冷冻干燥机。

动物喂养饲料制作：饲料成分的比例（%）为玉米淀粉 28.21、豆粕 11.62、大豆粉 4.13、大豆 0.28、面粉 14.00、麦麸 7.42、鱼粉 0.84、碳酸钙 1.33、磷酸钙 1.54、矿物 0.56、维生素 0.07、蔗糖 10.00、猪油 10.00、蛋黄粉 10.00。分为 2

个实验组分别通过添加1%（EA-1）和2%（EA-2）提取得到的挤压膨化小豆蛋白粉，另一个为对照组喂养正常高血糖饲料。

试验方法：将 KK-Ay 鼠 30 只，按照血糖数值平均分为三组，每组 10 只，分别为 EA-1、EA-2、对照组。每周测定一次各组 KK-Ay 鼠空腹 12h 的血糖变化情况，饲养至六周后，做糖耐量实验，并收集 KK-Ay 小鼠的血液进行指标测定。测定结果见表 7-17 和图 7-14、图 7-15。

表 7-17 KK-Ay 鼠血清指标

血清	对照组	EA-1	EA-2
总胆固醇（mmol/L）	5.77±0.96	5.83±0.05	5.73±1.12
甘油三酯（mmol/L）	1.81±0.60	1.56±0.35[a]	1.42±0.98[a]
高密度脂蛋白（mmol/L）	4.12±1.06	4.69±0.28[a]	5.46±0.74[a]
低密度脂蛋白（mmol/L）	1.79±0.17	1.42±0.28	1.56±0.26
C-肽（μg/mL）	37.80±1.92	42.96±6.53	39.96±3.81
胰高血糖素（μg/mL）	30.40±0.59	31.80±4.77	30.09±2.61
胰岛素（μg/mL）	27.97±5.76	31.57±3.79	30.52±4.05
尿素氮（mmol/L）	10.56±0.86	10.04±0.80	8.46±1.28[a]

注　a 表示 $P<0.05$，与糖尿病对照小鼠相比。

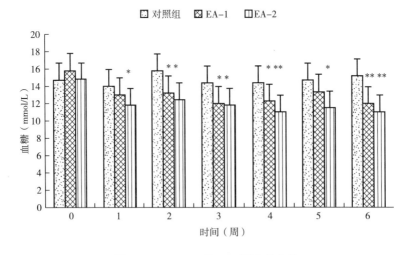

图 7-14 KK-Ay 鼠 0~6 周血糖变化

（在不同的实验组中 KK-AY 鼠血液中葡萄糖水平的变化，每列均表示各组 10 只动物平均值±标准偏差，＊为 $P<0.05$，＊＊为 $P<0.01$，结果与对照组相比）

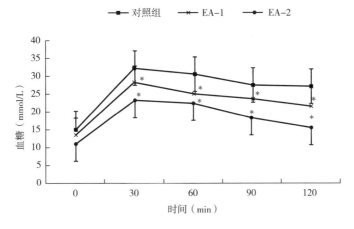

图 7-15 KK-Ay 鼠第 6 周的葡萄糖耐受量实验

(在 6 周饲养结束后口服葡萄糖耐量试验，* 为 $P<0.05$，结果与对照组进行比较)

从表 7-17 中可以看出，饲料中添加了不同比例挤压膨化后的小豆蛋白 KK-Ay 鼠组的血清中甘油三酯含量与对照组相比，都有不同程度地降低，其中高蛋白组的降低甘油三酯能力更强。而高蛋白实验组与对照组相比，其血清中尿素氮含量明显降低。综上所述，在饲料中添加红小豆挤压膨化后的蛋白对 KK-Ay 鼠血脂调节有明显作用，调节甘油三酯和尿素氮水平，并且添加量 EA-2 实验组的降血脂能力明显高于 EA-1 实验组。图 7-13 表明，在连续喂养 6 周时间内，EA-1 和 EA-2 实验组 KK-Ay 鼠血糖数值明显低于对照组，且 EA-2 组的表现能力更强。从图 7-14 中 KK-Ay 鼠第 6 周的葡萄糖耐受量实验得出，实验组对于小鼠血糖产生的波动较小，且 EA-2 组的表现能力更强。表明小豆蛋白中具有降血糖的成分。

本章针对豆粒内部淀粉老化带来的产品储运、货架期间的品质劣变问题，通过热特性分析研究了 8 个品种的红小豆粉糊化、老化特性，以及糖酯对红小豆淀粉糊化、老化特性的影响。不同品种红小豆粉，其淀粉颗粒的溶胀速度、糊化能及其分配具有明显差别。与红小豆淀粉相比，红小豆粉的起始糊化温度升高，糊化热焓值下降，其老化呈先慢、后快、又慢的变化趋势，是由红小豆粉中直链淀粉的短期老化和支链淀粉的长期老化交替、共存引起的。在老化初期，红小豆粉含有蛋白质、脂肪等物质，阻碍淀粉的老化。不同品种红小豆粉在晶核成核和生长方式上有一定差异，Avrami 方程能够表征淀粉—蛋白—脂肪—水体系内部老化过程，晶核成核方式对老化速率有非常显著影响，因此不同品种的红小豆粉在老化过程中呈现出差异。体系中脂肪含量对红小豆粉中淀粉老化成核方式没有显著影响，但脂肪具有抑制老化作用。加入糖酯，体系的糊化焓值明显提高。糖酯可以降低红小豆粉的老化度，蔗糖单酯的老化抑制效果要优于麦芽糖单酯。

同时，本章在分析不同品种红小豆主要营养成分的基础上，研究了热加工过程对红小豆的关键成分的功能特性影响，结果发现红小豆挤压膨化后蛋白通过调节甘油三酯和尿素氮水平，对 KK-Ay 鼠血脂含量有有明显作用，说明小豆蛋白有降血糖功效。

第八章　微波和滚筒烘焙对红小豆丙烯酰胺和风味形成的影响

红小豆是非常好的农产品，蛋白质含量高，脂肪含量低，各种成分丰富。红小豆经过烘焙加工可以形成独特风味和口感的产品，烘焙红小豆粉因其香味宜人、营养丰富和食用方便在亚洲国家非常受欢迎。全豆烘焙制粉保留了豆皮中的功能性成分，符合全谷物营养的健康理念。滚筒烘焙是一种传统的烘烤处理红小豆的方法，产能大，技术成熟。微波加热作为新烘焙技术，可以提高加工对象的功能特性和风味品质，可用于烘焙红小豆。微波加热的原理是极性分子在2.45GHz的快速频率下固有的离子传导和偶极弛豫，从而在很短的时间内在材料内部产生体积热。在微波烘焙过程中，微波加热会使温度迅速升高导致红小豆快速脱水，使最终产品呈现红棕色和诱人的香气。与滚筒烘焙等对流加热原理相比，微波加热中的辐射原理具有效率高、易于控制、设备易于获取等优点。然而，目前无论在安全性和风味生成方面，对上述两种热加工方式对烘焙红小豆的品质对比方面的研究都非常少。焙烤食品的安全性一直是公众关注的问题，加热处理可能会诱发有害物质的产生。当淀粉类食品中的糖和氨基酸（天冬酰胺）在超过120℃的高温过程中发生反应时，会导致高淀粉含量食品原料中丙烯酰胺的形成。在油炸、烘烤和烘焙等高温烹饪过程中，马铃薯制品、谷物制品、可可或咖啡豆等植物性食品中检测到丙烯酰胺。在实验室研究中，一种潜在的致癌物质丙烯酰胺会导致动物患癌，但丙烯酰胺的含量远高于食物中的含量。烘焙食品中丙烯酰胺的形成可能会削弱其抗氧化能力，从而降低食品的功能价值。FDA启动了与丙烯酰胺相关的研究，如毒理学研究、分析方法的开发、食品调查、暴露评估和地层迁移研究。由于丙烯酰胺对食品安全和质量的重要性，含有淀粉的植物原料在被加热的过程中丙烯酰胺的形成和含量受到特别多的关注。由于丙烯酰胺与食品安全息息相关，烘焙食品中丙烯酰胺含量的预测和评价在烘焙过程中的参数优化和技术选择中尤为重要。从食品工程的角度来看，Özge和Gökmen开发了一种可行的方法，根据烘焙饼干中丙烯酰胺含量与温度的关系，评估与饼干中丙烯酰胺形成相关的风险因素，风险阈值为200μg/kg丙烯酰胺。在对流加热基础上增加射频（RF）加热，导致原本丙烯酰胺形成较少的烘烤薄饼干内部出现过度褐变。除了温度和成分，加热方法如微波烘焙或滚筒烘焙，也主导着烘焙原料中丙烯酰胺的形成。由于真空下的低温条件，真空烘焙加工的饼干的丙烯酰胺含量比传统方法烘焙的饼干低30%，然而目前仍没有充分的研究来评估使用微波和烘焙方法烘焙的红小豆中的丙烯酰胺含量。颜色作为评价烘焙产品外观质量直观指标是可行的，烘烤饼干时，丙烯酰胺含量与褐变指数具有高度相关性，符合一级反应动力学方程，阐明了烘烤温度对表面颜色影响。在炸薯条的美拉德反应途径中，葡萄糖和果糖含量通过糖—天冬酰胺缩合物直接促成丙烯酰胺的形成，炸薯条的颜色参数和水分含量都与丙烯酰胺含量有显著相关性。因此，可以根据烘焙产品颜色的变化来评估其丙烯酰胺的含量。颜色作为外观质量指标可用于评价烘焙豆子的外观质量，风味作为内部质量指标可表征烘焙豆子的气味质量，与挥发性成分含量有关。烘焙原料中的挥发性成分如呋喃，会产生令人愉悦的烘焙香气，这在豆类食品的质量评估中起着关键作用，与烘焙技术参数的优化有关。豆类挥发性成分的形成和变化在烘焙过程中是复杂的，烘焙过程中豆子挥发性成分的变化很少研究。

　　红小豆在滚筒烘焙和微波加热模式下丙烯酰胺形成动力学和挥发性成分形成的研究鲜有报道，使烘焙红小豆的风味品质和丙烯酰胺含量无法有效控制。为了明确烘焙红小豆的最终品质，我们研究了在微波加热和滚筒烘焙条件下红小豆丙烯酰胺和挥发性风味物质的形成规律，本章具体研究内容如下：阐明微波和滚筒烘焙红小豆的丙烯酰胺形成动力学；研究红小豆在微波加热和滚筒烘焙下挥发性风味物质和颜色的变化规律；分析红小豆烘焙过程中丙烯酰胺形成与颜色变化的相关性。

一、微波热加工技术原理

　　在红小豆的微波加热实验中，除了微波技术的效果和优势外，本文主要研究温度和湿度对丙烯酰胺形成的动力学，而不是对微波技术的本身的效果和对微波条件的优化。因此，微波功率和红小豆的质量我们都只选择了一个固定的级别。选取100g红小豆为实验材料，在室温 20～22℃ 的纯净水中浸泡 4h（达到初始水分含量为 55.04%±0.01%）。微波加热实验在微波工作站（MWS, FISO Technologies Inc., 魁北克，加拿大）中进行，连接温度传感器，如图 8-1（a）所示。在 800W 输入功率下，将浸泡过的红小豆放在微波室内的玻璃托盘上。在微波烘焙实验中，每隔 1min 记录实验物料的温度，取出物料测量水分和丙烯酰胺含量，直到红小豆达到 3%（湿度）以下水分含量对应的质量。

　　为了在微波加热期间测量红小豆的温度，将光纤传感器（FOT-L-SD, FISO Co., Canada）插入放置在玻璃托盘中心的单个豆粒中以测量温度。位于微波工作站中心的单个豆粒的温度和被加热的全部豆粒的平均温度可能存在偏差，在进一步的研究中，我们将寻找一种更合理的方法来在线记录微波加工中物料的温度。

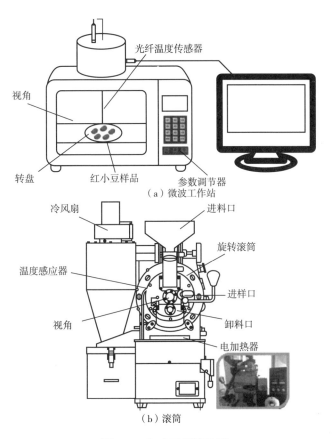

（a）微波工作站

（b）滚筒

图 8-1　红小豆烘焙装置

二、滚筒烘焙实验原理

比较滚筒烘焙和微波加热条件下红小豆中丙烯酰胺形成的动力学，将滚筒烘焙的加热功率和豆子的质量固定在一个水平。烘焙一公斤红小豆（水分含量为 12.03%±0.01%，以重量计），采用设备必得利烘焙机（BD-CR-D1001BB，Bideli，广州，中国），如图 8-1（b）所示。实验在标准大气压力下进行，输入功率为 1500W。使用仪器中的嵌入式红外辐射温度计每隔 1min 记录一次实验原料的温度，然后取出测定其水分含量，直到烘焙的豆子水分含量低于 3%（湿重）。

第一节　微波加热和滚筒烘焙红小豆的丙烯酰胺形成动力学

红小豆淀粉含量丰富，在加热过程中很容易与氨基酸中的天冬酰胺酶的主链形成丙烯酰胺。还原糖与氨基酸或蛋白质的游离氨基发生反应，在高温烘烤过程中产生美拉德反应。

一、微波加热过程中红小豆丙烯酰胺含量的变化

微波加热过程中红小豆丙烯酰胺含量的变化如图 8-2（a）所示。

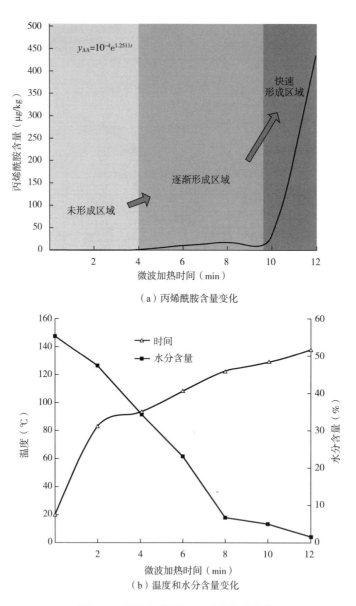

（a）丙烯酰胺含量变化

（b）温度和水分含量变化

图 8-2　微波加热下红小豆的品质变化

如图 8-2（a）所示，微波加热 4min 内红小豆内部均未检测到丙烯酰胺，之后丙烯酰胺逐渐形成，在 9min 时含量达到 32.8μg/kg，随后迅速增加到 432.9μg/kg。这些变化归因于美拉德反应的三个阶段。在第一阶段，随着热能被红小豆吸收，氨基酸通过与还原糖反应形成阿马多利重排产物（APR），在这一阶段，还原糖的羰基和氨基酸的氨基通过 C＝N 键形成席夫碱，作为一种高活性介质物质，席夫碱重排产生 APR。在第二阶段，随着热能在红小豆内部的进一步积累，APR 的降解产生了数百种挥发性物质，在这一阶段，升高的温度导致氨基在美拉德反应中降解形成羰基物质，包括在斯特雷克（Strecker）降解机制下的醛、氨和核糖。在第三阶段，当热积累在丙烯酰胺形成的临界温度下达到美拉德反应活性能量时，天冬酰胺和羰基化合物作为前体物质，在烘焙物料内部快速合成丙烯酰胺。

微波加热条件下红小豆丙烯酰胺含量的变化遵循指数增长函数，动力学常数为 1.25（1/s），如图 8-2（b）所示，丙烯酰胺含量一直处于低水平，直至达到临界点，为微波加热红小豆的丙烯酰胺含量控制提供了指导。在红小豆的加热过程中，丙烯酰胺的形成是一种吸热反应，反应速率常数作为 T 和 M 的函数，由改进的 Arrhenius 式（8-1）表征。

$$k = k_{ref} \cdot \exp\left[\frac{-E_a}{R} \cdot \left(\frac{1}{T} - \frac{1}{T_0}\right)\right] \cdot \exp\left[\frac{-H_a}{R \cdot T} \cdot (M - M_0)\right] \qquad (8-1)$$

式中：k 为反应速率（1/s）（min^{-1}）；k_{ref} 是反应速率常数（1/s）；E_a 为反应活性能（kJ/mol）；R 为气体常数 [8.314J/（mol·K）]；T 为温度（℃）；T_0 为室温下红小豆的初始加工温度 [℃（20℃）]；H_a 为反应热（kJ/kg）；M 为水分含量（%）；M_0 为初始含水率（%，湿重）。

从式（8-1）可以看出，红小豆中丙烯酰胺形成的动力学取决于温度和水分含量的变化。如图 8-2（b）所示，随着红小豆水分含量的降低，微波体积热导致红小豆的温度升高。温度和水分含量都会影响丙烯酰胺形成的化学反应，用温度与水分的比（T/M）作为指数增长函数的变量，如式（8-2）所示。

$$y_{MR} = 6.94e^{0.05 \times \frac{T}{M}} \qquad (R^2 = 0.9985, \ SEE = 6.78) \qquad (8-2)$$

式中：y_{MR} 是关于温度（℃）和水分含量（%湿重）比率的烘焙红小豆的丙烯酰胺含量，R^2 为决定系数，SEE 为残差平方和。红小豆在微波加热时，丙烯酰胺随着温度的升高和水分的降低而形成，水分对红小豆丙烯酰胺形成的影响遵循式（8-2）中所示的指数最大函数，温度对丙烯酰胺形成的影响服从指数增长函数，如式（8-3）所示。

$$y_{MR} = 6.94e^{0.05 \times \frac{T}{M}} \qquad (R^2 = 0.9990, \ SEE = 6.31) \qquad (8-3)$$

$$y_{MT} = e^{0.29(T-116.51)} \quad (R^2 = 0.9979, \ SEE = 8.01) \quad (8-4)$$

式中：y_{MM} 是关于水分含量（%湿重）的微波加热红小豆中的丙烯酰胺含量；y_{MT} 是关于温度（℃）的微波加热红小豆中的丙烯酰胺含量。由于丙烯酰胺形成需要较高的温度，式（8-1）中丙烯酰胺形成的速率常数 k 与红小豆的温度呈正相关。

根据式（8-4）的结果，丙烯酰胺所需的临界温度为 116.51℃，对应的水分含量为 5.6%（湿重）。因此，当红小豆水分含量高于 5.6%、微波加热温度低于 116℃时可能会检测不到豆子中丙烯酰胺的含量。

二、滚筒烘烤过程中小豆丙烯酰胺含量的变化

红小豆丙烯酰胺、温度和水分含量的变化见图 8-3（a）和图 8-3（b）。

在滚筒烘焙红小豆中，烘焙时间 7.5min 时检测不到红小豆中丙烯酰胺的含量；然后在 23min 时有一个非常明显的上升趋势，丙烯酰胺含量达到 87.4μg/kg，如图 8-3（a）所示。滚筒烘焙条件下红小豆中丙烯酰胺含量的变化服从指数增长函数，动力学常数为 0.1225（1/s），如图 8-3（a）所示。

在滚筒烘焙过程中，红小豆的丙烯酰胺含量作为温度与水分含量比的函数，如图 8-3（b）所示，服从指数增长函数，如方程（8-5）所示。

$$y_D = 2.44e^{0.13 \times \frac{T}{M}} \quad (R^2 = 0.8834, \ SEE = 10.42) \quad (8-5)$$

其中 y_D 是红小豆关于温度与水分比率的丙烯酰胺含量的动力学常数，T 是烘焙红小豆的温度（℃），M 是红小豆的水分含量（%湿重）。

式（8-4）中滚筒烘焙的温度与水分含量比（0.13）高于式（8-2）中微波加热下的（0.05）。但如图 8-3 所示，对于滚筒烘焙红小豆来说，式（8-6）中的水分动力学系数和式（8-7）中的温度动力学系数均低于式（8-3）和式（8-4）中微波加热的红小豆。

$$y_{DM} = 926.84 - 951.42(1 - e^{-0.36M}) \quad (R^2 = 0.9305, \ SEE = 8.48) \quad (8-6)$$

$$y_{DT} = e^{0.07(T-91.62)} \quad (R^2 = 0.9796, \ SEE = 4.36) \quad (8-7)$$

其中 y_{DM} 是关于水分含量（%）的滚筒烘焙红小豆中的丙烯酰胺含量；y_{DT} 是关于温度（℃）的滚筒烘焙红小豆中的丙烯酰胺含量。根据式（8-3），在滚筒烘焙过程中，导致小豆中丙烯酰胺含量升高的临界温度为 91.62℃，相应的水分含量为 6.1%（湿重）。

总之，微波加热过程中红小豆中丙烯酰胺形成的动力学高于滚筒烘焙过程中的动力学。红小豆中丙烯酰胺形成的动力学差异归因于微波体积加热与滚筒烘焙相比加热强度更大，加热强度越大越会导致微波加热的红小豆温度更高，水分含量降低得更快。使用微波炉加热红小豆时，微波场会引起极性分子 2.45×10^9 次/s 的快速振动，极性分子的快速运动引起剧烈的摩擦和碰撞，产生体积加热，增加熵值。微

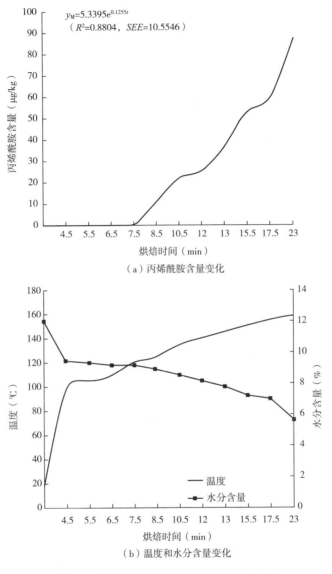

$y_M=5.3395e^{0.1255t}$
（$R^2=0.8804$，$SEE=10.5546$）

（a）丙烯酰胺含量变化

（b）温度和水分含量变化

图 8-3　滚筒烘焙过程中红小豆的品质变化

波红小豆时内熵的增加可能会降低活化能，因此，烘焙红小豆中丙烯酰胺形成的低动力学系数是由于前体物质分子（包括天冬酰胺和羰基化合物）的活化能降低，在滚筒烘焙红小豆时，物料从表面被加热，通过对流传递方式使内部被加热，与微波加热相比，滚筒烘焙的加热强度低导致烘焙物料的温度缓慢升高，水分含量降低，因为前体物质分子需要更多的活化能才能形成丙烯酰胺，因此，红小豆中的丙烯酰胺含量一直保持在较低水平，直到微波加热达到一定高温（116℃），从而提高了加热效率。然而，滚筒烘焙下丙烯酰胺形成的初始温度为 91.6℃，低于已知温度 120℃。烘焙过程中丙烯酰胺形成的条件包括足够长的持续时间、高温和较低的水分含量。

第二节　微波加热和滚筒烘焙过程中红小豆颜色的变化

如图 8-4（a）、（b）所示，红小豆的 L^* 趋于下降，但由于微波加热和滚筒烘焙过程中形成阿马多利中间体和美拉德反应产物，因此 a^* 和 b^* 呈现波动变化。

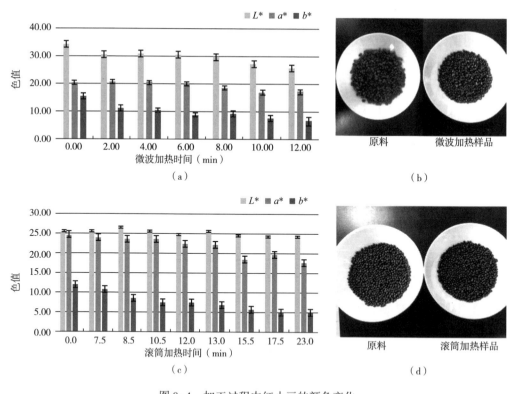

图 8-4　加工过程中红小豆的颜色变化

在微波加热过程中，颜色变化服从两个阶段的指数衰减，如式（8-8）所示。

$$\nabla E = 16.47\mathrm{e}^{(-2.95E-11)t} - 15.38\mathrm{e}^{-0.11t} \tag{8-8}$$

由式（8-8）可知，红小豆的整体颜色变化缓慢，之后由于微波体积加热导致内部热量的积累使红小豆的颜色急剧下降（$P<0.05$），在短时间内引起非常明显的美拉德反应。

在滚筒烘焙过程中，颜色变化与微波加热下遵循相同的规律，如式（8-9）所示。

$$\nabla E = 0.73e^{0.08t} + 1.24e^{0.08t} \tag{8-9}$$

从式（8-9）可以看出，红小豆整体颜色呈现出两个阶段的平缓下降，这是由于烘焙红小豆内部对流和传导的热扩散。

由于美拉德反应的存在，烘焙红小豆的丙烯酰胺形成与其色值高度相关。虽然丙烯酰胺含量与单一色值 L^*、a^*、b^* 在统计学上并没有建立显着的相关性，但式（8-8）和式（8-9）中的第二项表示，在微波加热和滚筒烘焙下，随着丙烯酰胺含量的快速增加，红小豆颜色也呈现相应的变化。根据图8-2（a）和图8-3（a）中 9.5min 和 7.5min 的临界持续时间，丙烯酰胺含量呈快速上升趋势（$P<0.05$），由式（8-8）和式（8-9）测得 ∇E 在微波加热和滚筒烘焙下分别为 11.1 和 3.6，因此烘焙红小豆中丙烯酰胺含量的形成起始点可以根据其在不同烘焙方法下的整体颜色 ∇E 水平来评估，但需要进一步的定量验证。

第三节　烘焙过程中红小豆中挥发性成分的变化

采用吹扫捕集采样法分别在气流温度 40℃、60℃、80℃、100℃、120℃下获得烘焙红小豆的挥发性风味物质色谱图如图8-5所示。在较高的气流温度下收集到的挥发性成分更多。

参考红小豆粉一般用沸水冲泡，因此选择 100℃ 作为测量温度。如图8-5所示，我对 100℃ 下烘焙红小豆的挥发物的种类和浓度进行归类整理，发现了微波加热图8-6（a）~（e）和滚筒烘焙图8-6（f）~（j）过程中烘焙红小豆中挥发性化合物的变化曲线。

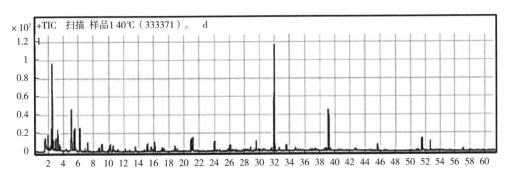

图 8-5

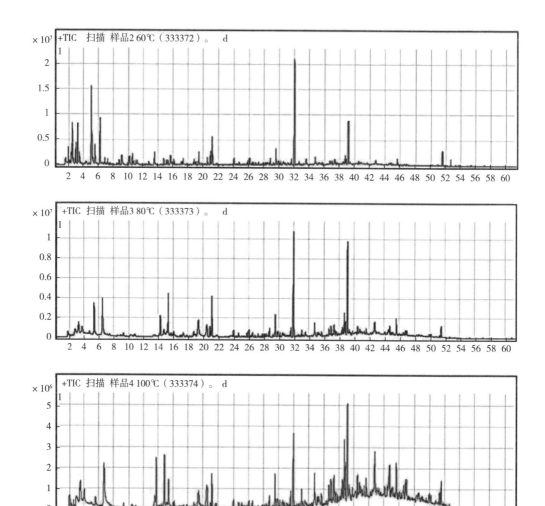

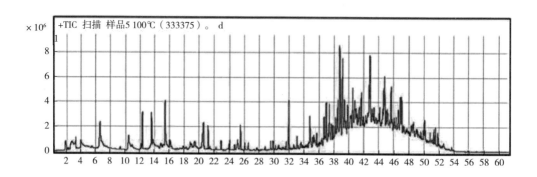

Counts vs.采集时间（min）

图 8-5 不同温度下烘焙红小豆挥发性风味物质的气相色谱—质谱图

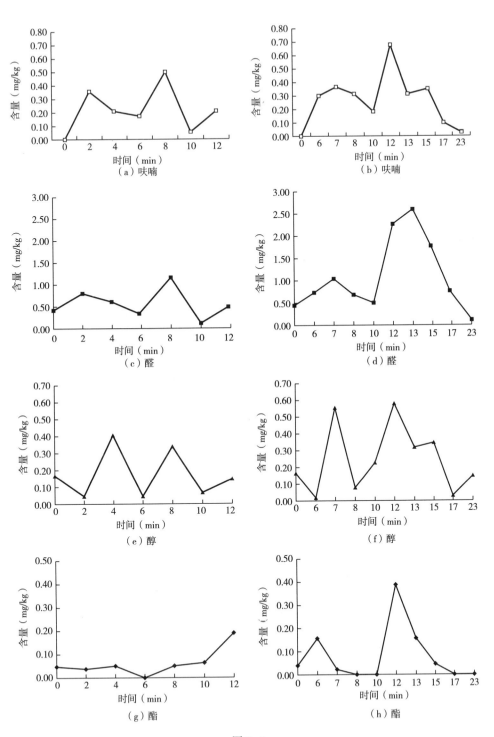

图 8-6

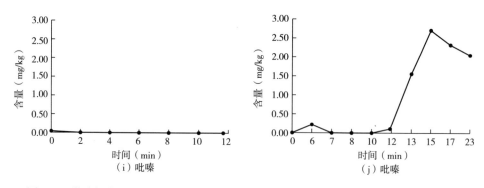

图8-6 微波加热（a~e）和滚筒烘焙（f~j）过程中红小豆的特征挥发性化合物变化

根据图8-6所示的烘焙红小豆的GC-MS结果，微波加热下平均检测到48种挥发性成分，滚筒烘焙下平均检测到56种挥发性成分。烘焙红小豆中的特征挥发性化合物被确定为呋喃、吡嗪、酮、醇、醛、酯、吡咯、磺基化合物、酚和吡啶。这些挥发性物质的前体是在豆子的热处理过程中产生的，并形成有机酸，这也是多糖热降解产生酸度的结果。豆类中低聚糖的热分解产生还原糖。还原糖和游离氨基酸之间的美拉德反应产生挥发性物质，包括吡嗪、呋喃和醛。进一步高温烘烤，α-氨基酸与二羰基化合物、醛、酮发生剧烈降解反应。这些特征化合物呈现出醛的奶油气味、醇类的清香、酯类的水果气味和酸类的酸味。在包括微波和对流等加热过程中，高温会导致烘焙红小豆产生特有的挥发性化合物。总体趋势是，滚筒烘焙的挥发性化合物的最大含量高于微波加热。如图8-6（a）（f）所示，在微波加热和滚筒烘焙中，呋喃的形成导致红小豆散发出令人愉悦的气味。对于不同的豆类烘焙工艺，高温导致呋喃明显减少，高温和低水分含量的过度烘烤导致具有良好风味的挥发物化合物几乎消失。烘焙红小豆中醛的含量在微波和滚筒烘焙中具有相近的趋势，如图8-6（b）（g）所示。如图8-6（c）（h）所示，醇含量随着微波和滚筒烘烤过程先增加然后减少。图8-6（d）（t）表明，烘焙红小豆的酯含量在微波加热过程中增加，在滚筒烘焙中先升高后降低。从图8-6（e）（j）可以看出，滚筒烘烤使吡嗪形成，这是一种具有可可香气的有吸引力的挥发物，而微波烘烤却不利于吡嗪的形成。虽然关于烘焙红小豆中丙烯酰胺含量和挥发性化合物的形成的研究很少，但在现有研究中，烘焙使可可豆丙烯酰胺含量增加了2~3倍，且呋喃含量增加25.1~34.8ng/g。烘焙红小豆经碾磨后可以作为方便食品的原料，因此基于烘焙方法和技术参数的烘焙红小豆品质形成与调控是非常重要且前沿的研究（图8-7）。

在烘焙过程中红小豆的丙烯酰胺形成服从指数函数增长，丙烯酰胺含量在临界温度和较低水分含量下迅速增加，由于微波加热的动力学系数较大，微波加热下红

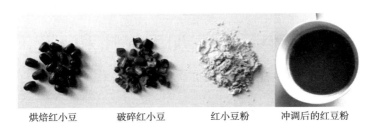

烘焙红小豆　　破碎红小豆　　红小豆粉　　冲调后的红豆粉

图 8-7　烘焙红小豆、粉和冲调后的状态

小豆中丙烯酰胺形成的动力学要高于滚筒烘焙。微波加热下引起丙烯酰胺含量增加的临界温度为 116.5℃，相应的水分含量为 5.6%（湿重），而滚筒烘焙中的临界温度为 91.6℃，相应的水分含量为 6.1%（湿重）。与滚筒烘焙热传导比较，微波体积加热焙烤红小豆引起更高丙烯酰胺形成。由于美拉德反应，烘焙红小豆中的丙烯酰胺含量与其颜色有显著的相关性，微波加热和滚筒烘焙下，表明丙烯酰胺含量增加的起点色差值 ∇E 分别为 11.1 和 3.6，丙烯酰胺含量与单一色值 L^*、a^*、b^* 统计学上均无显着相关性，但随着丙烯酰胺含量的快速上升，红小豆的整体色泽呈下降趋势，烘焙红小豆中丙烯酰胺形成起始点可以根据其在微波烘烤和滚筒烘烤下的整体色差值 ∇E 来判断。烘焙红小豆中的特征挥发性化合物包括呋喃、吡嗪、酮、醇、醛、酯、吡咯、磺基化合物、酚和吡啶。使用滚筒烘焙和微波加热的豆类中挥发物形成的比较需要进一步研究以评估其最终产品的风味质量，这可为微波加热和滚筒烘焙下红小豆中丙烯酰胺含量调控提供指导。

第九章 红小豆微波加工品质和工艺研究

微波加热有速度快、可控性强等特点,在农产品及食品热加工中得到应用;红小豆作为营养丰富、产品种类繁多的食品原料,热加工是红小豆食品制造和新产品开发必不可少的处理。本章应用适合工业化生产的连续式微波干燥机,系统地研究新鲜发芽红小豆微波干燥工艺,并研究以红小豆为主要配方原料的微波焙烤杂粮工艺、进行杂粮粉品质评价。

第一节 微波干燥发芽红小豆品质和工艺研究

发芽是一种经济有效、能提高豆类营养品质的生物加工技术。豆类在萌发过程中,内源酶活性被激发增强,加速生化反应促使种子生长。红小豆经发芽后,营养成分含量会得到富集,尤其是GABA含量。GABA是一种非蛋白质氨基酸,对人体健康具有很高营养价值。红小豆含有丰富的GABA,在发芽过程中因水解酶的作用使GABA含量进一步增加。研究者发现红小豆在浸泡处理后,GABA含量是未发芽红小豆的3倍。发芽红小豆虽富含GABA,但是由于初始含水率高达70%以上(湿重),干燥是新鲜发芽红小豆必要处理环节,干燥至安全含水率14.5%以下(湿重),实现安全贮存和进一步加工提供原料。本研究选择总干燥时间、干燥最高温度、色度b^*、总色差ΔE^*值、糊化程度和GABA含量为指标,考察微波功率、每循环干燥时间、风速和装载量四种因素的影响,探究微波干燥发芽红小豆的最佳工艺条件,以期为发芽红小豆微波干燥加工和应用提供理论依据。

一、研究方案设计

根据前期工作获得的试验结果,微波干燥发芽红小豆的适宜微波功率为9~17kW、每循环干燥时间为10~16min、风速为0.5~1.5m/s,装载量为6000~9000g。因此,研究确定各因素的零水平分别为微波功率13kW、每循环干燥时间13min、风速1.0m/s、每个物料盘的装载量均为500g。具体的因素水平编码表如表9-1所示。在第二次干燥循环中,当第一盘发芽红小豆到达干燥机出料口时,利用快速水分测定仪测定样品含水率。若含水率低于14.5%,待各盘样品冷却后分别取样,将样品储藏在密封塑料袋中备测;若含水率高于14.5%,则进行下一个干燥循环,直至物料降至安全含水率。每一组试验,都选取低于且最接近安全含水率的物料盘中的样品进行指标测定，指标包括总干燥时间、干燥最高温度、色度 b^*、总色差 ΔE^* 值、糊化程度和 GABA 含量。

表9-1　因素水平编码表

编码	因素			
	微波功率 X_1（kW）	每循环干燥时间 X_2（min）	风速 X_3（m/s）	装载量 X_4（g）
-2	9	10	0	400
-1	11	11.5	0.5	450
0	13	13	1.0	500
1	15	14.5	1.5	550
2	17	16	2.0	600

二、方程的建立与品质分析算法

依据因素水平编码表9-1，利用 Design-Expert 软件，采用响应曲面法进行四因素五水平中心组合试验，方案及结果如表9-2所示。

表9-2　中心组合试验方案及结果

试验序号	因素编码				评分指标					
	微波功率 X_1（kW）	每循环干燥时间 X_2（min）	风速 X_3（m/s）	装载量 X_4（g）	总干燥时间 Y_1（min）	干燥最高温度 Y_2（℃）	色度 b^* 值 Y_3	总色差 ΔE^* 值 Y_4	糊化程度 Y_5（%）	GABA 含量 Y_6（mg/100g）
1	-1	-1	-1	-1	41.9	94.7	15.9	9.3	83.3	116.6
2	1	-1	-1	-1	20.2	117.2	17.3	15.1	72.3	116.3
3	-1	1	-1	-1	36.5	100.2	16.2	13.0	85.7	116.2
4	1	1	-1	-1	20.3	111.4	18.6	21.5	84.3	122.1
5	-1	-1	1	-1	41.2	91.5	16.2	10.9	94.2	128.0
6	1	-1	1	-1	20.2	115.5	15.5	7.5	92.9	124.4
7	-1	1	1	-1	38.3	95.3	17.0	12.5	86.3	123.2
8	1	1	1	-1	20.3	109.7	18.5	15.7	90.2	110.0
9	-1	-1	-1	1	41.9	96.8	15.5	10.6	92.5	104.2
10	1	-1	-1	1	20.2	116.2	17.6	16.2	81.0	116.8

试验序号	因素编码				评分指标					
	微波功率 X_1 (kW)	每循环干燥时间 X_2 (min)	风速 X_3 (m/s)	装载量 X_4 (g)	总干燥时间 Y_1 (min)	干燥最高温度 Y_2 (℃)	色度 b^* 值 Y_3	总色差 ΔE^* 值 Y_4	糊化程度 Y_5 (%)	GABA 含量 Y_6 (mg/100g)
11	−1	1	−1	1	38.3	100.2	15.7	11.2	75.5	93.5
12	1	1	−1	1	21.2	109.2	17.6	13.6	84.3	118.3
13	−1	−1	1	1	40.5	91.9	15.6	13.3	87.3	123.3
14	1	−1	1	1	19.6	113.0	15.8	8.6	96.8	118.2
15	−1	1	1	1	39.2	94.4	16.8	13.0	85.9	101.9
16	1	1	1	1	21.2	113.0	16.9	12.7	95.4	118.0
17	−2	0	0	0	48.9	92.8	17.2	14.0	96.8	110.0
18	2	0	0	0	16.7	127.3	18.3	18.3	96.3	121.7
19	0	−2	0	0	30.0	107.0	16.6	12.6	85.2	136.0
20	0	2	0	0	28.4	110.8	16.8	14.0	94.8	108.7
21	0	0	−2	0	29.7	121.2	17.7	17.5	83.5	98.4
22	0	0	2	0	26.1	108.0	17.7	16.3	96.2	120.6
23	0	0	0	−2	25.3	101.5	17.3	14.0	89.5	101.9
24	0	0	0	2	30.5	104.2	16.7	12.8	96.8	111.9
25	0	0	0	0	24.5	106.5	15.6	9.9	64.6	132.5
26	0	0	0	0	22.9	102.4	15.7	10.3	65.3	145.2
27	0	0	0	0	28.1	102.6	15.5	9.1	69.0	127.0
28	0	0	0	0	26.1	100.3	14.9	8.6	71.4	134.8
29	0	0	0	0	23.7	102.3	15.8	8.3	70.9	136.0
30	0	0	0	0	25.3	102.2	15.2	6.9	74.0	138.6

（一）工艺参数对总干燥时间影响

总干燥时间是反映干燥机效率的指标。通过分析和优化微波干燥发芽红小豆总干燥时间，能够在获得较高发芽红小豆干后品质的前提下提高干燥效率。研究建立了工艺参数 X_1（微波功率）、X_2（每循环干燥时间）、X_3（风速）、X_4（装载量）与 Y_1（总干燥时间）之间的回归模型，方差分析结果见表9-3。

表9-3　总干燥时间的方差分析

方差来源	平方和	自由度	均方	F 值	P 值
模型	2177.17	14	155.51	51.32	<0.0001 **
X_1	1998.37	1	1998.37	659.49	<0.0001 **
X_2	7.71	1	7.71	2.54	0.1316
X_3	2.16	1	2.16	0.71	0.4118
X_4	7.71	1	7.71	2.54	0.1316
$X_1 X_2$	16.00	1	16.00	5.28	0.0364 *
$X_1 X_3$	0.090	1	0.090	0.030	0.8655
$X_1 X_4$	0.040	1	0.040	0.013	0.9101
$X_2 X_3$	1.82	1	1.82	0.60	0.4501
$X_2 X_4$	2.10	1	2.10	0.69	0.4179
$X_3 X_4$	0.30	1	0.30	0.100	0.7564
$X_1{}^2$	112.71	1	112.71	37.19	<0.0001 **
$X_2{}^2$	34.84	1	34.84	11.50	0.0040 **
$X_3{}^2$	17.65	1	17.65	5.82	0.0291 *
$X_4{}^2$	17.65	1	17.65	5.82	0.0291 *
残差	45.45	15	3.03		
失拟	28.25	10	2.83	0.82	0.6314
误差	17.20	5	3.44		
总和	2222.62	29			

注　** 表示影响极显著（$P<0.01$）；* 表示影响显著（$P<0.05$）。

由表9-3方差分析结果可知，失拟项不显著（$P=0.6314>0.05$）且模型极显著（$P<0.0001$），说明方程对试验的拟合度较好，该方案可靠，其中 X_1、X_{12}、X_{22} 影响极显著（$P<0.01$），$X_1 X_2$、X_3^2、X_4^2 影响显著（$P<0.05$）。剔除不显著项后，得到优化后的总干燥时间与工艺参数之间的回归模型如式（9-1）所示：

$$Y_1 = 25.10 - 9.13 X_1 + 1.00 X_1 X_2 + 2.03 X_1^2 + 1.13 X_2^2 + 0.80 X_3^2 + 0.80 X_4^2 \quad (9-1)$$

式中：Y_1 为总干燥时间（min）；X_1 为微波功率（kW）；X_2 为每循环干燥时间（min）；X_3 为风速（m/s）；X_4 为装载量（g）。回归模型 $R^2 = 0.980$，表明98.0%的总干燥时间变化都能用该模型解释。根据表9-3数据，获得各因素对总干燥时间的响应曲面见图9-1。

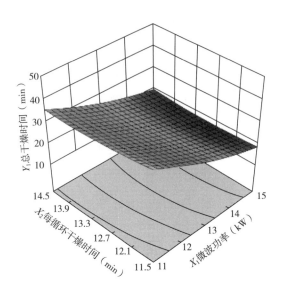

图 9-1 微波功率和每循环干燥时间对总干燥时间的影响

由图 9-1 可知，当风速 (X_3) 处于零水平 (1.0m/s) 和装载量 (X_4) 处于零水平 (500g) 时，微波功率 (X_1) 和每循环干燥时间 (X_2) 对总干燥时间 (Y_1) 有交互作用的影响。当每循环干燥时间一定时，总干燥时间随着微波功率的升高逐渐减小。这是因为微波功率越高，单位体积发芽红小豆吸收的微波能越多，干燥速率越快、所需总干燥时间减小。当微波功率处于低水平时，总干燥时间随着每循环干燥时间的延长而减少。低微波功率下，每循环干燥时间较短时，微波和物料的相互作用时间较短，微波能吸收较少、热量积累少，总干燥时间较长。当微波功率处于高水平时，总干燥时间随着每循环干燥时间的延长先保持不变而后稍有增加。这是因为微波功率高，循环干燥次数减少，每循环干燥时间越长，则第二次循环干燥时物料在干燥腔内走过较短距离即可完成干燥。第二次干燥循环时干燥前期温度未有干燥中后期温度高，且第二次循环干燥开始时物料含水率较低且主要为结合水，发芽红小豆结合水较难去除，因此总干燥时间略有增加。

（二）工艺参数对干燥最高温度影响

干燥温度是评价干燥工艺和控制干燥过程的重要指标，能反映不同工艺参数对干燥速率的影响能力，又是干燥过程中保证物料干后品质的控制指标。本章中干燥最高温度指发芽红小豆在微波干燥过程中达到的最高温度。建立了工艺参数 X_1（微波功率）、X_2（每循环干燥时间）、X_3（风速）、X_4（装载量）与 Y_2（干燥最高温度）之间的回归模型，方差分析结果见表 9-4。

表 9-4　干燥最高温度的方差分析

方差来源	平方和	自由度	均方	F 值	P 值
模型	2202.03	14	157.29	12.47	<0.0001 **
X_1	1823.53	1	1823.53	144.56	<0.0001 **
X_2	0.54	1	0.54	0.043	0.8389
X_3	96.00	1	96.00	7.61	0.0146 *
X_4	0.88	1	0.88	0.070	0.7951
X_1X_2	71.40	1	71.40	5.66	0.0311 *
X_1X_3	16.00	1	16.00	1.27	0.2778
X_1X_4	1.00	1	1.00	0.079	0.7821
X_2X_3	1.21	1	1.21	0.096	0.7610
X_2X_4	0.090	1	0.090	7.135×10^{-3}	0.9338
X_3X_4	0.12	1	0.12	9.711×10^{-3}	0.9228
X_1^2	29.76	1	29.76	2.36	0.1454
X_2^2	17.19	1	17.19	1.36	0.2613
X_3^2	130.25	1	130.25	10.33	0.0058 **
X_4^2	15.77	1	15.77	1.25	0.2811
残差	189.22	15	12.61		
失拟	168.51	10	16.85	4.07	0.0674
误差	20.71	5	4.14		
总和	2391.25	29			

注　** 表示影响极显著（$P<0.01$）；* 表示影响显著（$P<0.05$）。

　　由表 9-4 方差分析结果可知，失拟项不显著（$P=0.0674>0.05$）且模型极显著（$P<0.0001$），说明方程对试验的拟合度较好，该方案可靠，其中 X_1、X_3X_2 影响极显著（$P<0.01$），X_3、X_1X_2 影响显著（$P<0.05$）。剔除不显著项后，得到优化后的干燥最高温度与工艺参数之间的回归模型如式（9-2）所示：

$$Y_2 = 102.72 + 8.72X_1 - 2.00X_3 - 2.11X_1X_2 + 2.18X_3^2 \qquad (9-2)$$

　　式中，Y_2 为干燥最高温度（℃）；X_1 为微波功率（kW）；X_2 为每循环干燥时间（min）；X_3 为风速（m/s）；X_4 为装载量（g）。回归模型 $R^2 = 0.921$，表明 92.1% 的干燥最高温度变化都能用该模型解释。根据表 9-4 数据，获得各因素对干燥最高温度的响应曲面见图 9-2。

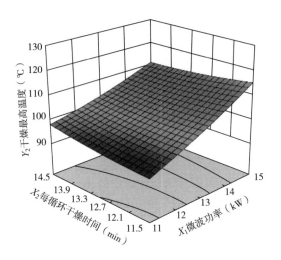

图 9-2　微波功率和每循环干燥时间对干燥最高温度的影响

由图 9-2 可知，当风速（X_3）处于零水平（1.0m/s），装载量（X_4）处于零水平（500g），微波功率（X_1）和每循环干燥时间（X_2）对干燥最高温度（Y_2）有交互作用的影响。当每循环干燥时间一定时，发芽红小豆干燥最高温度随微波功率的增大显著升高。这是因为微波功率越大，单位体积发芽红小豆吸收微波能越多，体积热积累导致温度升高。当微波功率处于低水平时，干燥最高温度随着每循环干燥时间的延长逐渐升高。这是因为低功率水平下，发芽红小豆沿传送带方向依次经过强弱电场，随着每循环干燥时间的延长，料层吸收微波能增多，热量积累增多、最高温度升高。当微波功率处于较高水平时，干燥最高温度随着每循环干燥时间的延长逐渐降低。这是因为当微波功率较高时，发芽红小豆干燥速率较快，每循环干燥时间延长，发芽红小豆循环干燥次数减少，热量积累较少，最高温度相对较低。

（三）工艺参数对色度 b^* 的影响

由于消费者对子叶颜色过黄的发芽红小豆接受程度低，所以色度中主要考查颜色 b^*。建立了工艺参数 X_1（微波功率）、X_2（每循环干燥时间）、X_3（风速）、X_4（装载量）与 Y_3（色度 b^*）之间的回归模型，方差分析结果见表 9-5。

表 9-5　色度 b^* 的方差分析

方差来源	平方和	自由度	均方	F 值	P 值
模型	25.59	14	1.83	5.28	0.0014**
X_1	5.13	1	5.13	14.83	0.0016**
X_2	2.87	1	2.87	8.29	0.0115*

续表

方差来源	平方和	自由度	均方	F 值	P 值
X_3	0.18	1	0.18	0.53	0.4776
X_4	1.00	1	1.00	2.89	0.1098
$X_1 X_2$	0.53	1	0.53	1.52	0.2369
$X_1 X_3$	2.81	1	2.81	8.10	0.0123 *
$X_1 X_4$	5.625×10^{-3}	1	5.625×10^{-3}	0.016	0.9003
$X_2 X_3$	1.16	1	1.16	3.34	0.0877
$X_2 X_4$	0.53	1	0.53	1.52	0.2369
$X_3 X_4$	0.016	1	0.016	0.045	0.8346
X_1^2	6.11	1	6.11	17.64	0.0008 **
X_2^2	1.20	1	1.20	3.47	0.0821
X_3^2	5.79	1	5.79	16.72	0.0010 **
X_4^2	2.22	1	2.22	6.41	0.0231 *
残差	5.19	15	0.35		
失拟	4.62	10	0.46	4.02	0.0691
误差	0.57	5	0.11		
总和	30.79	29			

注　** 表示影响极显著（$P<0.01$）；* 表示影响显著（$P<0.05$）。

由表 9-5 方差分析结果可知，失拟项不显著（$P=0.0691>0.05$）且模型极显著（$P<0.01$），说明方程对试验的拟合度较好，该方案可靠，其中 X_1、$X_1 X_2$、$X_3 X_2$ 影响极显著（$P<0.01$），X_2、$X_1 X_3$、$X_4 X_2$ 影响显著（$P<0.05$）。剔除不显著项后，得到优化后的色度 b^* 与工艺参数之间的回归模型方程如式（4.8）所示：

$$Y_3 = 15.45 + 0.46 X_1 + 0.35 X_2 - 0.42 X_1 X_3 + 0.47 X_1^2 + 0.46 X_3^2 + 0.28 X_4^2 \quad (4.8)$$

式中，Y_3 为色度 b^*；X_1 为微波功率（kW）；X_2 为每循环干燥时间（min）；X_3 为风速（m/s）；X_4 为装载量（g）。回归模型 $R^2 = 0.832$，表明 83.2%的色度 b^* 变化都能用该模型解释。根据表 9-5 数据，获得各因素对色度 b^* 的响应曲面如图 9-3 所示。

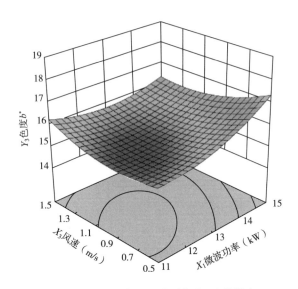

图 9-3　微波功率和风速对色度 b^* 的影响

由图 9-3 可知，当每循环干燥时间（X_2）处于零水平（13min），装载量（X_4）处于零水平（500g）时，微波功率（X_1）和风速（X_3）对发芽红小豆的色度 b^*（Y_3）有交互作用的影响。当风速处于较低水平时，色度 b^* 随着微波功率的升高逐渐增大。低微波功率下，物料处于较高的含水率，单位体积发芽红小豆吸收微波能较少，颜色较暗。微波功率大于 13kW 时，由于单位体积发芽红小豆吸收大量微波能，料层温度短时间内迅速升高，导致 b^* 逐渐增大。当风速处于较高水平时，色度 b^* 随着微波功率的升高先减小后增大。高风速下，当微波功率小于 13kW 时，发芽红小豆到达安全含水率所需干燥时间较长，物料吸收微波能较多，颜色较暗。高风速下，微波功率大于 13kW 时，随着微波功率的增大，料层温度升高，b^* 逐渐增大、颜色变暗。当微波功率处于较低水平时，色度 b^* 随着风速的升高逐渐增大。低微波功率下，较高的风速使物料温度升温幅度较低，但增强了微波干燥过程中料层表面的对流作用，为发芽红小豆的褐变提供了与氧气接触的有利条件，色度 b^* 增大。当微波功率处于较高水平时，色度 b^* 随着风速的减小逐渐增大。这是因为高微波功率下，物料温升较快，而随着风速逐渐减小，对流耗热减少，温升加快，加剧美拉德反应、b^* 增大。

（四）工艺参数对总色差 ΔE^* 值的影响

通过分析和优化总色差 ΔE^* 值，期待得到干后总色差值较小的发芽红小豆。建立了工艺参数 X_1（微波功率）、X_2（每循环干燥时间）、X_3（风速）、X_4（装载量）与 Y_4（总色差 ΔE^* 值）之间的回归模型，方差分析结果见表 9-6。

表 9-6　总色差 ΔE^* 值的方差分析

方差来源	平方和	自由度	均方	F 值	P 值
模型	283.80	14	20.27	5.37	0.0013 **
X_1	27.52	1	27.52	7.29	0.0165 *
X_2	25.01	1	25.01	6.62	0.0212 *
X_3	14.57	1	14.57	3.86	0.0683
X_4	3.60	1	3.60	0.95	0.3442
X_1X_2	6.89	1	6.89	1.82	0.1968
X_1X_3	47.27	1	47.27	12.51	0.0030 **
X_1X_4	7.70	1	7.70	2.04	0.1738
X_2X_3	1.89	1	1.89	0.50	0.4901
X_2X_4	20.48	1	20.48	5.42	0.0343 *
X_3X_4	4.31	1	4.31	1.14	0.3025
$X_1{}^2$	58.58	1	58.58	15.51	0.0013 **
$X_2{}^2$	15.39	1	15.39	4.07	0.0618
$X_3{}^2$	74.58	1	74.58	19.75	0.0005 **
$X_4{}^2$	18.06	1	18.06	4.78	0.0450 *
残差	56.66	15	3.78		
失拟	49.22	10	4.92	3.31	0.0993
误差	7.44	5	1.49		
总和	340.45	29			

注　** 表示影响极显著（$P<0.01$）；* 表示影响显著（$P<0.05$）。

由表 9-6 方差分析结果可知，失拟项不显著（$P=0.0993>0.05$）、模型极显著（$P<0.01$），说明方程对试验的拟合度较好，该方案可靠，其中 X_1X_3、$X_1{}^2$、$X_3{}^2$ 影响极显著（$P<0.01$），X_1、X_2、X_2X_4、X_{42} 影响显著（$P<0.05$）。剔除不显著项后，得到优化后的总色差 ΔE^* 值与工艺参数之间的回归模型方程如式（9-3）所示：

$$Y_4 = 8.85 + 1.07X_1 + 1.02X_2 - 1.72X_1X_3 - 1.13X_2X_4 + 1.46X_1{}^2 + 1.65X_3{}^2 + 0.81X_4{}^2$$

$$(9-3)$$

式中：Y_4 为总色差 ΔE^* 值；X_1 为微波功率（kW）；X_2 为每循环干燥时间（min）；X_3 为风速（m/s）；X_4 为装载量（g）。回归模型 $R^2=0.834$，表明 83.4% 的总色差 ΔE^* 值变化都能用该模型解释。根据表 9-6 数据，获得各因素对总色差 ΔE^* 值的响应曲面如图 9-4 所示。

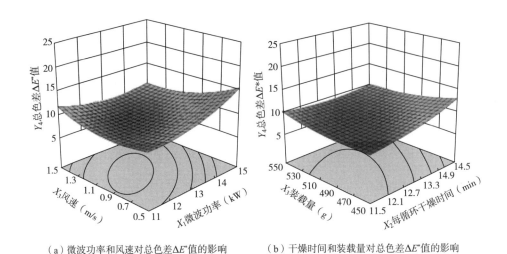

（a）微波功率和风速对总色差ΔE*值的影响　　　（b）干燥时间和装载量对总色差ΔE*值的影响

图 9-4　微波功率、风速、每循环干燥时间和装载量对总色差 ΔE* 值的影响

由图 9-4（a）可知，当每循环干燥时间（X_2）处于零水平（13min）及装载量（X_4）处于零水平（500g）时，微波功率（X_1）和风速（X_3）对总色差 ΔE* 值（Y_4）有交互作用的影响。当风速处于较低水平时，总色差 ΔE* 值随着微波功率的升高而增大。低风速下，随着微波功率升高，大量微波能被物料吸收，料层温度升高，加剧美拉德反应和焦糖化反应，总色差 ΔE* 值增大。当风速处于较高水平时，总色差 ΔE* 值随着微波功率的升高先减小后增大。这是因为高风速下，当微波功率较低时，物料干燥总时间较长，物料长时间处于较高温度下，使干后发芽红小豆总色差 ΔE* 值较大；当微波功率高于 13kW 时，由于料层对微波能的大量吸收，料层温度短时间快速增加，总色差 ΔE* 值增大。当微波功率处于较低水平时，总色差 ΔE* 值随着风速的增加先保持不变而后增大。微波功率较低时，当风速较小，物料蒸发出的水蒸汽不能被及时排出，使发芽红小豆长时间处于湿润状态，总色差 ΔE* 值无明显变化；随着风速的增加，通风使干燥腔内氧气充足，美拉德反应发生，发芽红小豆总色差 ΔE* 值增大。当微波功率处于较高水平时，总色差 ΔE* 值随着风速的增大而减小。这是因为微波功率较高时，发芽红小豆料层温度较高，提高风速使得对流散热加强，料层温度升温幅度降低，美拉德反应减弱，总色差 ΔE* 值减小。

由图 9-4（b）可知，当微波功率（X_1）处于零水平（13kW），风速（X_3）处于零水平（1.0m/s）时，每循环干燥时间（X_2）和装载量（X_4）对发芽红小豆总色差 ΔE* 值（Y_4）有交互作用的影响。当装载量处于低水平时，总色差 ΔE* 值随着每循环干燥时间的增大而增大。因为装载量较少时，较长的每循环干燥时间导致发芽红小豆料层较多的微波能吸收和热积累，加速美拉德反应，总色差 ΔE* 值增大。当装载量处于高水平时，总色差 ΔE^* 值随着每循环干燥时间的减小呈先减小后增大趋势。这是因为高装载量下，每循环干燥时间短，干燥总时间较长，导致总色差 ΔE^* 值较大；每循环干燥时间长时，物料吸收微波能较多，热积累较多，加速美拉德反应，总色差 ΔE^* 值增大。

（五）工艺参数对糊化程度的影响

建立微波干燥发芽红小豆过程中，工艺参数 X_1（微波功率）、X_2（每循环干燥时间）、X_3（风速）、X_4（装载量）与 Y_5（糊化程度）之间的回归模型，方差分析结果见表9-7。

表 9-7　糊化程度的方差分析

方差来源	平方和	自由度	均方	F 值	P 值
模型	2516.42	14	179.74	6.02	0.0007 **
X_1	1.26	1	1.26	0.042	0.8400
X_2	1.76	1	1.76	0.059	0.8115
X_3	380.01	1	380.01	12.73	0.0028 **
X_4	24.20	1	24.20	0.81	0.3822
X_1X_2	77.00	1	77.00	2.58	0.1292
X_1X_3	84.18	1	84.18	2.82	0.1139
X_1X_4	42.58	1	42.58	1.43	0.2510
X_2X_3	12.43	1	12.43	0.42	0.5286
X_2X_4	25.76	1	25.76	0.86	0.3678
X_3X_4	2.18	1	2.18	0.073	0.7909
$X_1{}^2$	951.08	1	951.08	31.85	<0.0001 **
$X_2{}^2$	495.67	1	495.67	16.60	0.0010 **
$X_3{}^2$	486.97	1	486.97	16.31	0.0011 **
$X_4{}^2$	696.33	1	696.33	23.32	0.0002 **
残差	447.94	15	29.86		
失拟	380.81	10	38.08	2.84	0.1307
误差	67.13	5	13.43		
总和	2964.35	29			

注　** 表示影响极显著（$P<0.01$）。

由表9-7方差分析结果可知，失拟项不显著（$P=0.1307>0.05$）且模型极显著（$P<0.001$），说明方程对试验的拟合度较好，该方案可靠，其中 X_3、X_1^2、X_2^2、X_3^2、X_4^2 影响极显著（$P<0.01$）。剔除不显著项后，得到优化后的糊化程度与工艺参数之间的回归模型方程如式（9-4）所示：

$$Y_5 = 69.23 + 3.98X_3 + 5.89X_1^2 + 4.25X_2^2 + 4.21X_3^2 + 5.04X_4^2 \qquad (9-4)$$

式中：Y_5 为糊化程度（%）；X_1 为微波功率（kW）；X_2 为每循环干燥时间（min）；X_3 为风速（m/s）；X_4 为装载量（g）。回归模型 $R^2=0.849$，表明 84.9% 的糊化程度变化都能用该模型解释。根据表 9-7 数据，得知各因素对糊化程度均没有交互作用。

由表 9-7 中心组合试验结果可知，经微波干燥后，发芽红小豆淀粉糊化程度均增大，这是因为微波处理过程中淀粉颗粒碎裂，淀粉分子被破坏后重新排列，有序双螺旋含量降低，使得糊化焓值下降，糊化程度增大。

（六）工艺参数对 GABA 含量的影响

建立红小豆微波干燥过程中，工艺参数 X_1（微波功率）、X_2（每循环干燥时间）、X_3（风速）、X_4（装载量）与 Y_6（GABA 含量）之间的回归模型，分析结果见表 9-8。

表 9-8　GABA 含量的方差分析

方差来源	平方和	自由度	均方	F 值	P 值
模型	3838.68	14	274.19	5.91	0.0008 **
X_1	153.01	1	153.01	3.30	0.0894
X_2	410.03	1	410.03	8.84	0.0095 **
X_3	318.28	1	318.28	6.86	0.0193 *
X_4	75.62	1	75.62	1.63	0.2211
X_1X_2	56.25	1	56.25	1.21	0.2882
X_1X_3	148.84	1	148.84	3.21	0.0934
X_1X_4	222.01	1	222.01	4.79	0.0449 *
X_2X_3	85.56	1	85.56	1.84	0.1945
X_2X_4	18.06	1	18.06	0.39	0.5420
X_3X_4	12.60	1	12.60	0.27	0.6098
X_1^2	585.13	1	585.13	12.61	0.0029 **
X_2^2	245.83	1	245.83	5.30	0.0361 *
X_3^2	1056.48	1	1056.48	22.78	0.0002 **
X_4^2	1289.37	1	1289.37	27.80	<0.0001 **

方差来源	平方和	自由度	均方	F 值	P 值
残差	695.77	15	46.38		
失拟	510.28	10	51.03	1.38	0.3811
误差	185.49	5	37.10		
总和	4534.45	29			

注　** 表示影响极显著（$P<0.01$）；* 表示影响显著（$P<0.05$）。

由表 9-8 方差分析结果可知，失拟项不显著（$P=0.3811>0.05$）且模型极显著（$P<0.001$），说明方程对试验的拟合度较好，该方案可靠，其中 X_2、X_1^2、X_3^2、X_4^2 影响极显著（$P<0.01$），X_3、X_1X_4、X_2^2 影响显著（$P<0.05$）。剔除不显著项后，得到优化后的 GABA 含量与工艺参数之间的回归模型方程如式（9-5）所示：

$$Y_6 = 135.68 - 4.13X_2 + 3.64X_3 + 3.73X_1X_4 - 4.62X_1^2 - 2.99X_2^2 - 6.21X_3^2 - 6.86X_4^2$$

$$(9-5)$$

式中：Y_6 是 GABA 含量（mg/100g）；X_1 是微波功率（kW）；X_2 是每循环干燥时间（min）；X_3 是风速（m/s）；X_4 是装载量（g）。回归模型 $R^2=0.847$，表明 84.7% 的 GABA 含量变化都能用该模型解释。根据表 9-8 数据，获得各因素对 GABA 含量的响应曲面见图 9-5。

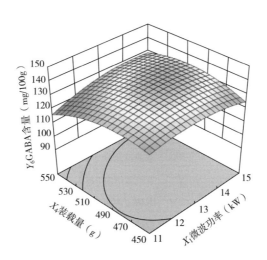

图 9-5　微波功率和装载量对 GABA 含量的影响

由图 9-5 可知，当每循环干燥时间（X_2）处于零水平（13min）和风速（X_3）处于零水平（1.0m/s）时，微波功率（X_1）和装载量（X_4）对发芽红小豆 GABA

含量（Y_6）有交互作用的影响。当微波功率一定时，GABA 含量随着装载量的增大先增大后减小。微波功率和装载量对发芽红小豆中 GABA 含量的改变，主要取决于物料温度对酶活性的影响程度。同一功率下，当装载量较小时，单位体积物料吸收微波能较多，谷氨酸脱羧酶活性弱，GABA 的合成较少，含量偏低。当装载量处于低水平时，GABA 含量随着微波功率的升高先增大后减小；当装载量处于高水平时，GABA 含量随着微波功率的升高先增大后逐渐平缓。装载量一定时，当微波功率从 11kW 增加到 13kW，单位体积物料吸收微波能增多，温度升高，但由于功率较小，前期温度不高，发芽红小豆内 GAD 活性较强，GABA 含量升高。低装载量下，微波功率从 13~15kW 时，物料吸收微波能多，温升较快，GAD 易失活，不能催化底物合成 GABA，GABA 含量较低。高装载量下，在微波功率处于 14~15kW 时，GABA 含量变化不明显，原因是装载量较多时，微波能主要用于去除水分，热量积累较慢，GAD 活性较稳定，从而对发芽红小豆 GABA 含量影响较小。

（七）微波干燥发芽红小豆工艺参数优化

为获得微波干燥发芽红小豆的最优工艺，运用 Design-Expert 对试验因素进行参数优化。对响应值进行权重设置，认为 GABA 含量最为重要，权重值设定为 4，其他各工艺参数权重值均设定为 3。响应函数的期望目标设定原则为：总干燥时间最短，干燥最高温度最低，色度 b^* 最小，总色差 ΔE^* 值最小，糊化程度最大，GABA 含量最大，所得优化结果见表 9-9。

表 9-9 发芽红小豆微波干燥工艺参数优化

分类	参数	目标	下限	上限	权重	优化值
试验因素	X_1 微波功率（kW）	取值范围内	11	15	—	13.3
	X_2 每循环干燥时间（min）	取值范围内	11.5	14.5	—	11.5
	X_3 风速（m/s）	取值范围内	0.5	1.5	—	1.5
	X_4 装载量（g）	取值范围内	450	550	—	512.3
响应指标	Y_1 总干燥时间（min）	取值范围内	16.7	48.9	***	25.58
	Y_2 干燥最高温度（℃）	取值范围内	91.5	127.3	***	105.01
	Y_3 色度 b^* 值	取值范围内	14.9	18.6	***	15.41
	Y_4 总色差 ΔE^* 值	取值范围内	6.9	21.5	***	9.28
	Y_5 糊化程度（%）	取值范围内	64.6	96.8	***	83.28
	Y_6 GABA 含量（mg/100g）	取值范围内	93.5	145.2	****	135.89

为验证得到的优化工艺参数的可靠性，进行试验验证，由于试验条件限制，且考虑结合工业生产实际情况，选取微波功率 13kW、每循环干燥时间 11.5min、风速

1.5m/s、装载量 510g 的试验条件进行试验，3 次试验结果取平均值±标准偏差。试验验证结果如下：总干燥时间为（26.79±0.39）min、干燥最高温度为（107.40±1.21）℃、色度 b^* 为 15.80±0.41、总色差 ΔE^* 值为 9.50±1.26、糊化程度 95%±2%、GABA 含量为（137.0±2.9）mg/100g。除糊化程度外其余试验值与预测值均较为接近，相对误差在 0.81%~4.73%，这表明优化结果可信度较高。因此，可确定最佳干燥工艺参数组合为每循环干燥时间 11.5min、微波强度 1.7W/g、风速 1.5m/s。在此优化条件下，总干燥时间为（26.79±0.39）min、干燥最高温度为（107.40±1.21）℃、干后发芽红小豆 b^* 为 15.80±0.41、总色差 ΔE^* 值为 9.50±1.26、糊化程度 95%±2%、GABA 含量为（137.0±2.9）mg/100g。

第二节　微波焙烤红小豆杂粮制粉工艺研究

杂粮粉含有丰富的营养及多种优点，其目前的加工成粉工艺也种类繁多，主要分为干法和湿法两类。湿法通常是在浸泡后进行处理，如韩雍等以小米为原料，在将小米糊化后进行细化和酶解处理，并探究各步骤中工艺对小米粉的影响，获得小米粉最佳工艺为细度 80 目，酶处理 2g/100g。肖志勇将浸泡后的薏米充分粉碎，将粉碎后的薏米在超高压中糊化，均质后干燥成粉。干法工艺主要是利用挤压膨化技术生产，如许亚翠将多种杂粮谷物混合后利用挤压膨化工艺加工，再将所得产物粉碎获得杂粮粉，对杂粮粉指标进行测定，最终获得最佳挤压条件。将较干的物料粉碎至一定粒度，也可达到制粉的目的，如蔡丹凤采用振动磨超微粉碎技术制备茯苓超微粉，得出物料量 200g，含水率 5.3%，粉碎时间 32min 为最佳工艺参数。有研究表明制备两种以上物料混合粉时，先配料再成粉更有优势。已有研究表明，微波焙烤杂粮（薏米、红小豆和黑豆）过程中，温度上升速率和失水速率随微波强度和物料量的增加而增加。失水速率随焙烤时间增加呈现上升—恒速—降速趋势，且恒速维持的时间随微波强度和物料量的增加而缩短；物料量增加时，微波功率增大，物料温升所消耗的微波能比率增大；温度随焙烤时间的增加，呈快速升高后逐渐缓速的现象，焙烤的最终温度随微波强度和物料量的增加而增加。杂粮（薏米、红小豆和黑豆）微波焙烤过程中，明度 L^* 随焙烤时间的增加而下降，红绿度 a^* 和黄蓝度 b^* 随时间增加呈上升趋势，微波强度和物料量的增加会使色度值变化速度加快。eGI 值随微波强度和物料量的增大呈先增加后减小的趋势。薏米焙烤工艺选取微波强度为 10.00W/g，物料量 64g，焙烤时间 150s，红小豆和黑豆选取微波强度为 13.33W/g，物料量 48g，焙烤时间 120s。

采用优化后的微波焙烤工艺参数对三种物料进行加工，将焙烤后物料混合制成杂粮粉。以杂粮粉制取工艺（粒度、红小豆添加量、黑豆添加量和甜味剂添加量）为因素，杂粮粉冲调性、感官评价、eGI 值和物理特性作为评价指标，利用 Central Composite Design 响应曲面试验设计，在磨粉机上完成试验内容，并最终优化出制取杂粮粉的工艺参数组合，为微波焙烤后杂粮制粉加工提供理论依据。试验方案及试验结果如表 9-10 所示。

表 9-10　试验方案及试验结果

试验编号	试验顺序号	粒度 X_1 (mm)	红小豆添加量 X_2 (%)	黑豆添加量 X_3 (%)	甜味剂 X_4 (%)	溶解度 Y_1 (%)	稳定性 Y_2 (%)	感官评价 Y_3	eGI 值 Y_4	休止角 Y_5 (rad)	滑动摩擦角 Y_6 (rad)
1	13	0.15	25	25	1.0	7.26	25.63	20.8	46.12	0.803	0.680
2	15	0.21	25	25	1.0	6.62	22.59	17.3	45.85	0.777	0.641
3	12	0.15	35	25	1.0	7.38	26.51	26.9	44.65	0.838	0.721
4	34	0.21	35	25	1.0	7.19	25.36	24.9	44.33	0.812	0.693
5	7	0.15	25	35	1.0	7.61	29.10	23.0	44.51	0.850	0.707
6	35	0.21	25	35	1.0	7.05	25.03	23.4	44.17	0.820	0.680
7	19	0.15	35	35	1.0	7.93	31.78	21.7	43.16	0.928	0.806
8	26	0.21	35	35	1.0	7.74	30.28	20.2	42.92	0.881	0.762
9	33	0.15	25	25	2.0	7.44	28.03	21.8	45.95	0.777	0.707
10	3	0.21	25	25	2.0	6.77	23.62	19.4	45.67	0.783	0.680
11	36	0.15	35	25	2.0	7.55	28.76	25.3	44.5	0.812	0.748
12	10	0.21	35	25	2.0	7.50	28.89	24.8	44.12	0.785	0.707
13	27	0.15	25	35	2.0	7.73	30.31	25.2	44.45	0.829	0.734
14	9	0.21	25	35	2.0	7.27	27.12	24.4	44.06	0.803	0.693
15	30	0.15	35	35	2.0	8.08	33.46	20.7	42.77	0.899	0.821
16	18	0.21	35	35	2.0	7.91	31.87	20.9	42.56	0.873	0.777
17	16	0.12	30	30	1.5	7.84	31.20	25.7	44.92	0.886	0.752
18	8	0.24	30	30	1.5	7.13	25.78	24.4	43.52	0.797	0.638
19	1	0.18	20	30	1.5	6.70	23.11	21.4	45.87	0.803	0.654
20	24	0.18	40	30	1.5	7.67	30.21	23.3	42.57	0.873	0.777
21	23	0.18	30	20	1.5	6.81	23.37	20.2	46.07	0.777	0.693
22	22	0.18	30	40	1.5	8.19	33.85	21.2	42.71	0.881	0.836

试验编号	试验顺序号	粒度 X_1 （mm）	红小豆添加量 X_2 （%）	黑豆添加量 X_3 （%）	甜味剂 X_4 （%）	溶解度 Y_1 （%）	稳定性 Y_2 （%）	感官评价 Y_3	eGI值 Y_4	休止角 Y_5 （rad）	滑动摩擦角 Y_6 （rad）
23	14	0.18	30	30	0.5	7.02	23.71	22.3	45.26	0.855	0.680
24	32	0.18	30	30	2.5	7.80	31.17	22.2	43.93	0.785	0.771
25	6	0.18	30	30	1.5	7.54	28.67	23.8	44.09	0.838	0.767
26	21	0.18	30	30	1.5	7.45	29.63	23.3	44.53	0.812	0.748
27	29	0.18	30	30	1.5	7.59	28.54	22.1	43.97	0.794	0.713
28	17	0.18	30	30	1.5	7.61	28.68	22.9	43.85	0.777	0.710
29	2	0.18	30	30	1.5	7.11	25.99	22.3	43.67	0.820	0.734
30	11	0.18	30	30	1.5	7.16	26.36	23.2	44.28	0.785	0.721
31	28	0.18	30	30	1.5	7.37	29.37	23.3	44.75	0.803	0.717
32	5	0.18	30	30	1.5	7.18	26.00	22.8	44.52	0.829	0.761
33	25	0.18	30	30	1.5	7.10	26.15	22.1	43.82	0.794	0.703
34	31	0.18	30	30	1.5	7.14	26.21	23.2	43.91	0.777	0.748
35	4	0.18	30	30	1.5	6.96	26.94	22.4	44.57	0.812	0.734
36	20	0.18	30	30	1.5	7.15	26.32	22.2	44.28	0.820	0.721

一、工艺参数对杂粮粉冲调性的影响

不同工艺参数组合下杂粮溶解度介于6.62%~8.19%。剔除不显著项后，各参数对杂粮粉溶解度影响的回归模型方程如式（9-6）所示：

$$Y_1 = 7.3 - 0.18X_1 + 0.23X_2 + 0.26X_3 + 0.13X_4 + 0.11X_1X_2 \qquad (9-6)$$

回归方程的方差分析结果见表9-11，并对方程的拟合度和显著性进行检验。

表9-11 溶解度方差分析表

方差来源	平方和	自由度	均方	F 值	P 值
模型	460.34×10^{-6}	14	32.88×10^{-6}	10.07	<0.0001
X_1	78.46×10^{-6}	1	78.46×10^{-6}	24.02	<0.0001
X_2	126.49×10^{-6}	1	126.49×10^{-6}	38.73	<0.0001
X_3	167.21×10^{-6}	1	167.21×10^{-6}	51.19	<0.0001

方差来源	平方和	自由度	均方	F 值	P 值
X_4	38.21×10^{-6}	1	38.21×10^{-6}	11.70	0.0026
$X_1 X_2$	18.64×10^{-6}	1	18.64×10^{-6}	5.706	0.0264
$X_1 X_3$	0.17×10^{-6}	1	0.17×10^{-6}	0.053	0.8195
$X_1 X_4$	0.35×10^{-6}	1	0.35×10^{-6}	0.107	0.7464
$X_2 X_3$	1.47×10^{-6}	1	1.47×10^{-6}	0.450	0.5096
$X_2 X_4$	0.11×10^{-6}	1	0.11×10^{-6}	0.034	0.8547
$X_3 X_4$	0.15×10^{-6}	1	0.15×10^{-6}	0.047	0.8306
X_1^2	11.00×10^{-6}	1	11.00×10^{-6}	3.369	0.0806
X_2^2	0.83×10^{-6}	1	0.83×10^{-6}	0.254	0.6196
X_3^2	12.41×10^{-6}	1	12.41×10^{-6}	3.800	0.0647
X_4^2	4.83×10^{-6}	1	4.83×10^{-6}	1.479	0.2374
残差	68.59×10^{-6}	21	3.27×10^{-6}		
失拟项	1.61×10^{-6}	10	0.16×10^{-6}	0.336	0.9515
纯误差	52.53×10^{-6}	11	4.78×10^{-6}		
总和	528.92×10^{-6}	35			

因素 X_1、X_2、X_3、X_4 显著，$X_1 X_2$ 较显著。模型 F 值为 48.78，P 值为小于 0.0001，表明模型项极显著。失拟项 F 为 0.34 大于 0.05，拟合度较好。决定系数 R^2 为 0.8703，意味着 87.03% 的响应值变化都能够用模型解释。

不同工艺参数组合下杂粮粉的稳定性介于 22.6%~33.9%。剔除不显著项后，各参数对杂粮粉稳定性影响的回归模型方程如下：

$$Y_2 = 27.4 - 1.23 X_1 + 1.65 X_2 + 2.10 X_3 + 1.28 X_4 + 0.66 X_1 X_2 \qquad (9-7)$$

回归方程的方差分析结果见表 9-12，并对方程的拟合度和显著性进行检验。

表 9-12　稳定性方差分析表

方差来源	平方和	自由度	均方	F 值	P 值
模型	2657.03×10^{-5}	14	189.79×10^{-5}	12.29	<0.0001
X_1	365.62×10^{-5}	1	365.62×10^{-5}	23.67	<0.0001
X_2	655.99×10^{-5}	1	655.99×10^{-5}	42.47	<0.0001
X_3	1063.38×10^{-5}	1	1063.38×10^{-5}	68.84	<0.0001
X_4	393.07×10^{-5}	1	393.07×10^{-5}	25.45	<0.0001

方差来源	平方和	自由度	均方	F 值	P 值
X_1X_2	$70.20×10^{-5}$	1	$70.20×10^{-5}$	4.54	0.0450
X_1X_3	$2.14×10^{-5}$	1	$2.14×10^{-5}$	0.14	0.7137
X_1X_4	$0.31×10^{-5}$	1	$0.31×10^{-5}$	0.02	0.8893
X_2X_3	$23.77×10^{-5}$	1	$23.77×10^{-5}$	1.54	0.2285
X_2X_4	$3.32×10^{-5}$	1	$3.32×10^{-5}$	0.22	0.6477
X_3X_4	$4.39×10^{-5}$	1	$4.39×10^{-5}$	0.28	0.5997
X_1^2	$30.42×10^{-5}$	1	$30.42×10^{-5}$	1.97	0.1751
X_2^2	$7.08×10^{-5}$	1	$7.08×10^{-5}$	0.46	0.5057
X_3^2	$36.68×10^{-5}$	1	$36.68×10^{-5}$	2.37	0.1382
X_4^2	$6.67×10^{-5}$	1	$6.67×10^{-5}$	0.04	0.8374
残差	$324.38×10^{-5}$	21	$324.38×10^{-5}$		
失拟项	$96.34×10^{-5}$	10	$9.63×10^{-5}$	0.46	0.8810
纯误差	$228.04×10^{-5}$	11	$228.04×10^{-5}$		
总和	$2981.41×10^{-5}$	35			

　　因素 X_1、X_2、X_3、X_4 显著，X_1X_2 较显著。模型 F 值为 12.29，P 值小于 0.0001，表明模型项极显著。失拟项 F 为 0.46 大于 0.05，拟合度较好。决定系数 R^2 为 0.8912，意味着 89.12% 的响应值变化都能够用模型解释。

（一）粒度与红小豆添加量对杂粮粉冲调性的影响

　　在黑豆添加量为零水平（30.0%，90g），甜味剂添加量为零水平（1.5%，4.5g）时，粉碎粒度与红小豆添加量的交互作用对杂粮粉冲调性的影响如图 9-6 所示。

　　由图 9-6 可知，红小豆添加量一定时，增加杂粮粉粒度，溶解度和稳定性增加。杂粮粉粒度增大，杂粮粉颗粒聚合力越小，颗粒在水中快速下沉，杂粮溶液的稳定性降低，颗粒较大的杂粮粉溶解度也降低，引起冲调性下降。在相同粒度条件下，随红小豆添加量的增加，杂粮粉稳定性和溶解度均有所提高，但当杂粮粉粒度在较低水平时，增加红小豆添加量对杂粮粉的溶解度和稳定性影响较小；而在粒度处于较高水平时，随红小豆添加量增大，杂粮粉溶解度和稳定性明显增加，冲调性提高。

（二）粒度与黑豆添加量对杂粮粉冲调性的影响

　　在红小豆添加量处于零水平（30.0%，90g），甜味剂添加量为零水平（1.5%，4.5g）时，杂粮粉的粒度与黑豆添加量的交互作用对杂粮粉冲调性的影响如图 9-7 所示。

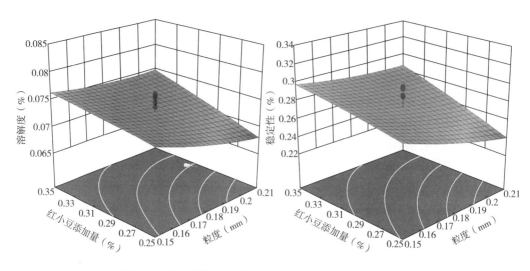

图9-6 粉碎粒度和红小豆添加量对杂粮粉冲调性的影响

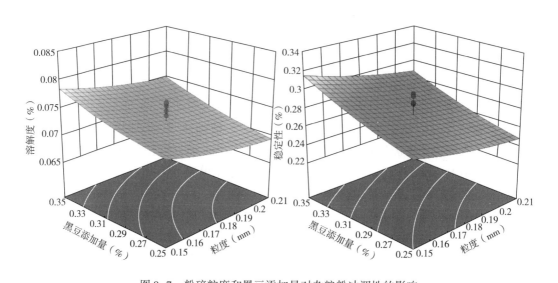

图9-7 粉碎粒度和黑豆添加量对杂粮粉冲调性的影响

由图9-7可知，在黑豆添加量一定时，杂粮粉溶解度和稳定性随粒度的增加而降低。杂粮粉粒度的增加，与水的结合力下降，颗粒在水中悬浮的能力下降，杂粮粉颗粒下沉的速度增加，导致溶解度和稳定性下降。在粒度一定的情况下，杂粮粉溶解度和稳定性随黑豆添加量的增加呈逐渐增加趋势。

（三）粒度与甜味剂添加量对杂粮粉冲调性的影响

在红小豆添加量处于零水平（30.0%，90g），黑豆添加量为零水平（30.0%，90g）时，杂粮粉粒度与甜味剂添加量的交互作用对杂粮粉冲调性的影响如图9-8所示。

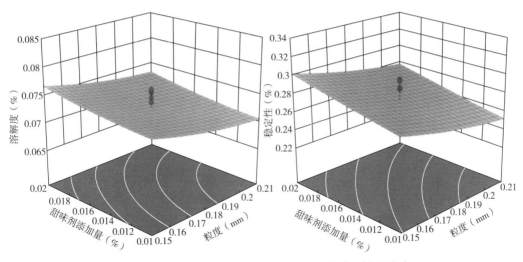

图 9-8　粉碎粒度和甜味剂添加量对杂粮粉冲调性的影响

由图 9-8 可知，在甜味剂添加量一定时，杂粮粉溶解度随粒度的增加而减小，溶解性和稳定性降低。由于杂粮粉粒度增大，杂粮颗粒大小增加，杂粮粉与水分结合强度降低，粒度较大的杂粮颗粒快速下沉，使杂粮粉溶液稳定性下降，溶解度降低。在杂粮粉粒度一定，杂粮粉溶解度和稳定性随甜味剂添加量的增加呈增加趋势。杂粮粉中甜味剂添加量的增加，杂粮粉中可溶性物质增加，使测得的杂粮粉溶解度和稳定性增加。

（四）红小豆与黑豆添加量对杂粮粉冲调性的影响

在杂粮粉粒度处于零水平（90 目），甜味剂添加量为零水平（1.5%，4.5g）时，红小豆添加量与黑豆添加量的交互作用对杂粮粉冲调性的影响如图 9-9 所示。

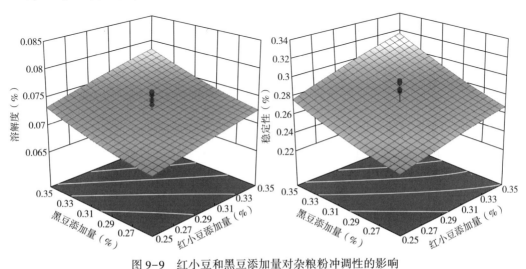

图 9-9　红小豆和黑豆添加量对杂粮粉冲调性的影响

由图 9-9 可知，黑豆添加量一定，红小豆添加量增加时，杂粮粉溶解度和稳定性呈增加的趋势。红小豆添加量一定时，黑豆添加量增加，杂粮粉溶解度和稳定性同样呈增加的趋势。在黑豆和红小豆添加量增加时，杂粮粉溶液更加黏稠，颗粒在水中下沉速度降低，稳定性和溶解度增加，因此杂粮粉冲调性也随之增加。

红小豆与甜味剂添加量对杂粮粉冲调性的影响：在杂粮粉粒度处于零水平（90目），黑豆添加量为零水平（30.0%，90g）时，红小豆添加量与甜味剂添加量的交互作用对杂粮粉冲调性的影响如图 9-10 所示。

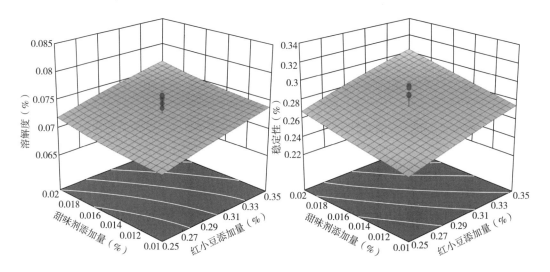

图 9-10　红小豆和甜味剂添加量对杂粮粉冲调性的影响

由图 9-10 可知，在甜味剂添加量一定的情况下，随着红小豆添加量的增加，杂粮粉溶解度和稳定性呈逐渐增加趋势。在红小豆添加量一定的情况下，随着甜味剂的增加，杂粮粉溶解度和稳定性呈逐渐增加的趋势。甜味剂的增加，杂粮粉中可溶性物质增加，更多的物质溶于水中，因此使测得的杂粮粉溶解度和稳定性增加。

黑豆与甜味剂添加量对杂粮粉冲调性的影响：在杂粮粉粒度处于零水平（90目），在红小豆添加量处于零水平（30.0%，90g）时，黑豆添加量与甜味剂添加量的交互作用对杂粮粉冲调性的影响如图 9-11 所示。

由图 9-11 可知，在甜味剂添加量一定的情况下，增加黑豆添加量，杂粮粉溶解度与稳定性增大，冲调性趋于良好。在黑豆添加量一定的情况下，增加杂粮粉中甜味剂添加量，杂粮粉溶解度和稳定性呈上升趋势。甜味剂的增加，提高了杂粮粉中的可溶性物质，使测得的杂粮粉溶解度和稳定性增大。

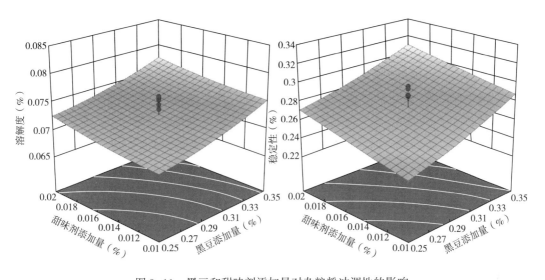

图 9-11　黑豆和甜味剂添加量对杂粮粉冲调性的影响

二、工艺参数对杂粮粉感官评价的影响

杂粮粉感官评价得分介于 17.3~29.6。剔除不显著项后，各参数对杂粮粉感官评价影响的回归模型方程如下：

$$Y_3 = 22.80 - 0.53X_1 + 0.58X_2 + 0.41X_1X_3 - 2.19X_2X_3 + 0.52X_2X_4 + 0.56X_1^2$$

$$(9-8)$$

回归方程的方差分析结果见表 9-13，并对方程的拟合度和显著性进行检验。

表 9-13　感官评价方差分析表

方差来源	平方和	自由度	均方	F 值	P 值
模型	120.78	14	8.63	22.74	<0.0001
X_1	6.72	1	6.72	17.72	0.0004
X_2	8.05	1	8.05	21.22	0.0002
X_3	0.00	1	0.00	0.01	0.9217
X_4	0.70	1	0.70	1.85	0.1886
X_1X_2	0.39	1	0.39	1.03	0.3218
X_1X_3	2.81	1	2.81	7.40	0.0128
X_1X_4	0.60	1	0.60	1.58	0.2221
X_2X_3	77.00	1	77.00	202.99	<0.0001
X_2X_4	4.31	1	4.31	11.35	0.0029

续表

方差来源	平方和	自由度	均方	F 值	P 值
X_3X_4	0.14	1	0.14	0.37	0.5491
X_1^2	9.86	1	9.86	26.00	<0.0001
X_2^2	0.46	1	0.46	1.21	0.2837
X_3^2	9.07	1	9.07	23.90	0.2837
X_4^2	0.67	1	0.67	1.77	0.1978
残差	7.97	21	0.38		
失拟项	4.39	10	0.44	1.356	0.3150
纯误差	3.58	11	0.33		
总和	128.75	35			

因素 X_2、X_3 极显著，X_1、X_2、X_1X_3、X_2X_4、X_1^2、X_3^2 显著。模型 F 值为 22.74，P 值小于 0.0001，表明模型项极显著。失拟项 F 为 1.35 大于 0.05，拟合度较好。决定系数 R^2 为 0.9381，意味着 93.81% 的响应值变化都能够用模型解释。

（一）粒度与红小豆添加量对杂粮粉感官评价的影响

在黑豆添加量为零水平（30.0%，90g），甜味剂添加量为零水平（1.5%，4.5g）时，杂粮粉粒度与红小豆添加量的对杂粮粉感官评价的影响如图9-12所示。

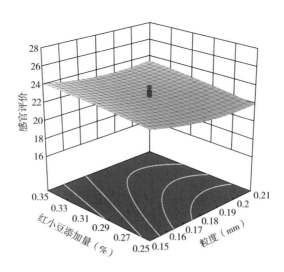

图9-12　粉碎粒度和红小豆添加量对杂粮粉感官评价的影响

由图9-12可知，在红小豆添加量一定时，杂粮粉感官评价随粒度的增加而减小，表现为口感降低。由于杂粮粉粒度增加，杂粮颗粒大小增加，入口后颗粒感增加，导致杂粮粉口感评分下降，香味降低，从而使感官评价评分降低。杂粮粉粒度增大，杂粮粉色泽变得粗糙暗淡，且在冲调或直接入口时，杂粮粉颗粒感增大，口感部分的评分下降。在杂粮粉粒度一定的情况下，杂粮粉感官评价随红小豆添加量的增加而增加。当杂粮粉中红小豆添加量增加时，产品的谷物色泽更明显，附带的豆香味增加，且使冲调后杂粮粉溶液更加黏稠，口感更加细腻，所得感官评价更高。

（二）粒度与黑豆添加量对杂粮粉感官评价的影响

在红小豆添加量处于零水平（30.0%，90g），甜味剂添加量为零水平（1.5%，4.5g）时，杂粮粉粒度与黑豆添加量的交互作用对杂粮粉感官评价的影响如图9-13所示。

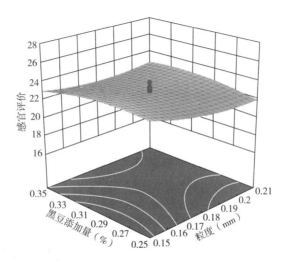

图9-13　粉碎粒度和黑豆添加量对杂粮粉感官评价的影响

由图9-13可知，在杂粮粉中黑豆添加量一定时，其感官评价得分随粒度的增加呈减小趋势，但变化趋势较小。由于杂粮粉粒度增加，使入口后的杂粮粉颗粒感加重，从而使感官评价得分降低。在杂粮粉粒度一定时，黑豆添加量对杂粮粉感官评价得分影响较小。杂粮粉中黑豆添加量的增加，杂粮粉颜色加深变暗，使色泽评分降低，但黑豆的增加使杂粮粉的香味更加浓厚，杂粮粉感官评价得粉变化不明显。

（三）粒度与甜味剂添加量对杂粮粉感官评价的影响

在红小豆添加量处于零水平（30.0%，90g），在黑豆添加量为零水平（30.0%，90g）时，杂粮粉粒度与甜味剂添加量的交互作用对杂粮粉感官评价的影响如图9-14所示。

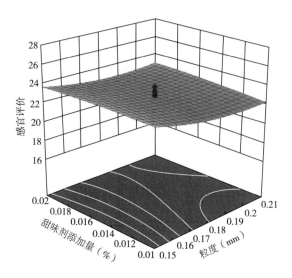

图 9-14　粉碎粒度和甜味剂添加量对杂粮粉感官评价的影响

由图 9-14 可知，在甜味剂添加量一定的情况下，杂粮粉感官评价得分随杂粮粉粒度的增加呈减小的趋势，表现为杂粮粉口感降低。当杂粮粉粒度增大时，产品色泽评价下降，且因为杂粮粉的颗粒大小的增加，使入口后产生的颗粒感加重，导致杂粮粉口感下降，感官评价得分降低。杂粮粉粒度增大、香味下降，在冲调或直接入口时，杂粮粉颗粒感增大、口感部分的评分下降，杂粮粉感官评分随粒度增大而下降。在杂粮粉粒度一定的情况下，杂粮粉感官评价随甜味剂添加量的增加呈上升的趋势。

（四）红小豆与黑豆添加量对杂粮粉感官评价的影响

在杂粮粉粒度处于零水平（90目），甜味剂添加量为零水平（1.5%，4.5g）时，黑豆与红小豆的添加量的交互作用对杂粮粉感官评价的影响如图 9-15 所示。

由图 9-15 可知，在黑豆添加量处于低水平时，杂粮粉感官评价随红小豆的增加呈上升趋势，当黑豆添加量较高时，杂粮粉感官评价得分随红小豆添加量的增加而降低。这是由于在黑豆添加量较小时，增加红小豆的添加量，杂粮粉的豆香味增加，冲调后口感更加细腻，感官评价得分提高。当黑豆添加量较高时，增加红小豆添加量，此时对香味和口感影响降低，而豆类添加量较高的情况下，杂粮粉的豆腥味增加，导致杂粮粉感官评价严重下降。当红小豆添加量处于低水平时，黑豆添加量增大，杂粮粉感官评价得分上升，当红小豆添加量处于较高水平时，杂粮粉感官评价随黑豆添加量增加而下降。其原因是黑豆和红小豆添加量的增加，使杂粮粉的豆香味增加，口感更细腻，当黑豆和红小豆添加量均较高时，杂粮粉的豆腥味加重，感官评价下降。

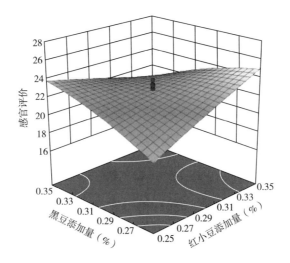

图 9-15　红小豆和黑豆添加量对杂粮粉感官评价的影响

（五）红小豆与甜味剂添加量对杂粮粉感官评价的影响

在杂粮粉粒度处于零水平（90 目），黑豆添加量为零水平（30.0%，90g）时，红小豆添加量与甜味剂添加量的交互作用对杂粮粉感官评价的影响如图 9-16 所示。

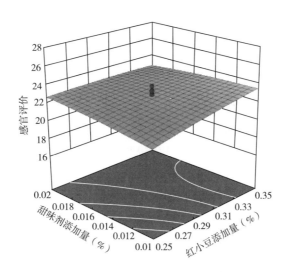

图 9-16　红小豆和甜味剂添加量对杂粮粉感官评价的影响

由图 9-16 可知，在甜味剂添加量一定的情况下，杂粮粉感官评价得分随红小豆的增加呈增加趋势。杂粮粉中红小豆比例的增加，使杂粮粉的香味更加浓厚，其口感更加细腻，豆香增加，且红小豆的增加使杂粮粉色泽评价提升，从而使感官评价得分增加。在红小豆添加量一定的情况下，杂粮粉感官评价随甜味剂添加量的增加变化不明显。

（六）黑豆与甜味剂添加量对杂粮粉感官评价的影响

在杂粮粉粒度处于零水平（90目），在红小豆添加量处于零水平（30.0%，90g）时，黑豆添加量与甜味剂添加量的交互作用对杂粮粉感官评价得分的影响如图9-17所示。

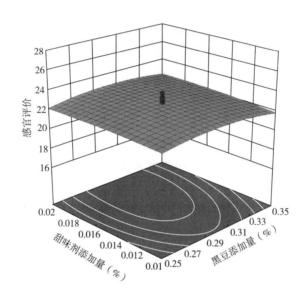

图9-17 黑豆和甜味剂添加量对杂粮粉感官评价的影响

由图9-17可知，在甜味剂添加量一定的情况下，黑豆添加量增加对杂粮粉感官评价得分影响较小。杂粮粉中黑豆添加量的增加，使杂粮粉颜色加深变暗，色泽评价降低，但黑豆添加量增加使杂粮粉的口味更加浓厚，其口感更加细腻，豆香味增大，使杂粮粉感官评价得分变化不明显。在黑豆添加量一定的情况下，杂粮粉感官评价随甜味剂添加量增加变化不明显，增加甜味剂添加量对感官评价影响较小。

三、工艺参数对杂粮粉 eGI 值的影响

微波焙烤杂粮粉的 eGI 值介于 42.56～46.21。剔除不显著项后，各参数对杂粮粉 eGI 值影响的回归模型方程如下：

$$Y_4 = 44.19 - 0.22X_1 - 0.77X_2 - 0.80X_3 - 0.19X_4 \tag{9-9}$$

回归方程的方差分析结果见表9-14，并对方程的拟合度和显著性进行检验。

表 9-14　杂粮粉 eGI 值方差分析表

方差来源	平方和	自由度	均方	F 值	P 值
模型	31.964	14	2.283	24.69	<0.0001
X_1	1.140	1	1.140	12.32	0.0021
X_2	14.061	1	14.061	152.03	<0.0001
X_3	15.537	1	15.537	167.98	<0.0001
X_4	0.767	1	0.767	8.29	0.0090
X_1X_2	0.001	1	0.001	0.01	0.9159
X_1X_3	0.000	1	0.000	0.00	0.9547
X_1X_4	0.001	1	0.001	0.01	0.9417
X_2X_3	0.003	1	0.003	0.03	0.8646
X_2X_4	0.022	1	0.022	0.24	0.6327
X_3X_4	0.003	1	0.003	0.03	0.8646
$X_1{}^2$	0.003	1	0.003	0.03	0.8647
$X_2{}^2$	0.003	1	0.003	0.03	0.8647
$X_3{}^2$	0.086	1	0.086	0.93	0.3465
$X_4{}^2$	0.340	1	0.340	3.67	0.0690
残差	1.942	21	0.092		
失拟项	0.584	10	0.058	0.47	0.8757
纯误差	1.358	11	0.123		
总和	33.91	35			

因素 X_1、X_2、X_3、X_4 显著。模型 F 值为 24.69，P 值小于 0.0001，表明模型项极显著。失拟项 F 为 0.47，拟合度较好。决定系数 R^2 为 0.9427，意味着 94.27% 的响应值变化都能够用模型解释。

粒度与红小豆添加量对杂粮粉 eGI 值的影响：在黑豆添加量为零水平（30.0%，90g），甜味剂添加量为零水平（1.5%，4.5g）时，杂粮粉粒度与红小豆添加量的对杂粮粉的 eGI 值的影响如图 9-18 所示。

由图 9-18 可知，在红小豆添加量一定时，杂粮粉 eGI 值随粒度的增加而降低。杂粮粉粒度增加，杂粮粉的颗粒大小增大，与消化液接触面积减小，消化速度降低，表现为 eGI 值降低。杂粮粒度增大，在进行消化反应时杂粮粉与溶液接触面积减小，使杂粮粉消化速度减慢，从而降低了 eGI 值。在杂粮粉粒度一定时，杂粮粉

eGI 值随红小豆添加量的增加而减小。红小豆添加量的增加，使杂粮粉中薏米的比例降低，且焙烤后红小豆的 eGI 值低于薏米，从而降低了杂粮粉的 eGI 值。

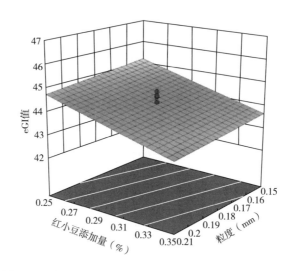

图 9-18　粉碎粒度和红小豆添加量对杂粮粉 eGI 值的影响

（一）粒度与黑豆添加量对杂粮粉 eGI 值的影响

在红小豆添加量处于零水平（30.0%，90g），甜味剂添加量为零水平（1.5%，4.5g）时，杂粮粉的粒度与黑豆添加量的交互作用对杂粮粉 eGI 值的影响如图 9-19 所示。

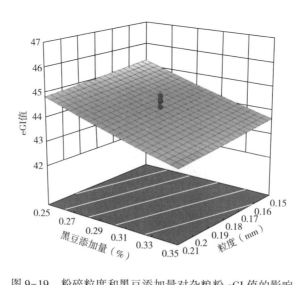

图 9-19　粉碎粒度和黑豆添加量对杂粮粉 eGI 值的影响

由图 9-19 可知，在黑豆添加量一定时，杂粮粉 eGI 值随杂粮粉粒度的增加而降低。由于杂粮粉粒度的增加，与消化液接触面积减小，消化速度降低，杂粮粉 eGI 值降低。在粒度一定的情况下，杂粮粉 eGI 值随黑豆添加量的增加呈逐渐减小的趋势。随着黑豆增加，薏米所占比例减小，且相对焙烤后薏米，黑豆 eGI 值较小，使杂粮粉 eGI 值降低。

（二） 粒度与甜味剂添加量对杂粮粉 eGI 值的影响

在红小豆添加量处于零水平（30.0%，90g），黑豆添加量为零水平（30.0%，90g）时，杂粮粉粒度与甜味剂添加量的交互作用对杂粮粉 eGI 值的影响如图 9-20 所示。

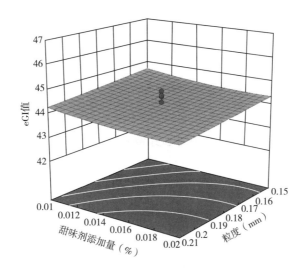

图 9-20 粉碎粒度和甜味剂添加量对杂粮粉 eGI 值的影响

由图 9-20 可知，在甜味剂一定时，杂粮粉的 eGI 值随粒度的增加而减小。由于杂粮粉粒度增加，杂粮颗粒粒径增加、杂粮粉与消化液接触面积减小，消化速度减慢，表现为 eGI 值降低。在杂粮粉粒度一定的情况下，杂粮粉 eGI 值随甜味剂的增加而降低。甜味剂增加使杂粮粉中可消化物质比例减少，使反应速率和最终生成物均降低，杂粮粉的 eGI 值降低。

（三） 红小豆与黑豆添加量对杂粮粉 eGI 值的影响

在杂粮粉粒度处于零水平（90 目），甜味剂添加量为零水平（1.5%，4.5g）时，红小豆添加量与黑豆添加量的交互作用对杂粮粉 eGI 值的影响如图 9-21 所示。

由图 9-21 可知，黑豆添加量一定，红小豆添加量增加时，杂粮粉 eGI 值降低，在红小豆添加量一定时，黑豆添加量增加，杂粮粉 eGI 值降低。在黑豆和红小豆物料的增加时，杂粮粉中的薏米比例降低，且红小豆和黑豆 eGI 值均低于薏米，使所获杂粮粉的 eGI 值降低。

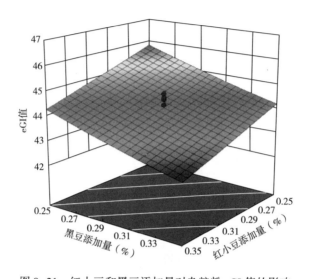

图 9-21　红小豆和黑豆添加量对杂粮粉 eGI 值的影响

（四）红小豆与甜味剂添加量对杂粮粉 eGI 值的影响

在杂粮粉粒度处于零水平（90 目），黑豆添加量为零水平（30.0%，90g）时，红小豆添加量与甜味剂添加量的交互作用对杂粮粉 eGI 值的影响如图 9-22 所示。

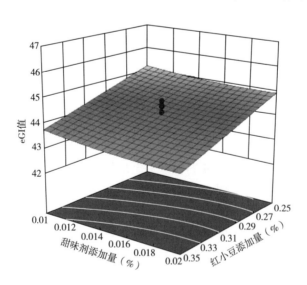

图 9-22　红小豆和甜味剂添加量对杂粮粉 eGI 值的影响

由图 9-22 可知，在甜味剂添加量一定的情况下，杂粮粉 eGI 值随着红小豆添加量的增加呈降低趋势。红小豆添加量增加，使杂粮粉中薏米比例减少，且红小豆eGI值低于薏米，使所获杂粮粉的eGI值降低。在红小豆添加量一定的情况下，随着甜味剂的增加，杂粮粉eGI值有所降低，但变化不明显。杂粮粉中甜味剂添加量增加，使杂粮粉中可消化物质减少、消化速度减缓，降低了杂粮粉的eGI值，但由于甜味剂所占比例较低，甜味剂添加量增加对杂粮粉的eGI值影响较小。

（五）黑豆与甜味剂添加量对杂粮粉eGI值的影响

在杂粮粉粒度处于零水平（90目），在红小豆添加量处于零水平（30.0%，90g）时，黑豆添加量与甜味剂添加量的交互作用对杂粮粉eGI值的影响如图9-23所示。

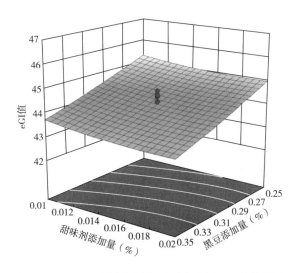

图9-23 黑豆和甜味剂添加量对杂粮粉eGI值的影响

由图9-23可知，在甜味剂添加量一定的情况下，增加黑豆添加量，杂粮粉的eGI值呈降低趋势。随着杂粮粉中黑豆添加量的增加，薏米占总重比例减小，且相对焙烤后薏米，焙烤后黑豆eGI值较小，故黑豆添加量增加使杂粮粉eGI值降低。在黑豆添加量一定的情况下，增加甜味剂添加量，杂粮粉的eGI值降低，但变化不明显。甜味剂添加量增加，产品中杂粮部分减少，使杂粮粉中可消化物质的总量减少，消化速度和最终消化所得葡萄糖减少，使测得的eGI值降低。但由于甜味剂在杂粮粉中所占比例较低，甜味剂添加量的增减对杂粮粉的eGI值影响较小。

四、最佳工艺参数的确定及验证

为了获得红小豆杂粮制粉的最优工艺，运用Design-Expert中数值最优方法，对工艺参数进行优化。各工艺参数权重均设为3，其中响应值中感官评价、eGI值最为重要，将其权重设为4，稳定性设置为3，其余设为2。所得优化结果见表9-15。

响应函数设定原则为：感官评价最高，eGI 值最低，冲调溶解度和稳定性最大。

表 9-15　杂粮制粉工艺参数优化

函数	参数	权重	优化值
因素	粒度	***	0.21
	红小豆添加量	***	35.0%
	黑豆添加量	***	30.0%
	甜味剂添加量	***	2.0%
响应值	溶解度	**	7.7%
	稳定性	***	30.1%
	感官评价	****	23.2
	eGI 值	****	43.10
	休止角	**	0.817 rad
	滑动摩擦角	**	0.735 rad

为验证制粉工艺的可靠性，进行验证试验，结合实际试验条件确定杂粮粉加工的工艺参数为粉碎粒度 0.21mm，即过 70 目筛，红小豆添加量 35.0%，黑豆添加量 30.0%，甜味剂添加量 2.0%，试验操作三次，取平均值。得到试验值为溶解度 7.5%，稳定性 30.2%，感官评价得分 25.1，eGI 值为 42.87，杂粮粉品质较好，相关系数 0.988。可以确定最佳制粉工艺参数为粉碎粒度 0.21mm，红小豆添加量 28.0%，黑豆添加量 35.0%，甜味剂添加量 2.0%。验证试验结果如表 9-16 所示。

表 9-16　杂粮制粉验证试验结果

结果	溶解度（%）	稳定性（%）	感官评价	eGI 值	休止角（°）	滑动摩擦角（°）
优化值	7.7	30.1	23.2	43.10	46.8	42.1
实际值	7.5	30.2	25.1	42.87	47.8	40.6
差值	0.2	0.1	1.9	0.23	1.0	1.5

第三节　微波烘焙组合干燥制备红豆糊粉的工艺研究

微波干燥是利用在微波场中介电物料内极性分子剧烈运动、摩擦生热，使物料快速升温去水的过程。微波波长在 1mm～1m，其频率在 300MHz～300GHz，属于超高频电磁波。微波频率高、波长短有很强穿透性，能够深入并作用于物料内部。微波在传递过程中会形成相互垂直的交变电场和交变磁场，当极性分子处于交变电场中时，分子中正负电荷受环境电场作用重新排列，并随着交变电场中场强的循环变化进行周期性旋转。在偶极子周期性作用下，物料内部产生摩擦作用，将电磁能转换为内能，引起物料温度上升、水分去除。微波干燥具有以下优点。

（1）能量利用率高：在微波干燥中，微波腔体由金属材料制成，电磁波在接触到腔壁时会发生反射，而不是被腔体吸收，电磁能量被"束缚"在微波腔内，因此不会造成能量向环境中辐射而引起内能损失。

（2）热惯性低：通用微波干燥设备频率为 915MHz 和 2.45GHz，极性分子的弛豫时间在 10~11 至 10~10s 之间。物料当受到微波辐射时即刻升温，在停止微波辐射后立即停止加热，提高微波干燥控制稳定性。

（3）干燥效率高：在传统干燥方法中，需要先加热高温介质，然后通过高温介质向被干燥物料传递热量，从而达到干燥目的。而微波干燥中微波能直接作用于物质内部，不需要介质传递热量，提高能量传递效率。

热风与微波联合干燥技术（AD+MD）是根据物料的特性，将热风干燥和微波干燥两种方式优势互补，对原料分阶段进行干燥，以缩短干燥时间、降低能耗、提高产品质量为目的的复合干燥技术。徐艳阳等对玉米进行热风与微波联合干燥品质的研究，评定不同的品质指标，结果表明热风微波联合干燥玉米品质要优于热风干燥样品，其品质更接近单独微波干燥的样品。邱志敏等采用微波—热风干燥研究了低糖板栗果脯在干燥过层中的品质变化，并利用数学建模的方法对低糖板栗果脯的微波和热风干燥过程进行模拟。相比传统热风干燥，微波热风结合干燥低糖板栗果脯不仅缩短了干燥时间，而且能提高果脯的品质。与此同时，李艳等研究了草鱼鱼片的干燥工艺，探讨了热风预脱水鱼片的含水量以及降温、升温和恒温三种预脱水热风干燥模式，微波间歇加热工艺对鱼片品质的影响，并对不同干燥条件下的产品进行了感官、质构特性和膨化效果分析。石启龙等研究了雪莲果的热风、微波干燥特性，并通过回归试验确定雪莲果的热风—微波联合干燥工艺参数。周韵等采用无转盘微波分散技术，干燥时微波场的均匀性得到极大的改善，以胡萝卜片为试验原料，研究了胡萝卜的热风微波耦合干燥，并与纯热风干燥和微波干燥进行了比较，具有较高的干燥速率和产品质量，且复水比也较好。王瑞芳等研究了大豆热风微波的干燥特性，主要研究了通风温度、通风速度和微波功率对干燥大豆均匀性的影响。结果表明，在微波—热风干燥过程中，要合理使用热风判断干燥的降速段，严格控制干燥后期物料的温度。

根据预试验结果，当微波 6min、烘焙 40min 时，红小豆颜色变为深褐色，有浓郁的豆香味、口感酥脆爽口，基本完全熟化。在红小豆微波加热 6min 过程中，红小豆内部水分子作为极性分子、在微波场中产生急速运动、摩擦生热，在内部产生微波体积热，使温度迅速升高，促进水分的内部扩散和表层蒸发，最终水分含量为5%~8%，促进红小豆中淀粉糊化、分解和蛋白变性，增加熟化程度。其中，淀粉水解形成糊精、低聚糖等短链碳水化合物，在高温作用下产生焦化、颜色变深。在红小豆烘焙时，热传递形式是热传导和热对流作用、热量是由表及里传递，而微波加热是红小豆内部产生体积热，表层和内部同时加入，这样提高焙烤效率和能量利用率。但微波加热时，由于物料内部体积热促使水分向表面扩散，表面水分蒸发、降低温度、不易发生褐变反应，短时难以形成红小豆焙烤特有颜色、风味。如果与热风烘焙工艺相结合，对流传热可使红小豆表面温度升高、快速失水收缩，阻碍扩散至表面、表层水分低，促成褐变反应，赋予焙烤红小豆特有颜色和风味。根据预试验结果，分别取①微波6min、烘焙5min；②微波6min、烘焙10min；③微波6min、烘焙15min；④微波6min、烘焙20min；⑤微波6min、烘焙25min；⑥微波6min、烘焙30min；⑦微波6min、烘焙35min；⑧微波6min、烘焙40min为微波与焙烤组合实验条件，以微波12min（对照1），烘焙25min（对照2）两个样品为对照。

一、感官评价结果与分析

按照红豆糊感官评定标准，对微波烘焙组合工艺下的红豆糊粉进行了感官评定，分别以完全采用微波工艺和完全采用烘焙工艺制备的红豆糊粉作为对照，结果见图9-24。

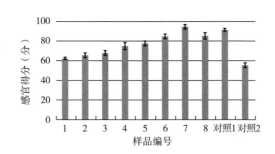

图9-24 微波烘焙时间对感官评价的影响

1—微波6min，烘焙5min；2—微波6min，烘焙10min；3—微波6min，烘焙15min；

4—微波6min，烘焙20min；5—微波6min，烘焙25min；6—微波6min，烘焙30min；

7—微波6min，烘焙35min；8—微波6min，烘焙40min；对照1—微波12min；对照2—烘焙25min

由图9-24可知，各个结果相差不大，但感官评分依次上升。随着烘焙时间的增加，红豆糊的风味和口感均有所变好。烘焙时间短，淀粉很难受热吸水膨化，因此淀粉很难完全糊化，风味、口感指标偏低。当微波 6min、烘焙 35min 时，红豆糊评价最好，红豆糊呈紫色，有明显的豆香味、糊均匀细腻、无颗粒感、入口即咽、微甜，品质评价较好。

二、色值测定结果及分析

红小豆在微波烘焙过程中，水分减少，颜色加深，并且颜色变化快，随着时间的延续，红小豆表皮颜色越来越深，感官效果变差。利用色差计测定红豆糊粉的颜色能够避免主观因素的影响，而所选用的色空间 L^*、a^*、b^* 也能更全面地反映红豆糊粉的色值（表 9-17）。

表 9-17　不同微波烘焙条件下红豆糊粉的色值

组合加工条件	L^*	a^*	b^*
微波 6min，烘焙 5min	80.11±0.17	4.10±0.11	8.77±0.31
微波 6min，烘焙 10min	79.91±0.21	4.55±0.10	8.38±0.07
微波 6min，烘焙 15min	79.81±0.15	3.41±0.22	8.72±0.02
微波 6min，烘焙 20min	79.03±0.38	3.26±0.38	9.86±0.42
微波 6min，烘焙 25min	78.08±0.03	3.51±0.35	12.71±0.38
微波 6min，烘焙 30min	76.22±0.12	3.59±0.11	13.39±0.64
微波 6min，烘焙 35min	76.03±0.05	3.14±0.02	9.32±0.75
微波 6min，烘焙 40min	75.27±0.44	2.77±0.08	12.93±0.13
微波 12min	75.50±0.16	5.07±0.03	8.97±0.34
烘焙 25min	77.48±0.01	4.57±0.22	8.81±0.14

从表 9-17 可知，随着烘焙时间延长，炒制焙烤过程中，红小豆褐变程度增加，红豆糊粉红、黄值增大，但亮度值明显降低，亮度值由 80.11 降至 75.27。

三、理化指标测定结果及分析

不同微波烘焙组合加工条件下的红豆糊粉的水溶性指数如图 9-25 和图 9-26 所示。

由图 9-25、图 9-26 可以看出，随着微波烘焙温度升高，水溶性指数呈先升高后降低的趋势，而吸水性指数呈先降低后升高的趋势，这是因为在温度处于较低水平时，水分子不易渗透到淀粉的空间结构中，淀粉晶体也很难形成熔融状态，水溶性指数较低，而吸水性指数则较高；温度升高，由于物料黏度下降、持水性减弱，可能造成蛋白和淀粉降解的糖在高温下发生"美拉德"反应、部分淀粉焦糊化，因而水溶性指数降低、吸水性指数升高。

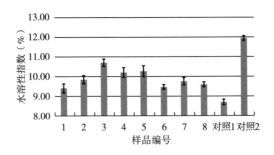

图 9-25　微波烘焙时间对水溶性指数的影响

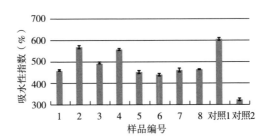

图 9-26　微波烘焙时间对吸水性指数的影响

四、红豆糊粉热特性测定结果及分析

用 DSC 测定不同处理红豆糊粉的起始温度、峰值温度、终止温度及热焓值见表 9-18。

表 9-18　不同处理红豆糊粉 DSC 测定结果

组别	样品	T_0 (℃)	T_P (℃)	T_C (℃)	ΔH (J/g)
1	微波 6min，烘焙 5min	—	—	—	—
2	微波 6min，烘焙 10min	—	—	—	—
3	微波 6min，烘焙 15min	—	—	—	—
4	微波 6min，烘焙 20min	—	—	—	—
5	微波 6min，烘焙 25min	55.04±0.16	63.21±0.03	75.03±0.09	0.3699±0.11
6	微波 6min，烘焙 30min	54.97±0.27	64.31±0.26	79.99±0.30	0.1194±0.09
7	微波 6min，烘焙 35min	54.98±0.48	59.01±0.18	74.96±0.24	0.2041±0.05
8	微波 6min，烘焙 40min	54.97±0.04	66.76±0.11	79.99±0.33	0.2584±0.08
9	微波 12min	54.98±0.38	65.42±0.32	75.01±0.02	0.1683±0.03
10	烘焙 25min	55.05±0.10	65.64±0.21	75.03±0.19	0.8525±0.01

表 9-18 中数据来源 DSC 图谱如图 9-27（a）~（f）所示。

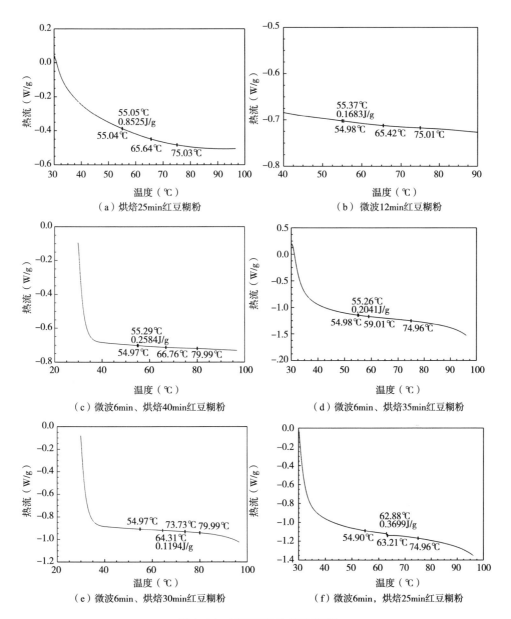

（a）烘焙25min红豆糊粉

（b）微波12min红豆糊粉

（c）微波6min、烘焙40min红豆糊粉

（d）微波6min、烘焙35min红豆糊粉

（e）微波6min、烘焙30min红豆糊粉

（f）微波6min，烘焙25min红豆糊粉

图9-27　红豆糊粉的DSC图谱

红豆糊粉的糊化特性指标如表9-18所示，红豆糊粉的糊化温度范围分别为：5：55.04～75.03℃；6：54.97～74.99℃；7：54.98～74.96℃；8：54.97～79.99℃，9：54.98～75.01℃；10：55.05～75.03℃。前4组没有糊化温度范围，可能与红小豆中脂肪含量高、加热时间短未充分氧化降解有关，脂肪与淀粉相结

合而阻止淀粉发生水合作用，脂质分子占据淀粉颗粒螺旋结构内腔，抑制水分子的析出，从而限制了淀粉糊化过程中的吸水膨胀，降低淀粉的峰值黏度，提高了糊化温度。它们之间的糊化温度存在着一定的差别，因为淀粉的糊化为吸热反应，所吸收的热能主要用于淀粉晶体的熔解、颗粒的膨胀和直链淀粉分子从淀粉颗粒中的释放，不同微波烘焙的红小豆淀粉的膨胀速度和直链淀粉溶解速度、糊化能及其分配存在着差异。烘焙 25min 的红豆糊粉吸热焓最大（0.8525J/g），而微波 6min，烘焙 30min 的红豆糊粉吸热焓最小（0.1194J/g）。这说明微波 6min，烘焙 30min 的红豆糊粉较其他 9 种红豆糊粉具有更加有序、致密的结构。10 种红豆糊粉的平均糊化温度比徐向东测定的红小豆糊化温度高 4℃左右，吸热焓相近。

糊化完全的红豆糊粉适合牙口不好和因整牙治疗暂时不能咀嚼的人，不用牙齿咀嚼，也能补充营养元素；因病需要吃半流质食物的人，有助于他们恢复体力；消化不好的人，容易消化，不会增加肠胃负担，还有利于调整肠道菌群；一些学生、上班族没有大量时间和精力准备早餐，既方便又省时，作为两餐之间的加餐、夜宵和旅行时的加餐也很方便。很多老年人牙齿不好，不敢吃杂粮，做成粉有助于他们获取食物中的营养。而且，对没有糖尿病的老年人来说，红豆糊粉更容易消化，食用后不用担心胀气等问题。糊化不完全的红豆糊粉适合糖尿病、减肥人群，淀粉慢速消化，不会引起血糖大幅度波动，缓慢释放能量，增强饱腹感减少食物摄入量。通过加工方式的改变，可有效控制杂粮食材的淀粉消化特性和餐后血糖反应。有血糖控制需求者可尽可能多地选择烘焙处理的红豆糊粉。

五、流变特性测定结果及分析

微波烘焙时间对红小豆淀粉的表观黏度有较大的影响。图 9-28 为 25%红豆糊粉微波烘焙处理时间与表观黏度的关系。

由图 9-28 可知，微波烘焙处理后红豆糊粉的表观黏度随着剪切速率的升高而降低，具有剪切变稀现象。从图中我们还可以看出，微波烘焙时间对红豆糊粉的表观黏度有较大的影响，在相同的剪切速率下，随着微波烘焙处理时间的增加，红豆糊粉的表观黏度值显著升高，如当剪切速率为 10rad/s 时，原红豆糊粉的表观黏度为 24.8547Pa·s，当微波 6min，烘焙 40min 后其表观黏度为 1658.11Pa·s。这是因为在微波烘焙过程中，微波在豆类内部产生体积热，不同于热对流和热传导由表及里传热过程，内部温度升高使淀粉大分子分解成糊精、多糖等小分子物质，红豆糊粉流动产生的黏性阻力减小。因此，随着微波烘焙处理时间延长，内部淀粉分解程度越高，红小豆粉的表观黏度增高。

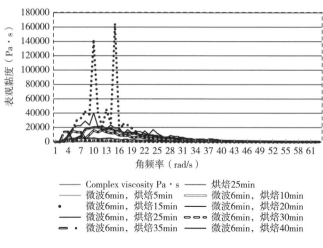

图 9-28　微波烘焙时间与表观黏度的关系

六、红豆糊粉各质量性状间的相关性分析

红豆糊粉各质量性状相关分析如表 9-19 所示，口感与溶解性呈极显著负相关关系，而表观黏度与溶解性、口感呈现正相关关系。

表 9-19　各质量性状间的相关性分析

项目	表观黏度	溶解性	口感
表观黏度	1	0.609	0.471
溶解性	—	1	—
口感	—	−0.868	1

本章优化出了微波干燥发芽红小豆工艺参数，以此工艺为基础研究得出，微波焙烤杂粮粉的溶解度和稳定性随粒度增大而降低，随红小豆和黑豆添加量的增大而升高；杂粮粉的感官评价随黑豆和红小豆添加量的增加先升高后降低；eGI 值随粒度增大而减小，随黑豆、红小豆和甜味剂的添加量增加而减小；休止角和滑动摩擦角都随粒度增大而减小，随黑豆和红小豆添加量的增加而增加。试验获得了四个因素对各响应值贡献率的大小，其中对冲调性的影响程度大小依次为：黑豆添加量、红小豆添加量、粉碎粒度、甜味剂添加量；对感官评价的影响程度大小依次为：红小豆添加量、粉碎粒度、甜味剂添加量、黑豆添加量；对 eGI 值的影响程度大小依次为：黑豆添加量、红小豆添加量、粉碎粒度、甜味剂添加量；对休止角和滑动摩擦角的影响程度大小依次为：黑豆添加量、红小豆添加量、粉碎粒度、甜味剂添加量。获得最佳工艺参数：粉碎粒度 0.21mm，薏米添加量 33.0%，红小豆添加量

35.0%，黑豆添加量30.0%，甜味剂添加量2.0%。验证试验所得试验值为溶解度7.5%，稳定性30.2%，感官评价得分25.1，eGI值为42.87。

通过单因素试验和感官评定，当微波6min，烘焙35min时，红豆糊评价最好，红豆糊呈紫色，有明显豆香味，糊均匀细腻、无颗粒感、入口即咽、微甜，品质评价较好。随着微波烘焙时间延长，红豆糊粉红、黄值增大，亮度明显降低，色泽发暗。随着微波烘焙时间的增加，水溶性指数呈现先降低后升高的趋势，吸水性指数呈先升高后降低的趋势，微波烘焙时间对红豆糊粉的吸水性指数和水溶性指数有一定的影响。微波6min，烘焙30min的红豆糊粉较其他9种红豆糊粉具有更加有序、致密的结构。微波6min、烘焙30min的红豆糊粉有最低吸热焓；烘焙25min的红豆糊粉有最高吸热焓。烘焙25min的红豆糊粉有最大硬度值，比其他九种红豆糊粉更易回生。微波烘焙红豆糊粉的表观黏度随着剪切速率的升高而降低、有剪切变稀现象。微波烘焙时间对红豆糊粉的表观黏度有较大影响，在相同剪切速率下，随着微波烘焙时间增长，红豆糊粉表观黏度降低。红豆糊粉口感与溶解性呈极显著负相关，而表观黏度与溶解性、口感呈现正相关。

第十章　预熟加工红小豆的感官和
风味品质研究

　　豆类中就含有多种功能性成分，有去除自由基、增强免疫力的功效，可控制慢性病如心血管，糖尿病等的发生。但豆类中并非都是营养成分，其中植酸、单宁、皂苷和胰蛋白酶抑制剂等含量高，这些抗营养成分可能会降低人体消化酶的作用、影响部分矿物质的吸收效率，降低机体对营养物质的利用。尽管豆类营养价值很高，但富含膳食纤维，是杂粮中最不易熟化的一类。虽然消费者普遍认可食用杂粮益处，但加工费时、费力，影响消费者食用。预熟是解决豆类产业应用的有效方法，可以满足市场需要，为家庭提供优质、方便的食用豆（预）熟化产品，可直接作为素食菜肴、料理的原料，也可与大米同煮同熟，无须浸泡和特殊处理，短时间内便可品尝到美味营养的豆饭（豆粥），对推进杂粮的主食消费有非常积极的作用。因此采用适宜的加工方式，为消费者提供优质营养的豆类加工产品是促进豆类消费的重要前提。本章将以食用豆中蒸煮比较困难且深受大众喜爱的红小豆为研究对象，系统研究不同预熟方式对其风味和感官品质的影响，筛选和优化出红小豆预熟工艺，为未来预熟豆的产业应用提供理论依据。

　　预熟处理指根据成品菜肴或食材的需要，通过不同的方式将初加工的材料进行加热使之成为半熟品或熟品，为之后的烹饪提供便利的方法。豆类的预熟可以借鉴传统淀粉类食物的熟化方法，如蒸煮、微波、膨化、烘焙和煎炸等。由于膨化、煎炸处理会很大程度破坏豆粒的外观和风味，而本研究目的是保留豆类自然的风味和感官特性，因此不对膨化、煎炸工艺进行研究。目前豆类预熟常用方法反映在以下两个代表性专利中。

　　（1）蒸汽加微波法："一种与大米同煮同熟的预熟杂粮的加工方法现（ZL 201410166616.6）"，是针对包含杂豆在内的预熟杂粮加工方法，各种杂粮（黑豆、红小豆、绿豆、芸豆、青豆、薏仁、黑米、糙米、红米、高粱米、大麦、燕麦）经过筛选、清洗、浸泡后，利用蒸汽对原料进行熏蒸预熟化处理得到预熟原料，再将预熟原料进行扒松和微波熟化交替处理，冷却后包装获得预熟杂粮。

　　（2）预煮加高温高压后熟法："熟制豆产品的加工方法（ZL 201610895329.8）"，该专利的工艺流程如图 10-1 所示。

　　市场目前销售的预熟杂粮，大多采用预煮加烘干（低温热风干燥）的方法，干燥温度在 50℃。

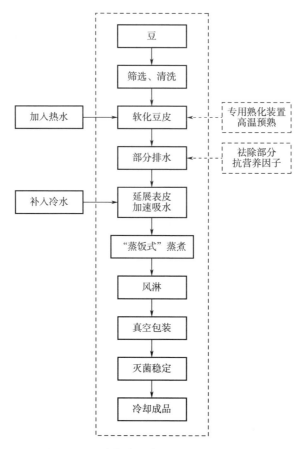

图 10-1 预煮加高温高压后熟法工艺流程图

目前在红小豆预熟工艺研究方面，多是侧重于预熟工艺的效率、熟化效果等，对预熟后红小豆的风味及食用品质研究较少，影响预熟红小豆品质稳定性和适用性。本章要对预熟加工红小豆的感官和风味品质进行系统研究，确定合理预熟化工艺模式。

第一节　"蒸汽+微波"对预熟红小豆品质的影响

一、蒸汽加热时间对预熟红小豆品质的影响

由图 10-2 可知，不同的蒸汽加热时间对红小豆的品质有不同影响，整体感官评价总分先上升后下降，色泽硬度口感风味都是呈先上升后下降的趋势，但完整性

降低。这表明随蒸汽加热时间增加，豆子内部结构逐渐被破坏，感官评分不断增加；但是当蒸汽加热时间达40min时，红小豆品质开始下降；当蒸汽时间为50min时，红小豆的色泽、硬度、完整性的指标均低于其他四组（$P<0.05$）测定的指标。这是由于过长加热时间使红小豆结构发生变化，红小豆被煮涨裂、返沙。综合考虑，当蒸汽时间为30min时豆子的感官评分最高：颗粒完整、色泽鲜亮、风味浓郁、口感绵软。

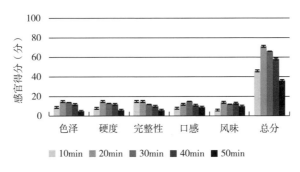

图10-2　蒸汽加热时间对预熟红小豆感官影响

二、微波强度对预熟红小豆品质的影响

由图10-3可以看出，随着微波强度的增加，红小豆整体的感官评价基本趋势为先向上升后下降、色泽完整性均呈下降趋势、硬度口感风味大体趋势为先上升后下降。这表明微波强度越强对色泽和完整性影响越大，完整性和色泽越差；当微波强度为10kW时，色泽、硬度、完整性口感风味均低于其他四组（$P<0.05$）测定的指标，这是过高微波强度对红小豆整体结构产生了破坏，而当微波强度为8kW时，除完整性，其他四种感官均为高水平，表明此时整体口感风味色泽处于较高水平。

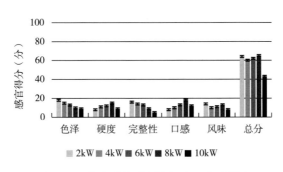

图10-3　微波强度对预熟红小豆感官影响

三、微波时间对预熟红小豆品质的影响

由图 10-4 可以看出，随着微波时间的变化，红小豆整体感官评价变化趋势为先上升后下降，色泽、硬度、完整性、口感、风味均是先上升后下降。当时间为 6min 时，红小豆品质开始下降；当加热时间为 10min 时，色泽硬度完整性口感风味指标均低于其他四组（$P<0.05$）指标，表明红小豆结构已经被破坏，由于微波加热时间过长使红小豆水分流失过多、色泽暗淡；在微波时间为 4min 时，各感官的评分都是高水平的，说明此条件下的红小豆颗粒饱满、风味深厚绵长、色泽鲜亮，品质优。

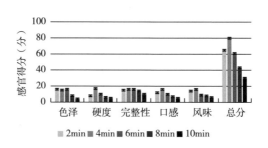

图 10-4　微波时间对预熟红小豆感官影响

第二节　"预煮+高温高压后熟"对预熟红小豆品质的影响

一、预煮时间对与熟红小豆品质的影响

由图 10-5 可以看出，随着红小豆预煮时间的变化，红小豆整体感官评分是先上升后下降，其色泽、硬度、完整性、口感、风味均是先上升后下降；当预煮时间为 10min 时，红小豆品质开始下降，且所有测评指标均低于其他四组，这时预煮时间过短，红小豆还未开始变熟；当预煮时间为 50min 时，红小豆完整性、口感、色泽也降低，可这是由于预煮时间长导致红小豆出现涨豆现象且表皮色素流失过多；当预煮时间为 40min 时，红小豆各个评价指标基本都是最高（$P<0.05$），表明此条件下的红小豆颗粒饱满、硬度适中、口感很好、总体感官评价值较高。

二、后熟温度对预熟红小豆品质的影响

由图 10-6 可以看出，随着后熟温度逐渐增加，总体感官评分出现显著变化

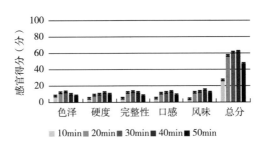

图 10-5　预煮时间对预熟红小豆感官影响

（$P<0.05$），趋势为先上升后下降，其中色泽硬度口感风味均是先上升后下降，而完整性没有显著变化，这是因为后熟前经过真空处理，保证豆子完整性。由图 10-6 中数据得知，当温度为 100℃时硬度和口感最低，这是后熟温度过低、豆子熟度不够导致的；当温度为 120℃时，色泽和口感最低，说明温度过高，导致豆子失色且过熟、致使口感变差；当后熟温度为 110℃时，除完整性外的所有感官的数值均为最高。

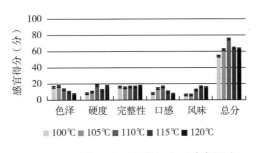

图 10-6　后熟温度对预熟红小豆感官影响

三、后熟时间对预熟红小豆品质的影响

根据图 10-7 结果，随着后熟时间变化，红小豆感官评分发生显著变化（$P<0.05$），后熟时间对感官品质的影响显著，变化的趋势为先上升后下降，其中各个评价指标变化趋势均为先上升后下降；当后熟时间为 50min 时，预熟红小豆色泽硬度口感风味均低于其他条件的样品，这是后熟时间过长导致豆子的色素流失严重，且过熟导致其口感变粉变面、风味也有所流失；后熟时间为 20min 时，色泽、完整性值处于高水平，但口感风味和硬度太差。而如图 10-7 所示，当后熟时间为 30min 时，整体的感官评价得分最高，且各个指标分数均高于其他条件的指标分数，这表明在后熟时间为 30min 的条件下，红小豆蒸煮品质较佳。

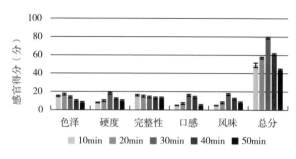

图 10-7 后熟时间对预熟红小豆感官影响

第三节 "预煮+烘焙"对预熟红小豆品质的影响

一、烘焙温度对预熟红小豆感官品质的影响

由图 10-8 可以看出，随着烘焙温度的变化，感官评价的分数变化明显（$P<0.05$），整体评分趋势为先上升后下降，其中色泽完整性和风味呈下降趋势，硬度和口感先上升后下降；温度为 80℃时，所有的评价指标均低于其他四组条件的评分指标，这是由于烘焙温度过高，导致豆子水分流失过多表皮收缩过多破裂，且因为温度过高导致风味变差、色泽暗淡。在烘焙 40℃时，色泽完整性较好，但口感风味较差。通过各项数值对比，发现当温度为 60℃时整体感官评分高，说明预熟红小豆色泽鲜亮；颗粒饱满圆润；口感好，品质较佳。

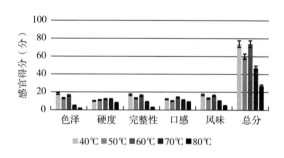

图 10-8 烘焙温度对预熟红小豆感官影响

二、烘焙时间对预熟红小豆感官品质的影响

图 10-9 表明随着烘焙时间的变化，预熟红小豆的感官发生显著变化（$P<$

0.05），整体变化趋势为先上升后下降，其中完整性逐渐降低，可能是烘焙时间的变化导致豆子水分流失过度，豆子表皮收缩严重，碎裂的豆子变多，色泽、硬度、口感、风味呈向上升后下降趋势；烘焙时间为 4h 时各数据开始下降，是由于时间过长使红小豆品质发生了变化；烘焙时间为 5h 时，所有指标均是此实验个条件下最低指标，表明烘焙后豆子品质劣变。当烘焙时间为 3h 时所有感官的评分均为最高，此条件下的红小豆品质较佳。

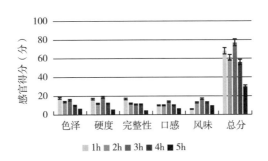

图 10-9　烘焙时间对预熟红小豆感官影响

三、烘焙时间对预熟红小豆色值的影响

由图 10-10（a）中预熟红小豆 L^* 测量可知，50℃、60℃、70℃温度下红小豆亮度随时间增加均呈波动降低，50℃亮度最高、且波动性最小，70℃亮度最低，60℃波动最大，随着时间变化不同温度的红小豆亮度降低，温度越高、亮度越低。由图 10-10（b）中 a^* 可知，随时间变化不同温度下红小豆逐渐变红，50℃温度下处理的红色值最高。温度越高、红小豆颜色越浅，时间越久、颜色越深。通过图 10-10（c）中 b^* 可以看出，随着时间变化，温度总体呈下降趋势，其中 50℃ 时 b^* 最高。随温度变化，60℃处理红小豆数值波动最大，70℃处理红小豆数值波动最小，同一时间 50℃时的 b^* 最大。这说明温度越高，褐变严重所致。

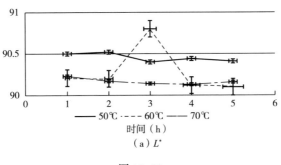

图 10-10

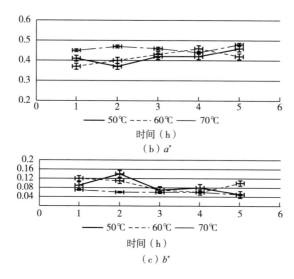

图 10-10　不同烘焙温度下不同时间红小豆 L^*、a^*、b^* 变化

第四节　热加工对预熟红小豆质构和风味的影响及工艺优化

一、"蒸汽+微波"法的预熟红小豆工艺优化

从表 10-1 中正交试验数据分析结果可知，通过极差分析得到微波时间（C）、蒸汽加热时间（A）、微波强度（B）。取各因素均值最大的水平组合优化试验方案 $A_1B_2C_1$，即蒸汽加热时间 25min、微波强度 6kW、微波时间 5min。在这 9 个试验方案中，感官评分最高的为方案 1，为最优方案。

表 10-1　"蒸汽+微波"法的预熟红小豆正交试验结果

编号	蒸汽加热时间 （min）	微波强度 （kW）	微波时间 （min）	感官分数 （分）
1	1	1	1	66.7
2	1	2	3	64.2
3	1	3	2	60.9
4	2	1	3	59.7
5	2	2	2	62.0
6	2	3	1	66.3

编号	蒸汽加热时间 （min）	微波强度 （kW）	微波时间 （min）	感官分数 （分）
7	3	1	2	61.3
8	3	2	1	65.0
9	3	3	3	59.2
K_1	63.91	63.12	66.00	
K_2	62.67	63.02	61.00	
K_3	61.83	62.12	61.41	
R	2.08	1	5	
最优水平	A_1	B_1	C_1	

二、"预煮+高温高压后熟" 法的预熟红小豆工艺优化

从表10-2可知，通过极差分析得到后熟时间（B）、后熟温度（C）、预煮时间（A）。取各因素均值最大的水平组合优化试验方案 $A_2B_2C_3$，即蒸汽加热时间 30min、后熟时间 15min、后熟温度 110℃。在 9 个试验方案中，感官评分最高的方案 5 为最优方案。

表 10-2　"预煮+高温高压后熟" 法的预熟红小豆正交试验结果

编号	预煮时间 （min）	后熟时间 （min）	后熟温度 （℃）	感官分数 （分）
1	1	1	1	65.1
2	1	2	3	69.1
3	1	3	2	68.0
4	2	1	3	66.1
5	2	2	2	71.6
6	2	3	1	66.6
7	3	1	2	68.1
8	3	2	1	68.6
9	3	3	3	67.0
K_1	67.41	66.43	66.76	

编号	预煮时间 （min）	后熟时间 （min）	后熟温度 （℃）	感官分数 （分）
K_2	68.10	69.76	67.40	
K_3	67.90	67.20	69.40	
R	0.70	3.33	2.64	
最优水平	A_2	B_2	C_3	

三、"预煮+烘焙"法的预熟红小豆工艺优化

从表10-3可知，根据对正交试验结果的极差分析，得到烘焙温度、烘焙时间、预煮时间。取各因素均值最大的水平组合优化试验方案 $A_2B_2C_3$，即蒸汽加热时间30min、烘焙温度为60℃、烘焙时间3h。在已有的9个试验方案中，感官评分最高的为方案5，为最优方案。

表10-3　"预煮+烘焙"法的预熟红小豆的正交试验结果

编号	预煮时间 （min）	烘焙温度 （℃）	烘焙时间 （h）	感官分数（分）
1	25	55	2.5	65.0
2	25	60	3.5	66.5
3	25	65	3.0	65.5
4	30	55	3.5	64.8
5	30	60	3.0	70.6
6	30	65	2.5	63.5
7	35	55	3.0	68.5
8	35	60	2.5	68.1
9	35	65	3.5	62.8
K_1	65.66	66.12	65.53	
K_2	66.30	68.41	64.67	
K_3	66.46	63.91	68.20	
R	0.8	4.5	3.53	
最优水平	A_2	B_2	C_3	

第五节　三种优化预熟工艺的预熟红小豆感官品质对比

由表 10-4 可知，不同热加工方式，对于感官评分的影响有明显的变化。其中，预煮加烘焙的热加工方式感官评分最低，预熟红小豆的色泽硬度较差，但风味较好；而采用微波烘焙法，各感官评分均处中等水平，完整性略差，这是由于微波焙烤红小豆过程中，内部产生体积热，水分蒸发、产生内部压力，导致红小豆表层失水收缩产生拉应力、内部蒸汽膨胀产生压应力，对整体结构有破坏作用；加高温高压后熟的热加工方法，其各项感官都有不同的变化，感官评分均处于高分，且各项评分都很平均，总体分数较高。这三种热加工方式，感官评分从高到低分别为预煮加高温高压后熟、微波、预煮加烘焙。

表 10-4　三种优化预熟工艺下的红小豆与大米同煮的感官结果

热加工条件	感官评价					总分（分）
	色泽	硬度	完整性	风味	口感	
预煮 30min 加烘焙 60℃ 烘烤 3h	10	4	5	17	15	51
预煮 25min 微波强度 6kW 下微波 5min	16	12	13	12	13	65
预煮 30min 高压后熟 110℃ 下 15min	18	17	14	16	13	80

第六节　三种优化预熟工艺的预熟红小豆风味品质对比

对不同热加工方法的预熟红小豆进行风味补集，"预煮+高温高压后熟"法预熟红小豆（A）；"蒸汽+微波"法预熟红小豆（B）；"预煮+烘焙"法预熟红小豆（C），结果如表 10-5 所示。"预煮+高温高压后熟"优化工艺制备的预熟红小豆样品（检测出 24 种挥发性风味物质），与"蒸汽+微波"优化工艺制备的预熟红小豆样品（检测出 33 种挥发性风味物质）和"预煮+烘焙"优化工艺制备的预熟红小豆样品（检测出 47 种挥发性风味物质）相比，风味更纯正，没有产生过多的醛、酯、吡嗪、呋喃类等具有焦香风味特征的物质，更好地保持了红小豆原有风味，作为米饭、米粥伴侣更符合人们的传统口味。因此结合感官评价结果，可以确定"预煮+高温高压后熟"优化工艺是预熟红小豆加工的最佳工艺。

将红小豆进行不同热加工处理，以微波法，预煮加烘焙法，预煮加高温高压后熟的三种方法，进行单因素实验的感官评分比较。研究结论如下：

比较不同蒸汽加热时间处理的红小豆，蒸汽加热时间为20min时红小豆感官评分最高，品质最好；比较不同微波强度处理的红小豆，微波强度为8kW时红小豆感官评分最高，品质最好；比较不同微波时间处理的红小豆，微波时间为4min时红小豆感官评分最高、品质最好；比较不同预煮时间处理的红小豆，预煮时间为40min时红小豆感官评分最高品质最好；比较不同后熟温度处理的红小豆，后熟温度为110℃时红小豆感官评分最高，品质最好。比较不同后熟时间处理的红小豆，得出后熟时间为30min时红小豆感官评分最高，品质最好；比较不同烘焙时间处理的红小豆，烘焙时间为1h时红小豆感官评分最高，品质最好。比较不同烘焙温度的红小豆，烘焙温度为60℃时红小豆感官评分最高，品质最好。比较不同时间温度处理的红小豆色值，发现温度越高、加热时间越久，红小豆越暗。

在不同热加工工艺中，各因素对红小豆品质有不同程度的影响：在微波焙烤过程中从高到低依次为微波时间、蒸汽加热时间、微波强度；在预煮加高温高压后熟工艺中从高到低依次为后熟时间、后熟温度、预煮时间，即蒸汽加热时间30min，后熟时间15min，后熟温度110℃；在预煮加烘焙工艺中从高到低依次为烘焙温度、烘焙时间、预煮时间，即蒸汽加热时间30min、烘焙温度为60℃、烘焙时间3h。

根据感官评价表中对不同热加工方式即实验选取的微波法、预煮+高温高压后熟、预煮+烘焙的评分结果，得出感官评分最高的为预煮30min、110℃高温高压、后熟15min条件处理的预熟红小豆，预煮+高温高压后熟的预熟工艺成熟可行。

表10-5 不同加工方法的预熟红小豆风味对比

序号	A 化合物名称	A 面积百分比（%）	B 化合物名称	B 面积百分比（%）	C 化合物名称	C 面积百分比（%）
1	丙酮	15.15	二甲胺	3.54	二甲胺	5.86
2	乙酸	4.67	丙酮	22.63	正戊醛	13.24
3	异戊醛	1.42	3-羟基丁醛	2.06	L-氨基丙醇	2.75

续表

序号	A 化合物名称	A 面积百分比（%）	B 化合物名称	B 面积百分比（%）	C 化合物名称	C 面积百分比（%）
4	2，2，4-三甲基戊烷	1.28	正丁醛	3.70	2，3-环氧丁烷	3.10
5	甲基丙烯酸甲酯	32.98	异丁烷	7.77	二氟磷酸（无水）	5.50
6	N，N-二甲基甲酰胺	1.28	异戊醛	2.05	苯	1.83
7	己醛	8.99	3-甲基-3-丁烯-1-醇	0.33	异辛烷（2，2，4-三甲基戊烷）	2.06
8	2-甲基烯醛	1.08	异戊醇	1.86	二甲基硅烷二醇	2.49
9	间二甲苯	0.52	2-甲基丁醇	1.44	甲基环己醇	2.76
10	苯乙烯	0.69	二甲基二硫	12.41	异戊醇	0.88
11	2，4-二甲基己烷	0.35	甲苯	0.88	2-甲基丁醇	0.66
12	庚醛	1.51	异戊烯醇	0.40	3，5-二羟基苯甲酰胺	0.01
13	2-丁氧基乙醇	1.32	2，4-二甲基己烷	2.16	甲苯	0.41
14	苯甲醛	1.86	3-糠醛	2.06	2，4-二甲基-3-戊醇	0.52
15	环己基异氰酸酯	0.91	3-呋喃甲醇	3.19	正辛烷	4.75
16	正辛醛	1.48	环辛四烯	0.72	3-糠醛	2.73
17	苯乙酮	0.98	正壬烷	0.43	乙基苯	0.51
18	壬醛	1.37	庚醛	0.42	对二甲苯	0.93
19	十一醛	0.41	N，N-二乙基甲酰胺	1.55	DL-3-甲基环戊酮	1.34
20	(±)-B-柏木萜烯	12.46	苯甲醛	1.15	乙酰丙酮锂	0.47
21	2，6，11-三甲基十二烷	0.60	1-辛烯-3-醇	7.01	2-庚酮	0.66
22	正十五醛	0.35	3-辛酮	1.60	正壬烷	0.54
23	2-甲基二十四烷	1.77	环己基异氰酸酯	0.61	庚醛	0.61

续表

序号	A 化合物名称	A 面积百分比（%）	B 化合物名称	B 面积百分比（%）	C 化合物名称	C 面积百分比（%）
24	十二烯基丁二酸酐	6.55	正辛醛	0.45	N, N-二乙基甲酰胺	1.29
25			2-乙基己醇	2.16	苯甲醛	0.45
26			壬醛	1.10	2-苯基-1-丙烯	0.54
27			癸醛	0.13	2-乙烯基呋喃	0.55
28			十三烷	0.30	甲基庚烯酮	0.73
29			β-榄香烯	0.88	2-正戊基呋喃	0.64
30			十四烷	1.39	正辛醛	0.76
31			(+)-β-柏木萜烯	10.23	2-乙基己醇	1.91
32			乙位紫罗兰酮	1.03	苯乙酮	0.64
33			十二烯基丁二酸酐	2.35	2-苯基-2-丙醇	10.21
34					壬醛	2.44
35					6-己内酯	1.49
36					正癸醛	1.44
37					3-甲基-3-壬醇	0.58
38					(E)-7-甲基十三碳-6-烯	0.53
39					正十四烷	1.63
40					β-倍半水芹烯	1.57
41					氯代十二烷	0.53
42					4-甲基联苯	1.32
43					6-甲基十三烷	0.05
44					正十五醛	1.11
45					叔十六硫醇	6.46
46					十二烯基丁二酸酐	1.78
47					δ-十四内酯	1.86

注 "预煮+高温高压后熟"法预熟红小豆（A）；"蒸汽+微波"法预熟红小豆（B）；"预煮+烘焙"法预熟红小豆（C）。

第七节　预熟红小豆产品开发与品质分析

为了促进红小豆健康食品的消费，依据红小豆营养、加工特性、加工工艺优化等研究成果，结合市场消费需求和应用企业的基础设施设备等条件，开展红小豆主食伴侣、红小豆饮料、红小豆烘焙食品、方便食品和特膳食品的开发和技术推广应用，扩大红小豆在食品领域中的应用范围，延长产业链条，为红小豆加工企业创造经济效益，从而推动红小豆从种植到加工的产业健康发展，同时也为供给侧结构性改革和居民膳食结构调整提供品质高、竞争力强的豆类食品。通过对不同热加工方式制备预熟红小豆的对比研究，湿型预熟产品相对于传统干型产品，在外观、蒸煮性、风味、能耗、出品率及加工利润率等方面有明显优势，如表 10-6 所示。

表 10-6　预熟豆湿型产品与传统干型产品对比

指标	预熟豆（干型）	预熟豆（湿型）	对比结果
外观	色泽暗沉、豆粒开裂	色泽鲜艳、粒型完善	感官品质提升
蒸煮性	重新复水、豆皮未经软化，口感略差	水分高，豆皮软，熟化更容易	蒸煮时间更短口感好
风味	烘焙引起多种复杂风味	只保留豆类蒸煮风味	风味好
能耗出品率	需干燥去除 20% 以上水分能耗高、出品率低	无须干燥能耗降低 50% 出品率提高 20%	低能耗高出品率
利润率	15%	35.6%	利润提升 20%

红小豆在蒸煮过程中，会产生大量剩余的汤汁，尤其在红小豆淀粉糊化、风味形成的初期，汤汁风味浓郁，较清澈，溶解了大量红小豆种皮中的生物活性成分，再经过 100℃ 以上一定时间的高温处理，会使汤汁色泽更加明艳，非常适宜加工成饮料。目前红小豆热水提取物多是食品加工中的废弃物，如果加以利用，将大幅提高对原料的利用率。红豆饮料作为风味独特、功能因子多的营养饮料，具有良好市场潜力，且符合未来植物功能型饮品的消费市场需求。但由于这类纯植物提取的饮料含有大量天然花青素成分，使饮料在灭菌过程中颜色发生一定的变化，为了保证其良好且稳定的感官品质，对高温灭菌过程中可能会对红豆饮料感官品质产生影响的条件进行研究，同时为了评价高温灭菌对饮料营养特性的影响，对红豆饮料的总酚含量及抗氧化特性变化也进行了研究，为红豆饮料未来的工业化发展提供理论依据。

一、红小豆汤汁的提取

采用"蒸饭式"煮豆技术制备红小豆汤汁制作红豆饮料。称取 500g 果实饱满未破皮的干燥红小豆样品，洗净，沥干水后放入煮豆笼中备用。按料液比 1∶6 在不锈钢煮锅中加入纯净水 3000mL，中火加热至沸腾后将豆笼放入。当水再次沸腾时，小火继续加热 30min。蒸煮完成后立即取出豆笼，加入占汤汁总质量 5.5% 白砂糖、混匀。将汤汁灌装于玻璃瓶内灭菌。灭菌结束后，将样品冷却至室温，并立即以 10000r/min 离心 10min，取上清液备用。

二、不同灭菌条件对红豆饮料色值的影响

分别以 110℃、115℃、120℃ 的温度对红小豆汤汁灭菌 15min，以 120℃ 的温度分别对样品进行 5min、10min、15min 的灭菌，红豆饮料色值的变化如图 10-11（a）、（b）所示。

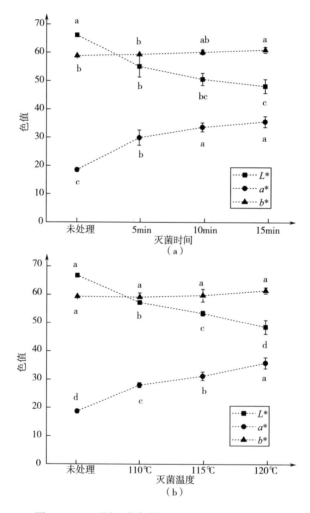

图 10-11　不同灭菌条件对红豆饮料色值的影响

图 10-11 结果表明，红豆饮料随灭菌温度的升高，其 L^* 显著降低（$P<0.05$），a^* 显著升高。即其饮料明度变暗，红色变深，与实际颜色观察相符。而 b^* 无显著变化，且均偏黄色。而红豆饮料随灭菌时间的延长，其 L^* 呈下降趋势，且灭菌时间为 15min 时较 5min 时显著降低。a^* 呈上升趋势，但灭菌时间为 15min 与 10min 无显著变化。b^* 缓慢上升，灭菌 10min、15min 均较未处理时显著增大。这可能是因为红豆中的赤豆皮色素（花色苷类）及一些内部物质在红豆蒸煮过程中逐渐溶解到汤汁中，随着灭菌温度的升高，溶解在饮料中的红花色苷降解，颜色变深，这是红豆饮料中微溶性物质（如红小豆淀粉等）的溶解度增大所产生的影响。而花色苷在一定温度下稳定性较强，故随着灭菌时间延长，其色值显著性变化低于灭菌温度升高，而灭菌时饮料中各种物质的溶解度基本相同。因此，饮料亮度、红色深浅和黄色深浅在灭菌期间均无显著差异。

三、不同灭菌条件对红豆饮料总酚含量的影响

不同灭菌温度和灭菌时间对红豆饮料总酚含量的影响如图 10-12（a）、（b）所示。

图 10-12 结果表明，灭菌前红豆饮料中总酚含量为 131.22mg/100mL，主要来源于红豆皮中多酚类物质成分，包括没食子酸、芦丁、儿茶素、绿原酸等。其数值较高，并高于一些其他已研究的不同种类的饮料，如红枣类、杨梅汁类等饮料。这主要是因为本文所制作的红豆饮料工艺步骤简单，故保留了较多的酚类物质。随灭菌温度升高，红豆饮料总酚含量有上升趋势，但并不显著（$P>0.05$），这因为酚类物质耐热性较好，在 110~120℃ 的高温下、一定时间内仍可保持稳定。而随着灭菌时间的延长，灭菌 15min 较灭菌 5min、10min 显著性升高。在高温下，时间的延长会破坏原有的酚类物质，但也可能产生新的酚类物质，或者在破坏了原有酚类物质的同时，有原本微溶于饮料中的酚类物质溶解到了饮料中，使红豆饮料中的总酚含量在到达一定时间后有所增加，以 120℃ 灭菌、15min 时总酚含量较高。

四、不同灭菌条件对红豆饮料抗氧化能力的影响

红小豆中 86% 的抗氧化能力由红豆种皮中的物质决定，红小豆种皮中含有大量黄酮、花色素、皂素类化合物，而这些物质具有很强的抗氧化性，这决定红豆饮料的抗氧化能力。有研究表明，黄酮类等物质可以提高动物体内抗氧化及清除自由基的能力。不同灭菌条件对红豆饮料抗氧化能力影响结果如表 10-7 所示。经分析可知，进行灭菌处理样品较未处理的抗氧化能力显著增高，且随着灭菌温度和灭菌时间抗氧化能力均呈上升趋势，这是因为灭菌后原本微溶或未溶解于红豆饮料中的抗氧化活性物质的溶解度增大，而随着灭菌温度和时间的变化，红小豆种皮中结合态的抗氧化物质发生解离，在一定程度上提高了其抗氧化能力。以抗氧化能力为评判

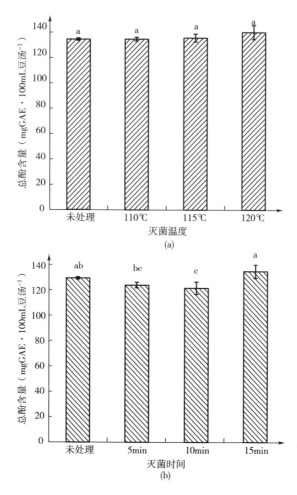

图 10-12 不同灭菌条件对红豆饮料总酚含量的影响

标准，加工条件选择灭菌温度 120℃、时间 15min 较优。

表 10-7 不同加工条件对红豆饮料抗氧化能力的影响

灭菌时间 15min		灭菌温度 120℃	
温度（℃）	总抗氧化能力（U·mL⁻¹）	时间（min）	总抗氧化能力（U·mL⁻¹）
未处理	57.51±4.63c	未处理	57.51±4.63b
110	67.71±0.96b	5	72.01±4.69a
115	72.40±1.78ab	10	75.92±4.90a
120	79.06±6.26a	15	79.06±6.26a

注 实验结构以平均值±标准偏差（$n=3$），同列不同字母代表具有显著性差异（$P<0.05$）。

五、不同灭菌条件对红豆饮料 DPPH 自由基清除率的影响

DPPH 自由基清除率可用来表征抗氧化作用，且清除率越大，抗氧化能力越强。不同灭菌条件和灌装量处理红豆饮料后其 DPPH 自由基清除率的变化如图 10-13（a）、（b）所示。

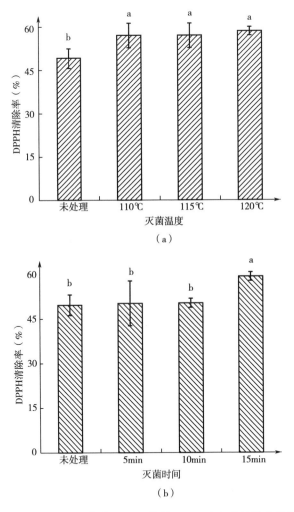

（a）

（b）

图 10-13　不同灭菌条件对红豆饮料 DPPH 自由基清除率的影响

分析可知，不同灭菌处理红豆饮料后其 DPPH 自由基清除率呈上升趋势，但并不显著。其中，灭菌时间达 15min 时，该性质较未灭菌处理样品显著升高，而灭菌温度的变化较未灭菌样品显著升高，这表明红豆饮料中的可清除二苯代苦味肼基自

由基的物质在灭菌期间基本未发生损失，且不易被残留在饮料瓶内的氧气氧化，并对 110~120℃的温度变化不敏感。已有研究证实，总酚含量与 DPPH 自由基的清除率呈正相关，本实验结果中总酚含量和抗氧化能力变化趋势保持一致。以 120℃灭菌、15min 处理的红豆饮料 DPPH 自由基清除率较高。

参考文献

[1] 梁丽雅，闫师杰．红小豆的加工利用现状［J］．食品科技，2004（3）：68-69．

[2] 袁清香，胡素萍，邓艳丽．微波消解—原子吸收光谱法测定红小豆中微量元素［J］．河南化工，2006，23（9）：45-46．

[3] 赵建京，范志红，周威．红小豆保健功能研究进展［J］．中国农业科技导报，2009，11（3）：46-50．

[4] HOSON T, TABUCHI A, MASUDA Y. Mechanism of xyloglucan breakdown in cell walls of azuki bean epicotyls［J］．Journal of Plant Physiology, 1995, 147（2）：219-224.

[5] 刘芳，范志红，刘波，等．红小豆-粳米混合食物的碳水化合物体外消化速度研究［J］．中国食品学报，2007，7（2）：42-47．

[6] 张波，薛文通．红小豆功能特性研究进展［J］．食品科学，2012，33（9）：264-266．

[7] BRAND-MILLER J C, LIU V, PETOCZ P, et al. The glycemic index of foods influences postprandial insulin-like growth factor-binding protein responses in lean young subjects［J］．The American Journal of Clinical Nutrition, 2005, 82（2）：350-354.

[8] 马瑞萍，任顺成．红小豆的保健功能及加工利用［J］．粮食科技与经济，2012，37（3）：36-37．

[9] 王彤，何志谦，梁奕铨，等．眉豆、绿豆及赤小豆对餐后血糖影响的研究［J］．食品科学，2001，22（5）：74-76．

[10] 范志红，刘芳，周威．淀粉类干豆的血糖反应与消化速度［J］．中国粮油学报，2007，22（2）：22-26, 31．

[11] ARAYA H, PAK N, VERA G, et al. Digestion rate of legume carbohydrates and glycemic index of legume-based meals［J］．International Journal of Food Sciences and Nutrition, 2003, 54（2）：119-126.

[12] 王向向，丁长河，韩小存，等．血糖生成指数及它在糖尿病饮食治疗中的作用［J］．食品研究与开发，2013，34（4）：94-98．

[13] 刘芳，曾悦，刘波，等．加工方法对红小豆碳水化合物消化速度的影响［J］．食品与发酵工业，2005，31（10）：89-92．

[14] 马萍，张丽媛，郭希娟，等．红小豆中总酚提取条件的优化［J］．粮油加工，2010（7）：115-117．

[15] ROCHA-GUZMÁN N E, HERZOG A, GONZÁLEZ-LAREDO R F, et al. Antioxidant and antimutagenic activity of phenolic compounds in three different colour groups of common bean cultivars（Phaseolus vulgaris）［J］．Food Chemistry, 2007, 103（2）：521-527.

[16] 周威，王璐，范志红．小粒黑大豆和红小豆提取物的体外抗氧化活性研究［J］．食品科技，2008，33（9）：145-148．

［17］易建勇，梁皓，王宝刚，等．煮制红小豆的抗氧化特性分析［J］．农产品加工（学刊），2007（7）：78-81.

［18］Yang Y., Guixing R. Suppressive effect of extruded adzuki beans（Vigna angularis）onhyperglyce-mia after sucrose loading in rats［J］. Industrial Crops and Products, 2014, 52：228-232.

［19］姚鑫森，郑先哲，卢淑雯，等．蒸煮对红小豆及其汤汁抗氧化特性的影响［J］．东北农业大学学报，2015, 46（1）：101-108.

［20］梁永海，李凤林，庄威，等．红小豆双歧杆菌发酵保健饮料生产工艺的研究［J］．冷饮与速冻食品工业，2005（4）：18-20.

［21］郭彩珍，褚盼盼，乔元彪．绿豆生物碱的提取及抑菌作用的研究［J］．浙江农业科学，2016, 57（7）：987-988, 990.

［22］唐偲雨，张玲，唐进，等．几种红小豆理化特性及淀粉性质研究［J］．中国农学通报，2018, 34（6）：143-148.

［23］张静祎．红小豆淀粉及 NaCl、蔗糖、油脂添加前后对淀粉特性的影响研究［D］．大庆：黑龙江八一农垦大学，2020.

［24］杨小雪，王丽丽，丁岚，等．加工方式对红小豆粉理化性质及预估血糖生成指数的影响［J］．中国粮油学报，2021, 36（1）：33-38.

［25］韩飞飞，李杨，王中江，等．绿豆分离蛋白的葡聚糖糖基化改性研究［J］．食品工业科技，2016, 37（9）：49-52, 57.

［26］程晶晶，王军，肖付刚．超微粉碎对红小豆全粉物化特性的影响［J］．粮油食品科技，2016, 24（3）：13-16.

［27］杨道强，邢建荣，陆胜民．大豆不同前处理方式对豆浆品质的影响［J］．食品科学，2016, 37（1）：69-73.

［28］王艳，张越，陈姗姗，等．东北扁豆挥发性成分的 HS-SPME/GC-MS 分析［J］．西北农林科技大学学报（自然科学版），2015, 43（4）：79-84.

［29］施小迪，郭顺堂．豆乳风味物质的研究进展［J］．食品安全质量检测学报，2014, 5（10）：3079-3084.

［30］ZHANG Y, GUO S T, LIU Z S, et al. Off-flavor related volatiles in soymilk as affected by soy-bean variety, grinding, and heat-processing methods［J］. Journal of Agricultural and Food Chemistry, 2012, 60（30）：7457-7462.

［31］KANEKO S, KUMAZAWA K, NISHIMURA O. Studies on the key aroma compounds in soy milk made from three different soybean cultivars［J］. Journal of Agricultural and Food Chemistry, 2011, 59（22）：12204-12209.

［32］BAYSAL T, DEMIRDÖVEN A. Lipoxygenase in fruits and vegetables：A review［J］. Enzyme and Microbial Technology, 2007, 40（4）：491-496.

［33］HAMBERG M, HAMBERG G. Peroxygenase-catalyzed fatty acid epoxidation in cereal seeds（se-quential oxidation of linoleic acid into 9（S），12（S），13（S）-trihydroxy-10（E）-octade-cenoic acid）［J］. Plant Physiology, 1996, 110（3）：807-815.

［34］SUPPAVORASATIT I, LEE S Y, CADWALLADER K R. Effect of enzymatic protein deamidation on protein solubility and flavor binding properties of soymilk [J]. Journal of Food Science, 2013, 78 (1): C1-C7.

[35] 上野隆三，田畑昭彦，富安邦彦，等. 生豆沙、粉状豆沙、豆沙馅、煮熟红小豆及其冷冻品：CN1385090A [P]. 2002-12-18.

[36] 胡嘉鹏. 赤豆豆沙的加工与品质 [J]. 食品工业科技，1984，5 (1): 32-36.

[37] WANG K, ARNTFIELD S D. Binding of carbonyl flavours to canola, pea and wheat proteins using GC/MS approach [J]. Food Chemistry, 2014, 157: 364-372.

[38] VIJAYAKUMARI K, SIDDHURAJU P, PUGALENTHI M, et al. Effect of soaking and heat processing on the levels of antinutrients and digestible proteins in seeds of Vigna aconitifolia and Vigna sinensis [J]. Food Chemistry, 1998, 63 (2): 259-264.

[39] HU S, KIM B Y, BAIK M Y. Physicochemical properties and antioxidant capacity of raw, roasted and puffed cacao beans [J]. Food Chemistry, 2016, 194: 1089-1094.

[40] SCHLEMMER U, FRØLICH W, PRIETO R M, et al. Phytate in foods and significance for humans: Food sources, intake, processing, bioavailability, protective role and analysis [J]. Molecular Nutrition & Food Research, 2009, 53 (S2).

[41] 郭鸽，霍贵成，贾振宝，等. 大豆发芽过程中抗营养因子的变化 [J]. 食品与发酵工业，2008，34 (3): 20-24.

[42] 鲍宇茹，魏雪芹. 大豆抗营养因子研究概况 [J]. 中国食物与营养，2010，16 (9): 20-23.

[43] 解蕊. 红豆沙加工工艺的研究 [J]. 粮油食品科技，2010，18 (4): 38-41.

[44] 武晓娟，薛文通，王小东，等. 红豆沙加工工艺及功能特性研究进展 [J]. 2011，32 (3): 453-455.

[45] BAIK B K, KLAMCZYNSKA B, CZUCHAJOWSKA Z. Particle size of unsweetened azuki paste as related to cultivar and cooking time [J]. Journal of Food Science, 1998, 63 (2): 322-326.

[46] BAIK B K, CZUCHAJOWSKA Z. Paste particle and bean size as related to sweetened azuki paste quality [J]. Cereal Chemistry, 1999, 76 (1): 122-128.

[47] 邓媛媛，濮绍京，刘正坪，等. 糖对红小豆豆馅品质的影响 [J]. 中国农业科技导报，2011，13 (3): 78-84.

[48] 韩涛，王璘，李丽萍，等. 红小豆纤维饮料的研究 [J]. 食品工业科技，1996，17 (3).

[49] 张斌. 酶法制备全赤豆饮料的研究 [D]. 南昌：南昌大学，2007: 1-2.

[50] 艾启俊，赵佳. 即食红小豆粉的研制 [J]. 北京农学院学报，2003，18 (4): 285-288.

[51] 凌霞，陈亚娟. 速食红小豆的研制 [J]. 黑龙江粮油科技，1999 (3): 11-13, 15.

[52] 张英蕾，战妍，李家磊，等. 红小豆的品质特性及加工利用研究概况 [J]. 黑龙江农业科学，2012 (8): 105-109.

[53] 郭永田. 我国食用豆国际贸易形势、国际竞争力优势研究 [J]. 农业技术经济，2014 (8): 69-74.

[54] COE S A, CLEGG M, ARMENGOL M, et al. The polyphenol-rich baobab fruit (Adansonia digitata L.) reduces starch digestion and glycemic response in humans [J]. Nutrition Research,

2013, 33（11）：888-896.

［55］郑立军.七种豆催芽过程营养素与活性成分变化规律研究及豆芽脆片的制作［D］.长春：吉林大学，2020.

［56］中国食品科学技术学会秘书处.关注干豆类食品，关注健康生活——"2011年中美健康论坛之干豆在食品工业中的应用研讨会"在京成功召开［J］.食品与机械，2011，27（5）：4，6.

［57］Amarowicz R., Estrella I., Hernandez T., et al. Antioxidant activity of extract of adzuki bean and its fractions［J］. Journal of Food Lipids, 2008, 15（1）：119-136.

［58］VIJAYAKUMARI K, SIDDHURAJU P, PUGALENTHI M, et al. Effect of soaking and heat processing on the levels of antinutrients and digestible proteins in seeds of Vigna aconitifolia and Vigna sinensis［J］. Food Chemistry, 1998, 63（2）：259-264.

［59］李永富，介敏，黄金荣，等.基于高温流化技术改良红小豆的蒸煮品质［J］.食品科学，2021，42（9）：64-69.

［60］BHANDARI M R, KAWABATA J. Assessment of antinutritional factors and bioavailability of calcium and zinc in wild yam（Dioscorea spp.）tubers of Nepal［J］. Food Chemistry, 2004, 85（2）：281-287.

［61］鲍宇茹，魏雪芹.大豆抗营养因子研究概况［J］.中国食物与营养，2010，16（9）：20-23.

［62］ISANGA J, ZHANG G N. Soybean bioactive components and their implications to health—a review［J］. Food Reviews International, 2008, 24（2）：252-276.

［63］JIANG Z Q, PULKKINEN M, WANG Y J, et al. Faba bean flavour and technological property improvement by thermal pre-treatments［J］. LWT-Food Science and Technology, 2016, 68：295-305.

［64］李媛，彭帅，和玉军，等.微波和热力处理对莲藕多酚氧化酶活性的影响［J］.食品研究与开发，2015，36（24）：23-26.

［65］陆湛溪.无损预熟化红芸豆加工工艺研究［D］.沈阳：沈阳农业大学，2020.

［66］孙军涛，张智超，郐文莉，等.红豆预熟化工艺研究［J］.食品科技，2020，45（7）：194-199.

［67］倪琳钰，叶朋飞，刘静，等.γ-氨基丁酸的乳酸菌转化及在食品中的应用［J］.现代食品，2022，28（3）：22-26.

［68］赵甲慧.发芽大豆成分变化对其加工性能的影响［D］.南京：南京财经大学，2012

［69］任传英，卢淑雯，高扬，等.几种红小豆功效成分与抗氧化性的对比分析［J］.食品科技，2016，41（6）：109-112.

［70］白青云，顾振新.低氧胁迫对发芽粟谷抗氧化酶活性及GABA含量的影响［J］.江苏农业科学，2013，41（12）：89-91.

［71］SHEN L Y, GAO M, ZHU Y, et al. Microwave drying of germinated brown rice：Correlation of drying characteristics with the final quality［J］. Innovative Food Science & Emerging Technologies, 2021, 70：102673.

［72］于洁.活性米微波干燥特性及工艺研究［D］.哈尔滨：东北农业大学，2016.

［73］ 任奕林，张春英，熊利荣．黄豆的微波干燥及发芽试验研究［J］．粮油加工与食品机械，2005（4）：84-86.

［74］ 潘旭琳，魏春红，田伟，等．利用微波干燥制备复水绿豆芽的工艺研究［J］．农产品加工（学刊），2014（12）：23-25.

［75］ 段罗佳．基于 Elman 神经网络的豇豆热风干燥含水率预测模型研究［D］．呼和浩特：内蒙古农业大学，2015.

［76］ 刘春燕．脱水绿豆芽加工及品质研究［D］．雅安：四川农业大学，2007.

［77］ DOYMAZ I. Infrared drying characteristics of bean seeds［J］. Journal of Food Processing and Preservation，2015，39（6）：933-939.

［78］ 王海棠，张玉清，马向东，等．赤豆红色素的性质研究［J］．郑州工程学院学报，2001，22（4）：54-57.

［79］ 胡舰，周莹，左波，等．响应面优化醋豆生产工艺［J］．中国调味品，2018，43（8）：76-81，87.

［80］ 胡庆国．毛豆热风与真空微波联合干燥过程研究［D］．无锡：江南大学，2006.

［81］ BIERNACKA B, DZIKI D, KOZŁOWSKA J, et al. Dehydrated at different conditions and powdered leek as a concentrate of biologically active substances：Antioxidant activity and phenolic compound profile［J］. Materials，2021，14（20）：6127.

［82］ 孙军涛，李学进，张智超，等．红豆预熟化干燥工艺研究［J］．食品科技，2019，44（12）：218-223.

［83］ 白洁，刘丽莎，李玉美，等．红小豆蒸煮过程中的糊化特性及微观结构［J］．食品科学，2018，39（7）：41-46.

［84］ 朱青霞，郭祯祥，赵艳丽．不同干燥方式对发芽豇豆 γ-氨基丁酸含量影响［J］．粮食与油脂，2012，25（12）：20-22.

［85］ 赵凯，李君，刘宁，等．小麦淀粉老化动力学及玻璃化转变温度［J］．食品科学，2017，38（23）：100-105.

［86］ 姚鑫淼．红豆粒馅加工特性、品质及工艺研究［D］．哈尔滨：东北农业大学，2015.

［87］ 刘巧瑜，张晓鸣．差式扫描量热分析法研究糖酯对淀粉糊化和老化特性的影响［J］．食品研究与开发，2010，31（7）：39-41.

［88］ DAI J L, ZHANG W, GENG X. Effect of ferulic acid sugar ester with high molecular mass from corn bran on proliferation of intestinal bifidobacteria in aged mice induced by D-galactose：The role of HFASE in the intestine［J］. Journal of Food Biochemistry，2019，43（11）：e13000.

［89］ ZHOU Z K, BLANCHARD C, HELLIWELL S, et al. Fatty acid composition of three rice varieties following storage［J］. Journal of Cereal Science，2003，37（3）：327-335.

［90］ 孙曙光．淀粉—脂类复合物对淀粉性质影响研究［D］．郑州：河南农业大学，2013.

［91］ 林海，陈银霞．淀粉-脂类复合物理论与技术研究综述［J］．Agricultural Science & Technology，2016，17（8）：1947-1951.

［92］ 刘通通，张晖．淀粉脂肪挤压体系的研究［J］．中国粮油学报，2019，34（10）：49-56.

［93］ LI X, BI J F, JIN X, et al. Characterization of water binding properties of apple pectin modified by instant controlled pressure drop drying (DIC) by LF-NMR and DSC methods [J]. Food and Bioprocess Technology, 2020, 13 (2): 265-274.

[94] 李雨露. 莲子淀粉老化及脂质抗老化机理的研究 [D]. 南昌：南昌大学, 2015.

[95] 张晓宇. 小分子糖对木薯淀粉性质的影响研究 [D]. 无锡：江南大学, 2012.

[96] 张秀. 淀粉 DSC 热转变过程中分子变化机理 [D]. 天津：天津科技大学, 2017.

[97] SVOBODA R, MAQUEDA L P, PODZEMNÁ V, et al. Influence of DSC thermal lag on evaluation of crystallization kinetics [J]. Journal of Non-Crystalline Solids, 2020, 528: 119738.

[98] HUBBES S S, DANZL W, FOERST P. Crystallization kinetics of palm oil of different geographic origins and blends thereof by the application of the Avrami model [J]. LWT, 2018, 93: 189-196.

[99] 韩春然, 姚珊珊, 陈悦. 红豆淀粉的理化性质研究 [J]. 现代食品科技, 2011, 27 (11): 1303-1306.

[100] YANG Y, WANG L, LI Y, et al. Investigation the molecular degradation, starch-lipid complexes formation and pasting properties of wheat starch in instant noodles during deep-frying treatment [J]. Food Chemistry, 2019, 283: 287-293.

[101] 李明菲. 不同热处理方式对小麦粉特性影响研究 [D]. 郑州：河南工业大学, 2016.

[102] 陈建省, 邓志英, 吴澎, 等. 添加面筋蛋白对小麦淀粉糊化特性的影响 [J]. 中国农业科学, 2010, 43 (2): 388-395.

[103] PUTSEYS J A, LAMBERTS L, DELCOUR J A. Amylose-inclusion complexes: Formation, identity and physico-chemical properties [J]. Journal of Cereal Science, 2010, 51 (3): 238-247.

[104] LV Y J, LI M, PAN J X, et al. Interactions between tea products and wheat starch during retrogradation [J]. Food Bioscience, 2020, 34: 100523.

[105] 杜双奎, 于修烛, 问小强, 等. 红小豆淀粉理化性质研究 [J]. 食品科学, 2007, 28 (12): 92-95.

[106] 余世锋. 低温和超低温预冷下大米淀粉凝沉特性及应用研究 [D]. 哈尔滨：哈尔滨工业大学, 2010.

[107] LI X W, LI J J, YIN X X, et al. Effect of Artemisia sphaerocephala Krasch polysaccharide on the gelatinization and retrogradation of wheat starch [J]. Food Science & Nutrition, 2019, 7 (12): 4076-4084.

[108] MOHAMED A, RAYAS-DUARTE P. The effect of mixing and wheat protein/gluten on the gelatinization of wheat starch [J]. Food Chemistry, 2003, 81 (4): 533-545.

[109] 朱帆, 徐广文, 丁文平. DSC 法研究小麦淀粉与面粉糊化和回生特性 [J]. 食品科学, 2007, 28 (4): 279-282.

[110] 牟汝华. 水分含量和凝胶化终温对淀粉回生的影响 [D]. 天津：天津科技大学, 2018.

[111] 王琳. 双酶协同制备慢消化淀粉及性质研究 [D]. 广州：华南理工大学, 2014.

[112] 缪铭. 慢消化淀粉的特性及形成机理研究 [D]. 无锡：江南大学, 2009.

[113] HU H, LIU H Z, SHI A M, et al. The effect of microwave pretreatment on micronutrient contents, oxidative stability and flavor quality of peanut oil [J]. Molecules, 2018, 24 (1): 62.

［114］ Yu, S.; Hongkun, X.; Chenghai, L. Comparison of microwave assisted extraction with hot re-flux extraction in acquirement and degradation of anthocyanin from powdered blueberry［J］. Int. J. Agric. Biol. Eng. 2016, 9: 186-199.

［115］ SUHAG R, DHIMAN A, DESWAL G, et al. Microwave processing: A way to reduce the anti-nutritional factors (ANFs) in food grains［J］. LWT, 2021, 150: 111960.

［116］ KRUSZEWSKI B, OBIEDZIŃSKI M W. Impact of raw materials and production processes on furan and acrylamide contents in dark chocolate［J］. Journal of Agricultural and Food Chemistry, 2020, 68 (8): 2562-2569.

［117］ MESIAS M, DELGADO-ANDRADE C, HOLGADO F, et al. Acrylamide content in French fries prepared in food service establishments［J］. LWT, 2019, 100: 83-91.

［118］ DIBABA K, TILAHUN L, SATHEESH N, et al. Acrylamide occurrence in Keribo: Ethiopian traditional fermented beverage［J］. Food Control, 2018, 86: 77-82.

［119］ PÉREZ-NEVADO F, CABRERA-BAÑEGIL M, REPILADO E, et al. Effect of different baking treatments on the acrylamide formation and phenolic compounds in Californian-style black olives ［J］. Food Control, 2018, 94: 22-29.

［120］ MATOSO V, BARGI-SOUZA P, IVANSKI F, et al. Acrylamide: A review about its toxic effects in the light of Developmental Origin of Health and Disease (DOHaD) concept［J］. Food Chemistry, 2019, 283: 422-430.

［121］ AÇAR Ö Ç, GÖKMEN V. A new approach to evaluate the risk arising from acrylamide formation in cookies during baking: Total risk calculation［J］. Journal of Food Engineering, 2010, 100 (4): 642-648.

［122］ ANESE M, QUARTA B, PELOUX L, et al. Effect of formulation on the capacity of L-asparagi-nase to minimize acrylamide formation in short dough biscuits［J］. Food Research International, 2011, 44 (9): 2837-2842.

［123］ SANTRA S, BANERJEE A, DAS B. Polycation charge and conformation of aqueous poly (acryl-amide-co-diallyldimethylammonium chloride): Effect of salinity and temperature［J］. Journal of Molecular Structure, 2022, 1247: 131292.

［124］ GIL M, RUIZ P, QUIJANO J, et al. Effect of temperature on the formation of acrylamide in co-coa beans during drying treatment: An experimental and computational study［J］. Heliyon, 2020, 6 (2): e03312.

［125］ YıLDıZ H G, PALAZOĞLU T K, MIRAN W, et al. Evolution of surface temperature and its re-lationship with acrylamide formation during conventional and vacuum-combined baking of cookies ［J］. Journal of Food Engineering, 2017, 197: 17-23.

［126］ BALAGIANNIS D P, MOTTRAM D S, HIGLEY J, et al. Kinetic modelling of acrylamide forma-tion during the finish-frying of French fries with variable maltose content［J］. Food Chemistry, 2019, 284: 236-244.

［127］ NGUYEN H T, VAN DER FELS-KLERX H J I, VAN BOEKEL M A J S. Acrylamide and 5-hydroxymethylfurfural formation during biscuit baking. Part Ⅱ: Effect of the ratio of reducing sugars and asparagine [J]. Food Chemistry, 2017, 230: 14-23.

[128] ARISSETO A P, VICENTE E, UENO M S, et al. Furan levels in coffee as influenced by species, roast degree, and brewing procedures [J]. Journal of Agricultural and Food Chemistry, 2011, 59 (7): 3118-3124.

[129] DING S Y, YANG J. The effects of sugar alcohols on rheological properties, functionalities, and texture in baked products-A review [J]. Trends in Food Science and Technology, 2021, 111: 670-679.

[130] BORTOLOMEAZZI R, MUNARI M, ANESE M, et al. Rapid mixed mode solid phase extraction method for the determination of acrylamide in roasted coffee by HPLC-MS/MS [J]. Food Chemistry, 2012, 135 (4): 2687-2693.

[131] CHANG Y W, ZENG X Y, SUNG W C. Effect of chitooligosaccharide and different low molecular weight chitosans on the formation of acrylamide and 5-hydroxymethylfurfural and Maillard reaction products in glucose/fructose-asparagine model systems [J]. LWT, 2020, 119: 108879.

[132] SUNG W C, CHANG Y W, CHOU Y H, et al. The functional properties of chitosan-glucose-asparagine Maillard reaction products and mitigation of acrylamide formation by chitosans [J]. Food Chemistry, 2018, 243: 141-144.

[133] RANNOU C, LAROQUE D, RENAULT E, et al. Mitigation strategies of acrylamide, furans, heterocyclic amines and browning during the Maillard reaction in foods [J]. Food Research International, 2016, 90: 154-176.

[134] 张根义. 热加工食品中丙烯酰胺的形成机理和风险分析 [J]. 无锡轻工大学学报, 2003, 22 (4): 91-99.

[135] AGUILERA Y, DÍAZ M F, JIMÉNEZ T, et al. Changes in nonnutritional factors and antioxidant activity during germination of nonconventional legumes [J]. Journal of Agricultural and Food Chemistry, 2013, 61 (34): 8120-8125.

[136] BOUCHÉ N, FROMM H. GABA in plants: Just a metabolite? [J]. Trends in Plant Science, 2004, 9 (3): 110-115.

[137] 沈柳杨. 发芽糙米微波干燥及品质变化机理研究 [D]. 哈尔滨: 东北农业大学, 2020.

[138] 郑立军. 七种豆催芽过程营养素与活性成分变化规律研究及豆芽脆片的制作 [D]. 长春: 吉林大学, 2020.

[139] CHUNGCHAROEN T, PRACHAYAWARAKORN S, TUNGTRAKUL P, et al. Effects of germination process and drying temperature on gamma-aminobutyric acid (GABA) and starch digestibility of germinated brown rice [J]. Drying Technology, 2014, 32 (6): 742-753.

[140] Li L, Liu B, Zheng X. Bioactive ingredients in adzuki bean sprouts [J]. Journal of Medicinal Plants Research, 2011, 5 (24): 5894-5898.

[141] 张俊艳, 谢春阳, 都凤华, 等. 真空冷冻干燥蕨菜的理化特性分析 [J]. 吉林农业大学学报, 2004, 26 (6): 687-689.

[142] 王磊. 浆果连续式微波干燥过程能量利用及工艺优化研究 [D]. 哈尔滨: 东北农业大学, 2021.

[143] 徐敬欣，冯旸旸，于栋，等．淀粉糊化度测量方法研究进展 [J]．食品工业科技，2019，40（22）：334-339．

[144] SHEN L Y，GAO M，ZHU Y，et al. Microwave drying of germinated brown rice：Correlation of drying characteristics with the final quality [J]．Innovative Food Science and Emerging Technolosies，2021，70：102673．

[145] Liu D，Tang W，Xin Y，et al. Comparison on structure and physicochemical properties of starches from adzuki bean and dolichos bean [J]．Food Hydrocolloids，2020，105：105784．

[146] 孙井坤．活性稻米微波干燥机理分析及设备设计 [D]．哈尔滨：东北农业大学，2016．

[147] LI R，DAI L Y，PENG H，et al. Effects of microwave treatment on sorghum grains：Effects on the physicochemical properties and in vitro digestibility of starch [J]．Journal of Food Process Engineering，2021，44（10）．

[148] 王斐．发芽糙米的生产工艺研究及热风干燥设备的改进 [D]．哈尔滨：东北农业大学，2019．

[149] 朱青霞，郭祯祥，赵艳丽．不同干燥方式对发芽豇豆 γ-氨基丁酸含量影响 [J]．粮食与油脂，2012，25（12）：20-22．

[150] 高贵涛．速溶薏米粉加工简法 [J]．农村百事通，2013（18）：32．

[151] 韩雍，汪慧，宋曦．小米速溶粉加工工艺条件的筛选 [J]．食品研究与开发，2015，36（23）：90-93．

[152] 肖志勇．速溶薏米粉的制备及其特性研究 [J]．保鲜与加工，2019，19（3）：84-89．

[153] 许亚翠．谷物早餐粉挤压工艺及其冲调性的研究 [D]．无锡：江南大学，2013．

[154] 蔡丹凤，吴长辉，唐闽杰，等．响应面法优化茯苓超微粉碎工艺的研究 [J]．广州中医药大学学报，2021，38（7）：1467-1471．

[155] 过世东，谷文英，赵建伟，等．饲料"先配料后粉碎工艺"的研究 [J]．粮食与饲料工业，1998（1）．

[156] 余青，陈嘉浩，王寅竹，等．超微粉碎处理对麦麸粉功能及结构特性的影响 [J]．粮食科技与经济，2020，45（2）：56-62，81．

[157] 许青莲，岳天义，张萍，等．超微粉碎对苦荞物化性质的影响 [J]．包装工程，2020，41（11）：25-32．

[158] 张明，马超，王崇队，等．不同粉碎粒度对大麦苗粉体品质和加工特性的影响 [J]．食品科技，2019，44（7）：224-228．

[159] 马申嫣，范大明，王丽云，等．微波加热对马铃薯淀粉颗粒内部水状态及分布的影响 [J]．现代食品科技，2015，31（5）：219-225．

[160] 孟嫚，张延杰，杨哪，等．磁感应电场提取松茸多糖工艺优化 [J]．食品工业科技，2019，40（1）：143-148．

[161] 吕豪，吕黄珍，杨炳南，等．苦瓜微波-热风振动床干燥湿热特性与表观形态研究 [J]．农业机械学报，2020，51（4）：373-381．

[162] 钟汝能，郑勤红，姚斌，等．微波频段下颗粒状农产品的介电特性测量与分析 [J]．中国农业科技导报，2019，21（12）：68-75．

[163] KUMAR P, CORONEL P, SIMUNOVIC J, et al. Feasibility of Aseptic Processing of a Low-Acid Multiphase Food Product (salsa con queso) Using a Continuous Flow Microwave System [J]. Journal of Food Science, 2007, 72 (3).

[164] 徐艳阳, 蔡森森, 吴海成, 等. 玉米热风与微波联合干燥品质的研究 [J]. 食品研究与开发, 2012, 33 (9): 18-20.

[165] 邱志敏, 芮汉明. 低糖板栗果脯微波-热风结合干燥技术的研究 [J]. 食品工业科技, 2012, 33 (6): 304-308.

[166] 李艳, 郫延军, 李培红, 等. 膨化鱼片的热风-微波干燥工艺研究 [J]. 食品工业科技, 2011, 32 (1): 225-228.

[167] 周韵, 崔政伟. 热风微波耦合干燥胡萝卜的研究 [C] // 中国机械工程学会包装与食品工程分会 2010 年学术年会论文集. 上海, 2010: 163-178.

[168] 张丽霞, 黄纪念, 宋国辉, 等. 营养黑芝麻糊生产工艺的研究 [J]. 农产品加工 (学刊), 2012 (1): 30-34.

[169] 苏静, 李长文, 梁慧珍, 等. 色差技术在普洱茶品质控制中的应用研究 [J]. 食品研究与开发, 2017, 38 (20): 148-151.

[170] 任传英, 姚鑫森, 高扬, 等. 红小豆挤压膨化产品的质量性状分析 [J]. 食品工业科技, 2012, 33 (21): 149-151, 317.

[171] 郑铁松, 李起弘, 陶锦鸿. DSC 法研究 6 种莲子淀粉糊化和老化特性 [J]. 食品科学, 2011, 32 (7): 151-155.

[172] 徐向东, 黄立新, 宁玄鹤, 等. 小红豆淀粉的性质研究 [J]. 中国粮油学报, 2010, 25 (5): 34-38.

[173] 彭国超. 杂粮营养米微波干燥关键技术研究 [D]. 武汉: 武汉轻工大学, 2014.

[174] 姚鑫森, 卢淑雯, 沈卉芳, 等. 熟制豆产品的加工方法: CN106387678B [P]. 2019-07-26.

[175] 姚鑫森, 郑先哲, 卢淑雯, 等. 蒸煮对红小豆及其汤汁抗氧化特性的影响 [J]. 东北农业大学学报, 2015, 46 (1): 101-108.

[176] 孔茜, 陈小全, 张燕, 等. 超声波作用下提取红豆皮色素及其稳定性试验 [J]. 中国调味品, 2012, 37 (12): 45-49.

[177] 姚鑫森. 红豆粒馅加工特性、品质及工艺研究 [D]. 哈尔滨: 东北农业大学, 2015.

[178] 庞学群, 张昭其, 段学武, 等. pH 值和温度对荔枝果皮花色素苷稳定性的影响 [J]. 园艺学报, 2001, 28 (1): 25-30.

[179] 谢佳函, 刘回民, 刘美宏, 等. 红豆皮多酚提取工艺优化及抗氧化活性分析 [J]. 中国食品学报, 2020, 20 (1): 147-157.

[180] 梁艳花. 红枣乳酸饮料功能性研究 [D]. 杨凌: 西北农林科技大学, 2015.

[181] 张宇环. 杨梅汁中酚类物质及抗氧化性的研究 [D]. 杭州: 浙江大学, 2008.

[182] 李根, 赵岩, 马寅斐, 等. 微波和巴氏杀菌后 NFC 苹果汁品质变化动力学分析 [J]. 食品科技, 2019, 44 (10): 37-43.

[183] 易建勇, 梁皓, 王宝刚, 等. 煮制红小豆的抗氧化特性分析 [J]. 农产品加工 (学刊),

2007（7）：78-81.

［184］刘莉华，宛晓春，李大祥.黄酮类化合物抗氧化活性构效关系的研究进展［J］.安徽农业大学学报，2002，29（3）：265-270.

［185］BADERSCHNEIDER B，WINTERHALTER P. Isolation and characterization of novel benzoates，cinnamates，flavonoids，and lignans from Riesling wine and screening for antioxidant activity［J］. Journal of Agricultural and Food Chemistry，2001，49（6）：2788-2798.

［186］GIL M I，TOMÁS-BARBERÁN F A，HESS-PIERCE B，et al. Antioxidant activity of pomegranate juice and its relationship with phenolic composition and processing［J］. Journal of Agricultural and Food Chemistry，2000，48（10）：4581-4589.

［187］许申鸿，杭瑚.一种筛选自由基清除剂的简便方法［J］.中草药，2000，31（2）.

［188］徐清萍，敖宗华，陶文沂.恒顺香醋DPPH自由基清除活性成分研究［J］.中国调味品，2004，29（7）.

［189］彭长连，陈少薇，林植芳，等.用清除有机自由基DPPH法评价植物抗氧化能力［J］.生物化学与生物物理进展，2000，27（6）：658-661.

［190］Amarowicz R，Estrella I，Hernandez T，et al. Antioxidant activity of extract of adzuki bean and its fractions［J］. Journal of Food Lipids，2008，15（1）：119-136.

［191］宁冬雪.红豆黄酮保持加工方式的优化及在营养粉中的应用［D］.大庆：黑龙江八一农垦大学，2018.

［192］乐超银，邵伟，梁维勇，等.米曲霉发酵大豆多肽工艺条件研究［J］.中国酿造，2007，26（6）：25-28.

［193］高斌，梁露，李娅，等.高产β-果糖基转移酶的米曲霉菌株的筛选及其产酶条件优化［J］.食品工业科技，2016，37（10）：224-230.

第四部分　北方马铃薯加工与应用

马铃薯（*Solanum tuberosum* L.），为茄科茄属，又称土豆、洋芋、洋山芋等，是仅次于小麦、稻谷和玉米的全球第四大重要粮食作物，是我国的第三大重要粮食作物。我国是马铃薯总产量最多的国家。马铃薯的人工栽培最早可追溯到大约公元前8000年到公元前5000年的秘鲁南部地区。不同国家对马铃薯称谓不一样，如俄罗斯称其为荷兰薯、秘鲁称为巴巴、美国叫爱尔兰豆薯、法国称其为地苹果、在德国名为地梨、意大利称为地豆。在17世纪，作为主食的马铃薯对维持我国人口的迅速增加起到了重要作用，如今其更是人们日常食用的低脂主食。

第十一章　马铃薯主粮化与全粉加工

第一节　马铃薯加工现状概述

人们的生活条件随着经济的快速发展也在有序提高。最初人们的需求只是可以解决温饱，食物的口感和味道不被注重，现在家家饭桌上摆满琳琅满目的"家常菜"，曾经的"美食"也变得司空见惯。然而，随着生活水平的提高，人们的身体出现了不同程度的问题，越来越多的人开始关注健康问题，以口入手，抗糖减脂，注重营养搭配。马铃薯作为我国重要的粮食、蔬菜兼作物，不仅产量高，而且营养全面丰富，对保障居民的营养和健康具有重要作用。

一、马铃薯的营养价值

马铃薯是全球公认的营养食物，为改善居民膳食营养结构、提高全民健康素质等做出了重要贡献。马铃薯有很高的营养价值，淀粉含量较高，可为身体提供热量，并且富含矿物元素、蛋白质、膳食纤维、维生素等多种营养和其他功能成分。与其他块茎类食物比较，其所含蛋白营养价值极高，可以弥补大米和小麦等主食中赖氨酸含量低的弊端。维生素 C 和钾是新鲜的马铃薯块茎中的丰富营养素，也是人类饮食中维生素 C 和钾的重要来源。此前的研究表明，土豆的维生素 C 含量是苹果的 6.8 倍。专家建议，人类日常可以通过摄入土豆满足每天需要钾的 18%。

二、马铃薯保健价值

马铃薯具有一定的保健价值，包括抗炎、消肿、止痛、抗氧化和降血糖等。其内含少量的龙葵素，有补脾、益气的功效，可缓解胃痉挛、止痛的作用；其中的组织蛋白酶 D 抑制剂，外用可以使蛋白水解活性恢复正常，胶原物质合成加快，有解毒、散结、消肿的保健作用。维生素 C 具有预防高血压的作用，提高人体免疫力，治疗坏血病。另外，马铃薯所含有的半纤维成分，可以增加肠道蠕动的次数，有保健抗癌的作用，有益于预防慢性疾病。研究表明，马铃薯蛋白在控制人体血糖浓度、预防和治疗血栓性疾病方面具有重要的潜在应用价值。马铃薯还含有大量的维生素 B_6，从药用角度来说，可以起到调节睡眠、改善心情、舒缓压力等作用。

三、马铃薯全粉的加工利用

马铃薯全粉在欧美国家已有上百年的加工历史，加工技术比较成熟，我国起步较晚。在 1989 年，我国首家马铃薯全粉加工工厂建成，生产设备和技术大部分都是从荷兰引进。随着 2015 年马铃薯主食化的提出，马铃薯得到了更多的关注，有了更大的市场。据相关部门统计，由于各种原因，2021 年全国 29 个省（直辖市、自治区）马铃薯种植面积为 545.61 万公顷，较 2020 年减少 14.03 万公顷，降幅为 2.6%；总产量 12200 万吨，较 2020 年减少 88.4 万吨，降幅为 0.7%。尽管总产量居于世界第一，但我国现在的生产能力依然满足不了需求量，对马铃薯的利用率不够高，可加工的种类较少，需要从国外进口。

富含花青素、花色苷的紫薯发展前景也非常广阔，紫薯无论是作为原料生产产品还是从紫薯中提取花青素作为食品添加剂，都受到了广泛的关注。张朋等对紫薯全粉的制备及加工工艺进行对比分析，综合来看真空干燥方法可以较好保存紫薯的营养要素。杨双盼等通过单因素和正交试验，优化了回填—微波干燥法生产紫薯全粉的工艺，生产的紫薯全粉呈亮紫色，颗粒细小均匀，分散程度较好，有浓郁的紫薯香味。陈亚利等采用响应面法对紫薯花色苷超高压辅助提取工艺进行优化，根据响应面模型确定了最佳工艺条件，得到花色苷的含量为 82.67mg/100g。

国外在 20 世纪就展开了对专用品种的研究，Carillo 等认为 Agria 品种马铃薯是最适合干燥处理的品种。Rana 等认为加工优质产品的马铃薯的干物质浓度应 > 20%，大小均匀，形状适当。Carillo 等对有机马铃薯和传统马铃薯全粉进行对比，尽管处理后的马铃薯中营养成分含量不同，但两种处理之间的相似性水平约为 99%，这表明粉末的营养特征基本相同，没有显著差异。Leivas 等研究了两种马铃薯品种，发现同一马铃薯品种全粉的雪花形态越大，其最高黏度越低，最终黏度越高。Zhou 等提出向面粉中添加马铃薯全粉制成的馒头，可提高其中维生素、矿物质及膳食纤维的含量，增加营养价值。还可以延长货架期。Decker 等研究了不同品种及加工方式对马铃薯营养价值的强化效果，他表示马铃薯品种丰富，在马铃薯品种之间观察到营养成分的差异不显著，而且烤箱烘焙的薯条比炸土豆的营养状况要好得多，因为它们仍然含有大量重要营养成分。Yudy 等运用对从两种有色本地马铃薯品种获得的马铃薯果肉的使用，以及工艺条件对干燥速率的影响，以生产技术特性干粉，提出折射窗干燥是马铃薯加工的一种有前途的方法。Anna 等针对不同品种研究不同贮藏温度、时间与马铃薯氨基酸含量的关系，研究中使用的紫色、红色和黄色肉质品种的马铃薯在块茎中的游离氨基酸含量上存在显著差异。

四、马铃薯主粮化

国家马铃薯体系首席专家金黎平研究员在 2015 年提出马铃薯主粮化的核心在

于深加工，而深加工需从源头谋划，而源头就是专用品种。近几年，我国在加工马铃薯优良品种的选育方面有较大进展。施杨琪等根据马铃薯全粉的理化特性，将14个品种分为两大类，在大类下又可分多个小类，体现了马铃薯全粉理化特性在不同品种间存在明显差异。王丽等在文章中提出不同的产品对原料品质有不同的需求，因此生产上需要选用专用型品种，生产马铃薯全粉需选用芽眼浅、薯形好、薯肉色白、还原糖含量低和龙葵素含量少的品种。杨炳南等对国内常见种植的44个马铃薯品种进行分析研究其加工适宜性，其中 Red Gold、转心乌、凉薯17、高原7号、云薯102、天薯5号、鄂95P3-3、云薯301、GLKS-58-1642.4、Hertha 这10个品种最适宜加工雪花全粉。吴卫国等提出马铃薯原料的总淀粉和直链淀粉含量高将导致全粉的游离淀粉含量、吸水率和黏度的增加。淀粉又是马铃薯全粉的主要成分，一般淀粉中直链淀粉所占比例为15%~25%，所以应该选择淀粉含量适度的品种。

随着马铃薯主食化的推广，其本身的价值以及具有投资少、效益高的优势，越来越受到消费市场的欢迎，马铃薯加工食品需求量逐年提高，消费带动生产。马铃薯全粉作为原料，可加工成品种类繁多，也越来越受到重视。随着对马铃薯全粉的深入认识，很多人从口感和健康的角度出发，研究以马铃薯全粉为原辅料加工的食品，马铃薯中含有天然磷酸基团，具有非常好的增稠、吸水和持水性，能够为全粉加工产品提供马铃薯特有的口感和香气。现在，市面上有很多马铃薯食品受到了普遍认可、广泛应用，比如马铃薯馒头、马铃薯面条、马铃薯面包，以及其他马铃薯焙烤、膨化食品。

马铃薯雪花全粉产品细胞完好度在79%左右，水分含量小于7%，复水较缓慢，营养风味物质能保持在40%~60%，为后续生产提供了参考。赵晶等研究了口感和营养兼备的新型铃薯全粉面包，龙广梅将马铃薯全粉应用于饺子皮；徐忠等通过单因素实验，确定了马铃薯馒头最佳工艺等。这些都为马铃薯的开发提供了新的市场。陈志成选取马铃薯全粉用量、发酵时间、加水量为主要因素进行正交试验，得到马铃薯全粉用量8%，发酵时间100min，加水量60%，所制的马铃薯全粉面包具有浓郁的马铃薯风味，良好的色泽和口感。Curti 等研究发现，马铃薯全粉中有较多的膳食纤维，添加于面包中可改善水分特性，使面包的质地更松弛，并且延缓面包的老化。研究表明，在面团中添加马铃薯全粉能更好的保持空间结构，可以增加馒头的水分含量，从而改善比容。Chandra 等研究发现，制作饼干时，在大米粉与小麦粉调和过程中加入适当的马铃薯全粉，从而可丰富饼干的口感。Misra 等研究表明，添加马铃薯全粉的饼干，全粉含量应控制在20%以下，否则会影响口感和品质，并且随着全粉用量的增加而降低。添加一定量的马铃薯全粉能增加饼干的酥性，降低硬度，提高口感。在冰淇淋中添加一定量的马铃薯全粉不仅可以改善冰淇淋口感，还可以提高产品附加值。马铃薯全粉的持水性、持油性对肉制品的加工有较好的适宜性，可以开发奶茶新产品、沙拉酱、减肥代餐冲调品。综上可以看出，马铃薯全粉主要是以辅料形式应用于食品加工中，是极好的应用率高的原辅料。

第二节　马铃薯全粉加工及其原料要求

一、改进的马铃薯全粉加工技术

目前，马铃薯全粉加工工艺的主要区别在于干燥方式这项重点工序，包括真空冷冻干燥、喷雾干燥、热风干燥、微波干燥等。马喜山等对几种干燥方式加工的全粉进行综合评价，真空冷冻干燥对全粉品质的影响最小，该方法制作的马铃薯全粉复水性更强，是最佳的干燥方式；其次是微波干燥方法，虽然高温干燥可缩短马铃薯全粉的干燥时间，但是在低温下进行干燥，对淀粉分子的影响相对较小，蛋白质也不会发生变性，所以对蛋白质和淀粉的保护较好，减少营养物质的损失，还可以降低全粉的糊化度。不同的加工方式对全粉性质也有一定的影响，薛海等通过实验提出真空冷冻干燥制得的马铃薯全粉雪花度均匀，结构较完整，热稳定性较好，糊化程度不高，复水性较好。王海鸥等研究表明用真空冷冻干燥工艺加工制得的马铃薯全粉色差值高，与热风干燥制得的全粉比较更贴近于原薯的色泽，并且持水力以及持油力在不同程度上也有所提高。在加工中，冷冻干燥能耗也是很大的问题，未来可以通过对干燥方式组合、优化加工工艺等方法来提高产品的品质同时来降低生产成本，成为在生产应用中的重要发展方向。

按照我国马铃薯全粉贸易行业标准主要理化指标要求（水分≤9%、灰分≤4%、还原糖≤3.0%、斑点≤50个、蓝值≤500），结合企业现有全粉工艺和项目承担单位优化工艺进行实验室对比，通过黏度、流变、DSC和感官特性分析及关键技术优化，确定调整后黏度改善的马铃薯全粉加工工艺1套，技术工艺流程图如图11-1所示，详细技术描述如下。

（1）选择无发芽、发绿、破损腐烂现象的新鲜马铃薯，采收后置于冷库中保存。

（2）清洗：水洗去掉泥沙、石块、杂物。

（3）去皮、修整：剔除芽眼、发黑、发绿及病变腐烂的部分，以防后续加工影响色泽。

（4）切片：马铃薯切片厚度控制在8~10mm，小的马铃薯片可以切的薄一些，大的马铃薯片要切的厚一些，有利于熟化的同时防止游离淀粉率过高，避免破损率过大。马铃薯切片用清水喷淋冲洗，除净附着在切片薯上的淀粉和碎渣。同时，在生产过程中要保证生产的连续性，去除皮后与漂烫过程中要始终保证马铃薯置于水中，使其与空气隔绝，以防氧化变色。

（5）漂烫：100℃水中热烫 2min，防止马铃薯切片褐变的同时有利于后续熟化。

（6）冷却：用冷水清洗漂烫过的马铃薯，把游离淀粉除去，降低黏度。同时可以降温，冷却后的薯片应在 20℃左右。

（7）蒸煮：置于蒸笼上，在 100℃条件下蒸煮 25min。

（8）打浆制泥：把蒸煮后的马铃薯分批倒入搅拌机进行搅拌，打浆制泥。

（9）预冻：把马铃薯泥装入真空冷冻盘内，放冰箱隔夜冷冻 12h。

（10）干燥：取出托盘，放进真空冷冻干燥机，设置程序为：升华干燥真空度升华温度-35℃，时间 10h，解析温度 45℃，时间 12h。

（11）干燥结束后，粉碎冻干全粉，过 80 目筛网进行筛分，筛下物即为全粉成品。

图 11-1　黏度性能改善的全粉加工工艺流程图

该加工工艺的关键技术在于改变了原有干燥环节，通过真空冷冻干燥以获得全粉制品品质影响最小的结果。

二、不同品种马铃薯主要成分分析

马铃薯主要成分见表 11-1。马铃薯的水分、蛋白质、灰分、淀粉、总糖、还原糖、脂肪、维生素 C、可溶性固形物含量分别介于 73.59%～82.30%、1.37%～2.49%、0.89%～1.27%、10.42%～16.75%、0.30%～0.69%、0.16%～0.55%、0.23%～0.44%、17.77～31.17mg/100g、3.76%～8.83%。不同品种马铃薯水分含量有着较大差异，大西洋水分含量显著低于其他几个品种，龙薯 8 号、龙薯 9 号、龙薯 17 号无显著差异，相对较低。龙薯 6 号蛋白质含量最高，龙薯 14 号、龙薯 15 号无显著差异，蛋白质含量最低。灰分含量普遍较低，龙薯 11 号灰分含量低至 0.73g/100g。大西洋的淀粉含量最高，同时维生素 C 含量最高，高达 31.17mg/

100g。综合来看，9种马铃薯的还原糖和脂肪含量均极低，其中龙薯9号还原糖含量最低，龙薯15号与龙薯9号脂肪含量无显著差异，高于其他几个品种。龙薯12号的可溶性固形物最低，大西洋显著高于其他几个品种。

表11-1　不同品种马铃薯的主要成分

品种	水分（%）	蛋白质（g/100g）	灰分（g/100g）	淀粉（g/100g）	总糖（%）	还原糖（g/100g）	脂肪（g/100g）	维生素C（mg/100g）	可溶性固形物（%）
龙薯6号	80.38±0.52[b]	2.49±0.08[a]	1.12±0.00[c]	12.16±0.18[f]	0.49±0.03[bc]	0.18±0.03[de]	0.35±0.02[b]	28.36±0.16[c]	5.58±0.03[e]
龙薯8号	76.53±0.25[d]	2.03±0.08[d]	0.89±0.03[e]	16.15±0.05[b]	0.49±0.01[bc]	0.17±0.02[de]	0.24±0.01[c]	22.29±0.19[g]	5.26±0.05[g]
龙薯9号	78.22±0.15[c]	1.87±0.03[f]	1.06±0.01[d]	10.42±0.09[i]	0.45±0.04[c]	0.16±0.04[e]	0.44±0.25[a]	24.00±0.11[e]	5.49±0.08[f]
龙薯11号	82.30±0.57[a]	2.24±0.02[b]	0.73±0.01[f]	11.52±0.05[g]	0.38±0.04[d]	0.46±0.03[b]	0.23±0.03[c]	25.55±0.07[d]	6.38±0.03[d]
龙薯12号	77.42±0.37[cd]	1.37±0.04[h]	1.19±0.03[b]	13.77±0.15[d]	0.38±0.04[d]	0.24±0.04[c]	0.25±0.02[c]	29.46±0.05[b]	3.76±0.05[h]
龙薯14号	76.68±0.78[d]	1.49±0.05[g]	0.91±0.01[e]	13.54±0.04[e]	0.69±0.02[a]	0.22±0.01[cd]	0.42±0.01[a]	23.58±0.08[f]	6.69±0.03[c]
龙薯15号	78.08±0.84[c]	1.54±0.02[g]	1.22±0.02[ab]	10.90±0.08[h]	0.52±0.03[b]	0.43±0.03[b]	0.42±0.00[a]	20.10±0.09[h]	6.36±0.05[d]
龙薯17号	76.23±0.34[d]	1.95±0.03[e]	1.12±0.04[c]	15.33±0.06[c]	0.52±0.01[b]	0.55±0.02[a]	0.33±0.02[b]	17.77±0.05[i]	6.83±0.06[b]
大西洋	73.59±1.30[e]	2.11±0.03[c]	1.27±0.08[a]	16.75±0.12[a]	0.30±0.03e	0.22±0.02[cd]	0.34±0.02[b]	31.17±0.12[a]	8.83±0.08[a]

注　同列不同字母表示显著差异（P<0.05）。

三、不同品种马铃薯色差值分析

不同品种马铃薯的颜色不尽相同，也会直接影响到全粉的颜色，以致影响到全粉加工食品的呈色。马铃薯色差值如表11-2所示，各品种之间 L^* 差异较大，龙薯8号 L^* 最大，亮度最高；龙薯15号 L^* 最小，颜色偏暗；龙薯17号的 a^* 为负数，颜色偏绿，其他数值为正数。其中，龙薯9号 a^* 显著高于其他几个品种。b^* 均为正数，龙薯11号显著高于其他几个品种，颜色更黄一些；龙薯8号 b^* 最小，结合 L^* 最大，可知它的颜色更白亮一些。

表 11-2 不同品种马铃薯色差值

品种	L^*	a^*	b^*
龙薯 6 号	82.62±0.20[e]	2.24±0.03[c]	36.57±0.16[c]
龙薯 8 号	86.50±0.089[a]	0.38±0.02[g]	25.86±0.06[g]
龙薯 9 号	81.22±0.07[h]	2.90±0.01[a]	36.36±0.13[c]
龙薯 11 号	81.91±0.01[f]	0.61±0.03[f]	43.12±0.48[a]
龙薯 12 号	81.52±0.06[g]	1.23±0.01[e]	30.65±0.04[d]
龙薯 14 号	83.52±0.01[d]	1.52±0.01[d]	28.08±0.03[e]
龙薯 15 号	79.19±0.07[i]	2.51±0.04[b]	38.43±0.02[b]
龙薯 17 号	84.07±0.08[c]	−0.35±0.11[h]	28.10±0.11[e]
大西洋	86.26±0.04[b]	0.55±0.02[f]	27.34±0.03[f]

注 同列不同字母表示显著差异（$P<0.05$）。

四、不同品种马铃薯质构特性分析

表 11-3 所示为不同品种的马铃薯质构特性，大西洋硬度较高，其次是龙薯 14 号，龙薯 6 号硬度显著低于其他几个品种。各品种之间胶黏性差异较大，其中最大的是龙薯 17 号。龙薯 6 号、龙薯 8 号、龙薯 9 号、龙薯 11 号、龙薯 12 号、龙薯 14 号、龙薯 15 号、龙薯 17 号的弹性均无显著差异，只有龙薯 15 号弹性较小，为3.50。龙薯 17 号内聚性最大，其次是龙薯 11 号和龙薯 15 号，两者无显著差异，最小的是大西洋。龙薯 17 号咀嚼性最大，高达 224.03，最小的是大西洋，显著低于其他几个品种，龙薯 8 号、龙薯 14 号与龙薯 15 号无显著差异。

表 11-3 不同品种马铃薯色质构指标

品种	硬度（N）	胶黏性（g）	弹性（mm）	内聚性	咀嚼性（mJ）
龙薯 6 号	110.87±20.43[e]	36.50±5.74[e]	3.78±0.18[a]	0.33±0.01[bc]	138.68±28.20[cd]
龙薯 8 号	145.52±4.52[cd]	48.40±1.21[cd]	3.79±0.1[a]	0.33±0.00[bc]	183.51±9.40[b]
龙薯 9 号	133.57±9.47[d]	32.13±1.28[e]	3.72±0.07[a]	0.24±0.01[e]	119.46±6.43[de]
龙薯 11 号	163.51±5.81[b]	56.77±1.03[ab]	3.60±0.09[a]	0.35±0.01[b]	204.31±8.98[ab]
龙薯 12 号	137.17±7.54[d]	43.41±2.79[d]	3.65±0.36[a]	0.32±0.00[c]	157.58±4.25[c]
龙薯 14 号	177.97±5.99[ab]	52.32±0.95[bc]	3.64±0.03[a]	0.29±0.02[d]	190.39±4.99[b]
龙薯 15 号	160.28±3.51[bc]	54.86±4.33[b]	3.50±0.03[b]	0.34±0.02[b]	191.73±12.45[b]
龙薯 17 号	165.95±3.03[b]	61.59±2.24[a]	3.64±0.06[a]	0.37±0.02[a]	224.03±14.58[a]
大西洋	187.63±13.74[a]	37.58±4.06[e]	2.72±0.30[c]	0.20±0.01[f]	101.48±8.24[e]

注 同列不同字母表示显著差异（$P<0.05$）。

第十二章　北方马铃薯加工适宜性评价研究

由于不同品种原料本质上有一定差异，会直接影响到加工制品品质，所以有必要对加工适宜性进行相应的评价。柴佳丽等表明不同品种的熏制加工羊肉品存在差异，确定关键指标后建立羊肉熏制品质评价模型，分别得到适宜、较适宜、不适宜三类不同原料羊品种。为开阔酸奶市场，杨承钰等通过对紫薯酸奶的质构特性进行主成分分析，建立出评价紫薯酸奶品质的模型，为紫薯以及酸奶的结合应用提供了参考方向。丁捷等用偏最小二乘法构建评价模型，确定了原料对速冻青稞鱼面品质有影响的指标，为青稞的育种与进一步加工都提供了新的思路。国外研究者在探究加工适宜性上，着重于加工制品的营养组成分析及感官评价。Lamureanu 等通过对11 个不同品种的桃制成的桃泥进行感官评价，确定影响桃泥感官的关键指标，并对原料桃加工桃泥的适宜性进行分类。Cabzeas 等研究表明不同品种马铃薯营养成分以及褐变程度不尽相同，对 5 个薯种鲜切进行加工适宜性评价，确定是最适合鲜切加工的品种。Agcam 等通过测定不同品种柑橘的主要营养指标，对加工橘汁进行了适宜性评价。

第一节　马铃薯品种与全粉品质的相关性分析

一、不同品种马铃薯全粉感官评分分析

消费者对全粉的购买欲望是从感官开始的，不同品种的马铃薯全粉在色泽、气味、口感、组织状态上不尽相同。其中，市面上最受欢迎的品种是大西洋，同时在感官上也是较有优势，其次是龙薯 6 号。色泽上看，龙薯 8 号的颜色评分最高，结合表 12-1 可知，它的颜色较白亮一些。口感上看，各品种评分差距不大，最低的是龙薯 15 号。龙薯 17 号综合评分最低，就感官来说，在市面上会缺少优势。

表 12-1　不同品种马铃薯全粉感官评价差异

品种	色泽	香气	口感	组织状态	总分
龙薯 6 号	23	23.5	24	23.5	94
龙薯 8 号	24	21	24	22.5	91.5

续表

品种	色泽	香气	口感	组织状态	总分
龙薯 9 号	20	22	23	20.5	85.5
龙薯 11 号	22	24	24	23	93
龙薯 12 号	23	20.5	23	25	91.5
龙薯 14 号	24	21.5	23	22	90.5
龙薯 15 号	21	24	22	23	90
龙薯 17 号	21	22	23	21	87.5
大西洋	23.5	24	24	24	95.5

二、不同品种马铃薯全粉主要成分分析

由表 12-2 可知,不同品种马铃薯全粉理化营养指标有一定的差异。马铃薯全粉的水分、蛋白质、灰分、淀粉、直链淀粉、还原糖、脂肪含量分别介于 2.35%~9.20%、7.39%~11.59%、2.27%~4.16%、45.72%~63.79%、20.65%~40.06%、0.24%~5.20%、0.51%~1.04%。不同品种马铃薯水分含量差异较大,最高的是龙薯 15 号,大西洋水分含量相对更低一些,其次是龙薯 9 号。雪花全粉灰分含量一般≤4.0%,龙薯 15 号灰分含量高达 4.16g/100g。龙薯 9 号、龙薯 17 号灰分含量无显著差异,低于其他几个品种。本研究所得的马铃薯全粉蛋白含量范围介于 7.39~11.59g/100g,鲜薯蛋白质含量在 1.37%~2.49g/100g,说明全粉制品极大程度的保留了蛋白质。龙薯 14 号与龙薯 17 号蛋白质含量最低且无显著差异。淀粉含量影响黏度、冻融稳定性等特性,全粉得率与淀粉含量一般成正比,进而影响生产中的应用。龙薯 9 号、龙薯 12 号、17 号淀粉含量较低,其余品种马铃薯全粉中淀粉含量均符合标准。除大西洋外的各品种马铃薯全粉还原糖含量均高于理想值,可能与原料放置时间久淀粉转为还原糖相关。大西洋是公认的适宜加工全粉的品种之一,还原糖含量最低,除此之外,龙薯 9 号、龙薯 14 号符合全粉对还原糖含量的要求,在加工全粉上属于优势品种。9 种全粉的脂肪含量都较低,最低的是大西洋全粉,其次是龙薯 17 号,龙薯 14 号和龙薯 15 号含量也较低,两者无显著差异。鲜薯脂肪含量介于 0.24~0.44g/100g,可知马铃薯自身脂肪含量低,因而全粉制品脂肪含量均低。

表 12-2　不同品种马铃薯全粉主要成分指标

品种	水分 （%）	蛋白质 （g/100g）	灰分 （g/100g）	淀粉 （g/100g）	直链淀粉 （%）	还原糖 （g/100g）	脂肪 （g/100g）
龙薯 6 号	6.49±0.28^c	11.03±0.52^{bc}	3.67±0.03^c	60.70±0.92^c	26.00±0.35^b	1.00±0.17^d	0.91±0.03^b
龙薯 8 号	5.95±0.25^e	11.59±0.54^a	3.02±0.05^{de}	63.68±1.10^a	35.00±2.03^b	1.01±0.98^d	0.72±0.07^c
龙薯 9 号	3.83±0.12^f	8.46±0.17^f	2.69±0.43^g	45.72±1.12^g	35.09±0.63^{bc}	0.79±0.09^d	0.62±0.06^c
龙薯 11 号	6.96±0.22^c	10.19±0.38^{cd}	3.11±0.01^d	62.01±0.28^b	32.72±2.32^{cd}	5.20±0.27^a	0.73±0.04^d
龙薯 12 号	8.01±0.34^b	11.50±0.36^{ab}	3.92±0.02^b	49.17±0.20^e	29.29±1.14^b	2.11±0.36^c	1.04±0.04^a
龙薯 14 号	6.71±0.23^{cd}	7.39±0.42^g	2.97±0.01^{def}	56.90±0.42^d	34.29±0.28^a	0.87±0.07^d	0.61±0.04^{de}
龙薯 15 号	9.20±0.18^a	9.86±0.65^{de}	4.16±0.04^a	60.55±0.47^c	40.06±1.37^{ef}	3.10±0.36^b	0.61±0.04^{de}
龙薯 17 号	5.71±0.23^e	7.44±0.49^g	2.27±0.07^{fg}	47.36±0.28^f	23.41±0.63^f	1.79±0.09^c	0.53±0.02^{ef}
大西洋	2.35±0.13^g	9.07±0.21^{ef}	3.13±0.05^d	63.79±1.06^a	20.65±4.86^{de}	0.24±0.02^e	0.51±0.06f

注　同列不同字母表示显著差异（$P<0.05$）。

三、不同品种马铃薯全粉碘蓝值分析

碘蓝值是马铃薯全粉品质的一项重要指标。由图 12-1 可知，这 9 个品种的马铃薯全粉在相同工艺加工下碘蓝值范围介于 14.61～23.39，平均值为 19.49，其中大西洋碘蓝值最高，其次是龙薯 11 号。龙薯 15 号碘蓝值显著低于其他品种，在显微镜下观察发现游离淀粉含量高（图 12-1），表明加工时马铃薯细胞容易破损。龙薯 17 号较整洁，游离淀粉率低，淀粉含量也较低，完整度较高，在加工时细胞结构保存较完好，能更好地留住营养和风味物质。

四、不同品种马铃薯全粉色差值分析

色差值可以反映马铃薯全粉的亮度等指标，这些直接会影响到消费者的接受度，色泽明亮的成品在市面上会更受欢迎。不同品种马铃薯全粉的色差值如表 12-3 所示，白度取决于全粉本身性质，龙薯 15 号 L^* 显著高于其他品种，龙薯 11 号和龙薯 12 号的 L^* 无显著差异，相较于其他品种亮度更高，龙薯 14 号 L^* 最低，说明样品偏暗，除龙薯 14 号全粉外，其他全粉颜色都较亮，可能与龙薯 14 号鲜薯块茎视觉上更暗相关。9 种全粉 a^* 均为负数，综合 b^* 表明颜色偏黄绿色。a^* 最大的是龙薯 14 号，最小的是龙薯 9 号，其次是龙薯 6 号和大西洋，两者无显著差异。其中，龙薯 9 号的 L^* 相对较小，b^* 较大，说明较其他几个品种偏暗偏黄，可能与原料呈色相关，龙薯 9 号 b^* 较大可能内含丰富胡萝卜素所致。龙薯 11 号和龙薯 15 号 b^* 最小，两者无显著差异。加工全粉过程可以选择成本低的热水漂烫护色方式，以避免 b^* 过高。

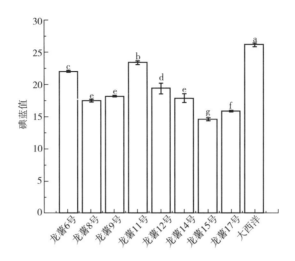

图 12-1　不同品种马铃薯全粉碘蓝值

（同列不同字母表示显著差异，$P<0.05$）

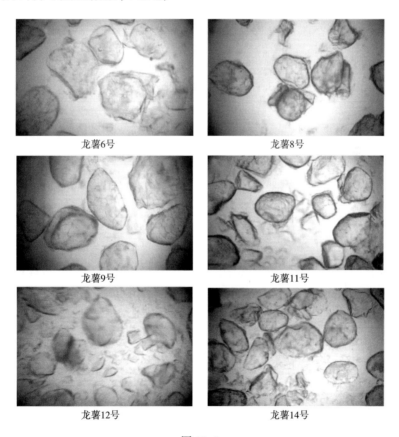

图 12-2

龙薯15号　　　　　　　　　龙薯17号

大西洋

图 12-2　不同品种马铃薯全粉状态

（依次为龙薯 6 号、8 号、9 号、11 号、12 号、14 号、15 号、17 号，大西洋；光学显微镜放大倍数为 40×，标尺 = 100 μm）

表 12-3　不同品种马铃薯全粉色差值指标

品种	L^*	a^*	b^*
龙薯 6 号	87. 96±0. 98[c]	−2. 67±0. 08[e]	17. 28±0. 34[c]
龙薯 8 号	86. 76±0. 15[d]	−2. 56±0. 02[cd]	16. 15±0. 47[d]
龙薯 9 号	86. 84±0. 72[d]	−3. 71±0. 10[f]	28. 80±0. 57[a]
龙薯 11 号	90. 03±0. 53[b]	−2. 21±0. 21[c]	14. 79±0. 58[e]
龙薯 12 号	89. 40±0. 37[b]	−2. 10±0. 04[bc]	16. 00±0. 11[d]
龙薯 14 号	83. 70±0. 30[e]	−1. 39±0. 03[a]	13. 08±0. 21[g]
龙薯 15 号	91. 49±0. 22[a]	−1. 95±0. 04[b]	14. 96±0. 24[e]
龙薯 17 号	87. 28±0. 34[cd]	−2. 41±0. 19[d]	18. 27±0. 18[b]
大西洋	87. 72±0. 26[c]	−2. 78±0. 57[e]	16. 44±0. 32[d]

注　同列不同字母表示显著差异（$P<0.05$）。

五、不同品种马铃薯全粉持水性分析

持水性是加工制品配方设计中需要参考的重要因素之一，对于持水性高的品种加工时可适当增加水的比例。由图 12-3 可知，9 种马铃薯全粉持水能力依次为龙薯 6 号>龙薯 11 号>龙薯 12 号>龙薯 14 号>大西洋>龙薯 9 号>龙薯 8 号>龙薯 15 号>龙薯 17 号，这与图 12-3 中不同品种相应的碘蓝值大小趋势大致相同，持水性可能与淀粉含量和游离淀粉含量相关。不同品种马铃薯全粉持水性介于 6.34～9.83g/g，平均值为 8.04g/g。其中龙薯 6 号和龙薯 11 号无显著差异，持水性最强，龙薯 17 号持水性最弱。

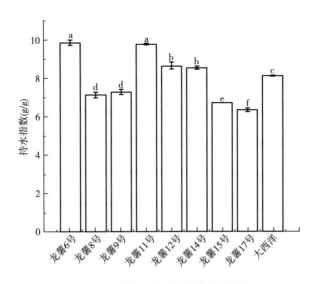

图 12-3　不同品种马铃薯全粉持水性

（同列不同字母表示显著差异，$P<0.05$）

六、不同品种马铃薯全粉持油性分析

对于持油性高的品种加工时可适当增加油的比例。由图 12-4 可知，9 种马铃薯全粉吸油能力依次为龙薯 6 号>龙薯 8 号>龙薯 17 号>大西洋>龙薯 14 号>龙薯 9 号>龙薯 12 号>龙薯 11 号>龙薯 15 号。不同品种马铃薯全粉持油性平均值为 1.02g/g。龙薯 6 号有较强的持油性，与龙薯 11 号无显著差异；其次是龙薯 12 号和龙薯 14 号，两者无显著差异，持油性高的品种可用来制作酥性食品、肉制品或煎炸食品等，可使制品在加工过程中尽量避免油脂的过多流失，丰富营养并且延缓变质过程。

七、不同品种马铃薯全粉冻融稳定性分析

融稳定性代表乳马铃薯全粉冻融稳定性可以反映出其应用于低温加工制品或贮存的稳定性，是淀粉类食品重要功能特性。吸水率用来表示冻融稳定性，吸水程度变化小的，代表低温条件下冻融稳定性越好，反之则不好。不同品种马铃薯全粉冻

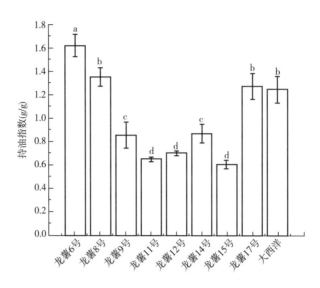

图 12-4　不同品种马铃薯全粉持油性

（同列不同字母表示显著差异，$P<0.05$）

融稳定性如图 12-5 所示，吸水率依次为龙薯 9 号>龙薯 6 号>大西洋>龙薯 17 号>龙薯 14 号>龙薯 8 号>龙薯 15 号>龙薯 11 号>龙薯 12 号，其中龙薯 6 号、龙薯 17 号与大西洋无显著差异，龙薯 8 号、龙薯 14 与龙薯 15 号无显著差异。冻融稳定性最好的是龙薯 12 号，适宜冷冻品的加工，也适宜低温贮存。

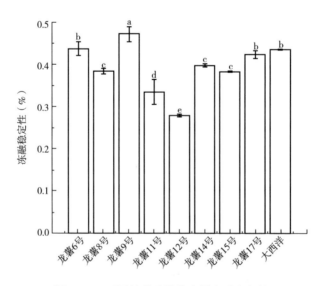

图 12-5　不同品种马铃薯全粉冻融稳定性

（同列不同字母表示显著差异，$P<0.05$）

八、不同品种马铃薯全粉黏度分析

不同品种马铃薯全粉的黏度特性见表 12-4，9 种马铃薯糊化温度范围介于 62.3~68.5℃，其中龙薯 17 号的糊化温度最高，其次是龙薯 9 号。龙薯 8 号的峰值时间最长，消耗能量最多；龙薯 9 号峰值时间最短，消耗能量最少。龙薯 6 号糊化温度最低，且吸水性较高，在食品加工中可以更好的被应用。同时，龙薯 15 号的碘蓝值也是最低，这可能是因为破坏最小，细胞较完整，分散程度最好，最终黏度最低，这使它在生产中也会受到一定限制。龙薯 6 号全粉的黏度较大，相应的碘蓝值也较高。大西洋碘蓝值最高，黏度相对也较大。衰减值可以表示凝沉性强弱，龙薯 6 号衰减值最大，凝沉型最强。回生值最高的是龙薯 9 号，高达 333.9。回生值显示了淀粉老化或者回生的程度，龙薯 11 号回生值最低。

表 12-4　不同品种马铃薯全粉黏度特性

品种	糊化温度 （℃）	峰值黏度 （RVU）	峰值时间 （min）	最低黏度 （RVU）	最终黏度 （RVU）	衰减值 （RVU）	回生值 （RVU）
龙薯 6 号	62.3	556.3	3.8	241.2	321.9	315.1	80.7
龙薯 8 号	65.1	274	4.9	208.3	265.5	65.7	57.2
龙薯 9 号	66.7	589.4	3.5	255.5	349.4	93.9	333.9
龙薯 11 号	63.6	398.6	4	202.8	253.6	195.8	50.9
龙薯 12 号	62.6	395.8	4.1	234.8	303.9	161	69.1
龙薯 14 号	63.6	314.6	4.3	205.7	271.2	108.9	65.5
龙薯 15 号	62.6	393.6	3.9	204.5	269.1	189.1	64.6
龙薯 17 号	68.5	505.6	3.6	232.3	307.1	74.8	273.3
大西洋	62.5	481.9	3.7	220.4	324.1	103.7	261.5

九、不同品种马铃薯全粉流变性分析

不同品种马铃薯全粉稳态剪切的表观黏度与剪切速率关系如图 12-6 所示。由图可知，随着剪切速率的增加，黏度急剧下降。当剪切力达到一定的程度时，黏度逐渐趋于稳定，表现出明显的剪切稀化现象。不同品种马铃薯全粉的表观黏度相差不大，其中龙薯 9 号黏度最大，抗剪切能力最强。

图 12-7 用储能模量 G'、损失模量 G'' 和损失因子 $\tan\delta$ 的频率变化曲线来体现不同品种马铃薯全粉糊的动态黏弹性。G' 代表能量贮存而可恢复的弹性性质，又称为弹性模量，G'' 代表能量消散的黏性性质，又称为黏性模量，$\tan\delta$ 为 G' 与 G'' 的比值。由图 12-7（a）、（b）可知，随着频率的增大，在角频率 1~100rad/s 的范围内，储能模量（G'）和损失模量（G''）都在不断上升。9 种全粉的 G' 和 G'' 的变化趋势基本一致，均随着频率的

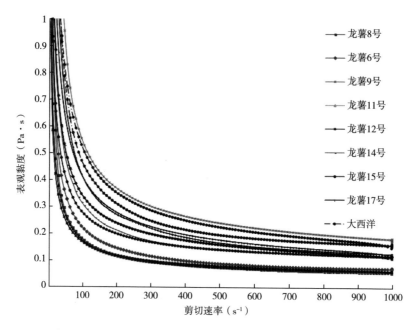

图 12-6　不同品种马铃薯全粉的表观黏度随剪切速率变化曲线

增大而增大，具有一定的频率依赖性，同时所有样品的 G' 均远大于 G''。龙薯 12 号 G' 最大，相较于其他品种黏弹性更大，适合加工为凝胶类食品。龙薯 15 号 G' 最小，结构较弱，黏弹性较低。龙薯 9 号的 G' 和 G'' 均较大，说明它的结构更强。由图 12-7（c）可知，损耗角正切值随频率的增大而增大，都小于 1，说明样品表现弹性性质。

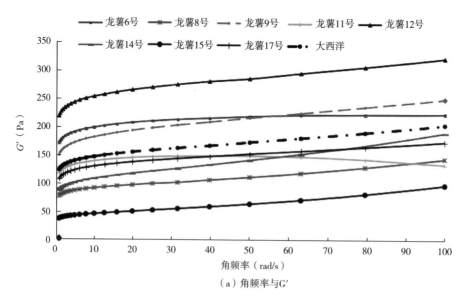

（a）角频率与 G'

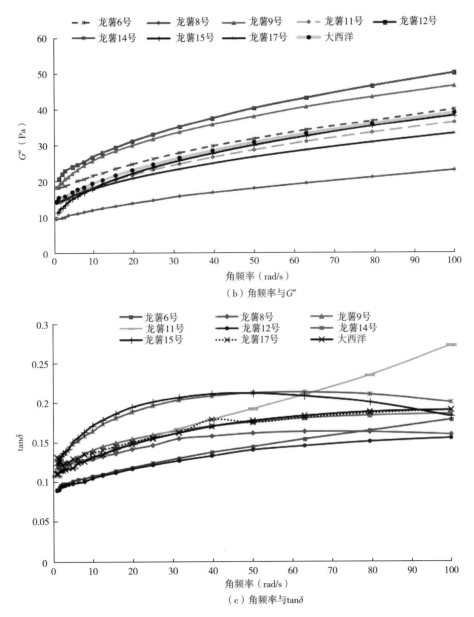

图 12-7　不同品种马铃薯全粉 G'（a）、G''（b）及 tanδ（C）与角频率的关系

十、马铃薯全粉指标与感官相关性分析

　　马铃薯全粉指标与感官指标进行相关性分析，由表 12-5 可知，色泽与 b^* 值存在显著正负相关，与峰值时间存在显著正相关；口感与碘蓝值存在显著正相关；组

织状态与蛋白质、灰分存在显著正相关，与糊化温度存在极显著负相关。由此可以说明，马铃薯全粉的感官评分受质地的一定影响。仪器测定结果在一定程度上，可以从客观的角度来代替感官评价，对全粉加工品质具有保障，也可对感官分析进行适宜的补充说明。

表 12-5　马铃薯全粉指标与感官间相关性分析

成分	色泽	香气	口感	组织状态
水分	-0.039	-0.095	-0.503	0.269
蛋白质	0.282	-0.056	0.345	0.673 *
灰分	0.108	0.217	-0.258	0.750 *
淀粉	0.545	0.53	0.478	0.441
直链淀粉	-0.282	-0.12	-0.499	-0.241
还原糖	-0.319	0.345	-0.117	0.144
脂肪	0.237	-0.336	0.167	0.605
碘蓝值	0.352	0.441	0.763 *	0.491
持水性	0.377	0.24	0.564	0.513
持油性	0.392	0.004	0.587	-0.057
冻融稳定性	-0.324	0.274	0.076	-0.653
L^*	-0.421	0.486	-0.217	0.454
a^*	0.474	-0.082	-0.278	0.33
b^*	-0.675 *	-0.124	-0.086	-0.568
糊化温度	-0.445	-0.359	-0.13	-0.837 **
峰值黏度	-0.595	0.34	0.023	-0.247
峰值时间	0.677 *	-0.463	0.235	0.216
最低黏度	-0.415	-0.231	-0.003	-0.211
最终黏度	-0.329	-0.037	0.04	-0.157
衰减值	-0.017	0.491	0.123	0.467
回生值	-0.499	0.042	-0.051	-0.529

注　*、** 分别代表显著性水平为 $P<0.05$ 和 $P<0.01$。

第二节　马铃薯加工适宜性分析

一、马铃薯原料与马铃薯全粉品质的性状及分布

为了筛选出马铃薯全粉加工适宜性关键指标，需比较测定的全部指标的离散程

度，若直接使用所有指标的标准差进行比较，存在量纲差异，因此为了消除不同测定指标的量纲不同，需要对所有指标进行变异系数计算和分析，各指标的变异系数结果如表 12-6 所示。不同指标在不同品种间均存在不同程度的变异，其中马铃薯品质指标在品种间的变异系数普遍小于马铃薯全粉的变异系数。马铃薯原料水分含量、还原糖含量、L^*、弹性、内聚性的变异系数小于10%，表明品种因素对水分含量、还原糖含量、L^*、弹性、内聚性的影响小。其余各项指标变异系数较大，有一定的离散程度，表明不同品种马铃薯的各指标间存在着明显差异。马铃薯全粉指标中还原糖的变异系数最高为85.93%，蛋白质的变异系数最低为0.17%。

表 12-6　不同品种原料薯和马铃薯全粉各指标性状及分布

原料指标	变幅	均值	变异系数（%）	全粉指标	变幅	均值	变异系数%
水分	73.59~82.30	77.71	3.23	水分	2.35~9.20	6.13	33.56
蛋白质	1.37~2.49	1.90	19.59	蛋白质	7.39~11.59	9.61	0.17
灰分	0.89~1.27	1.06	16.86	灰分	2.27~4.16	3.22	18.67
淀粉	10.42~16.75	13.39	17.28	淀粉	45.72~63.79	56.65	12.83
总糖	0.30~0.68	0.47	23.34	直链淀粉	20.65~40.06	30.72	20.60
还原糖	0.16~0.56	0.29	0.51	还原糖	0.24~5.20	1.79	85.93
脂肪	0.24~0.44	0.34	24.26	脂肪	0.51~1.04	0.70	25.26
维生素 C	17.77~29.46	24.70	17.84	碘蓝值	14.61~26.28	19.49	19.28
可溶性固形物	3.76~8.83	6.13	22.55	L^*	83.70~91.49	87.91	2.55
L^*	79.19~86.50	82.98	2.87	a^*	-3.71~-1.39	-2.42	26.59
a^*	-0.35~2.9	1.29	84.92	b^*	13.08~28.80	17.31	26.36
b^*	25.86~43.12	32.72	18.46	持水性	6.34~9.83	1.02	35.60
硬度	110.87~187.63	153.61	15.63	持油性	0.61~1.63	1.02	35.60
胶黏性	32.13~61.59	47.06	21.69	冻融稳定性	0.28~0.49	0.40	15.57
弹性	2.72~3.79	3.56	9.20	糊化温度	62.5~68.5	64.17	3.40
内聚性	0.20~0.37	0.31	0.18	峰值黏度	274.0~589.4	434.42	24.51
咀嚼性	101.48~224.03	167.91	24.48	峰值时间	3.5~4.9	3.98	10.72
				最低黏度	208.3~255.5	222.83	8.5
				最终黏度	265.5~349.4	296.2	11.05
				衰减值	65.7~315.1	145.33	54.70
				回生值	57.2~333.9	139.63	81.93

二、马铃薯原料与全粉指标的相关性分析

通过 SPSS 软件对 9 个马铃薯品种的原料与全粉进行相关分析，结果见表 12-7、表 12-8。原料水分与全粉还原糖、衰减值存在显著正相关；原料蛋白质与持油性存在显著正相关；原料还原糖与全粉还原糖存在显著正相关；原料总糖与全粉碘蓝值存在负相关；原料可溶性固形物与脂肪存在极显著负相关；b^* 与还原糖存在显著正相关；硬度与脂肪存在显著负相关；胶黏性与 a^* 存在显著正相关，与最终黏度存在显著负相关；内聚性与水分存在显著正相关；咀嚼性与最终黏度存在显著负相关。可以看出，指标间存在相关性，原料品质可直接或间接影响全粉品质，以便后续建立评价模型。

表 12-7　马铃薯与全粉主要指标的相关系数

成分	水分	蛋白质	灰分	淀粉	脂肪	还原糖	总糖	可溶性固形物	维生素 C
水分	0.484	−0.427	−0.134	−0.42	−0.129	0.354	0.391	−0.54	−0.249
蛋白质	0.331	0.191	−0.029	−0.007	−0.631	−0.309	−0.424	−0.571	0.627
灰分	0.236	−0.255	0.351	−0.322	−0.038	−0.156	−0.144	−0.339	0.311
淀粉	0.063	0.414	−0.209	0.225	−0.263	−0.123	−0.126	0.392	0.123
直链淀粉	0.364	−0.437	−0.382	−0.6	0.237	−0.048	0.437	−0.403	−0.394
还原糖	0.703*	0.007	−0.445	−0.459	−0.402	0.672*	−0.157	−0.15	0.079
脂肪	0.461	−0.039	−0.03	−0.199	−0.476	−0.314	−0.174	−0.812**	0.389
碘蓝值	0.051	0.567	−0.024	0.223	−0.33	−0.276	−0.676*	0.385	0.558
持水性	0.566	0.385	−0.335	−0.217	−0.316	−0.274	−0.216	−0.12	0.242
持油性	−0.245	0.667*	0.154	0.52	−0.091	−0.292	0.02	0.189	0.185
冻融稳定性	−0.225	0.425	0.191	−0.054	0.662	−0.207	0.156	0.482	−0.092
L^*	0.392	0.031	0.256	−0.358	−0.276	0.449	−0.526	−0.155	0.598
a^*	0.023	−0.466	−0.189	0.107	−0.118	0.331	0.484	0.014	−0.571
b^*	0.018	0.13	0.152	−0.342	0.378	−0.263	−0.18	−0.167	0.249
糊化温度	−0.149	0.038	−0.175	0.11	0.092	0.329	0.224	0.001	−0.266
峰值黏度	0.116	0.417	0.442	−0.314	0.384	0.001	−0.311	0.134	0.431
峰值时间	−0.046	−0.165	−0.494	0.35	−0.475	−0.29	0.278	−0.325	−0.268
最低黏度	−0.015	0.149	0.422	−0.183	0.25	−0.317	−0.21	−0.312	0.383
最终黏度	−0.276	0.179	0.595	−0.022	0.392	−0.379	−0.309	0.034	0.405
衰减值	0.676*	0.368	0.076	−0.513	−0.022	−0.022	−0.072	−0.214	0.327
回生值	−0.435	0.134	0.388	0.119	0.402	0.013	−0.258	0.386	0.163

表 12-8　马铃薯与全粉主要指标的相关系数

成分	L^*	a^*	b^*	硬度	胶黏性	弹性	内聚性	咀嚼性
水分	−0.625	0.194	0.363	−0.227	0.525	0.533	0.757 *	0.624
蛋白质	−0.038	0.066	0.184	−0.565	−0.245	0.203	0.239	−0.156
灰分	−0.512	0.477	0.344	−0.297	−0.156	−0.032	0.116	−0.164
淀粉	0.334	−0.135	0.07	0.233	0.064	−0.349	−0.033	−0.043
直链淀粉	−0.542	0.524	0.382	−0.132	0.185	0.494	0.225	0.308
还原糖	−0.524	−0.108	0.720 *	0.075	0.591	0.199	0.599	0.581
脂肪	−0.27	0.195	0.2	−0.714 *	−0.263	0.463	0.316	−0.094
碘蓝值	0.365	−0.178	0.106	0.116	−0.444	−0.584	−0.494	−0.573
持水性	−0.06	0.117	0.401	−0.254	−0.267	0.031	−0.028	−0.228
持油性	0.666	−0.266	−0.445	−0.277	−0.283	−0.017	−0.042	−0.24
冻融稳定性	0.199	0.268	−0.075	−0.031	−0.401	−0.151	−0.464	−0.403
L^*	−0.556	0.123	0.619	−0.158	0.15	−0.11	0.331	0.084
a^*	−0.099	−0.229	−0.109	0.41	0.671 *	0.06	0.451	0.619
b^*	−0.171	0.415	0.148	−0.41	−0.566	0.164	−0.385	−0.461
糊化温度	0.175	−0.314	−0.232	0.034	0.264	0.323	0.18	0.344
峰值黏度	−0.228	0.331	0.307	−0.364	−0.505	−0.113	−0.281	−0.494
峰值时间	0.38	−0.267	−0.362	0.014	0.237	0.306	0.263	0.32
最低黏度	−0.134	0.338	0	−0.609	−0.653	0.175	−0.27	−0.533
最终黏度	0.026	0.312	−0.123	−0.345	−0.748 *	−0.196	−0.566	−0.733 *
衰减值	−0.479	0.442	0.644	−0.539	−0.182	0.182	0.284	−0.115
回生值	0.173	−0.022	−0.197	0.139	−0.341	−0.346	−0.531	−0.413

注　*、** 分别代表显著性水平为 $P<0.05$ 和 $P<0.01$。

三、马铃薯全粉指标的相关性分析

由于各指标间相关关系的存在，易造成整体信息发生重叠。全粉相关性结果见表 12-9、表 12-10。水分与冻融稳定性、回生值存在显著负相关相关，与 a^* 存在显著正相关；脂肪与蛋白质存在显著正相关；还原糖与 L^* 存在显著负相关；全粉直链淀粉与淀粉存在显著正相关；碘蓝值与持水性存在显著正相关；最终黏度与 a^* 与峰值时间呈显著负相关，与 b^* 存在显著正相关，与峰值黏度、最低黏度存在极显著正相关；回生值与水分、a^*、峰值时间存在显著负相关，与冻融稳定性、

b^*、峰值黏度、最终黏度存在显著正相关。水分、脂肪、还原糖、直链淀粉、碘蓝值、最终黏度等 6 个指标综合来说与马铃薯所有指标综合相关性较高，最具代表性，筛出后归为一个变量，作为回归分析的因变量。

表 12-9　全粉主要指标的相关系数

指标	水分	蛋白质	淀粉	灰分	还原糖	直链淀粉	脂肪	碘蓝值	持油性
蛋白质	0.346								
淀粉	0.04	0.401							
灰分	0.619	0.642	0.349						
还原糖	0.59	0.214	0.134	0.241					
直链淀粉	0.56	0.133	0.049	0.303	0.346				
脂肪	0.476	0.758*	−0.065	0.572	0.17	0.035			
碘蓝值	−0.528	0.201	0.431	0.022	−0.031	−0.589	0.116		
持油性	−0.451	0.094	0.217	−0.29	−0.603	−0.595	−0.019	0.235	
持水性	0.078	0.36	0.34	0.299	0.243	−0.19	0.57	0.698*	0.035
冻融稳定性	−0.673*	−0.543	−0.126	−0.516	−0.571	−0.203	−0.601	0.035	0.491
L^*	0.455	0.507	0.165	0.619	0.671*	0.152	0.267	0.031	−0.382
a^*	0.668*	−0.05	0.275	0.326	0.334	0.2	0.104	−0.225	−0.321
b^*	−0.5	−0.207	−0.614	−0.388	−0.31	0.03	−0.136	−0.097	0.056
糊化温度	−0.3	−0.517	−0.62	−0.833**	−0.118	−0.06	−0.441	−0.465	0.15
峰值黏度	−0.451	−0.246	−0.443	−0.193	−0.212	−0.447	−0.072	0.238	0.273
峰值时间	0.324	0.469	0.463	0.148	0.009	0.396	0.26	−0.178	0.045
最低黏度	−0.387	−0.061	−0.691*	−0.19	−0.448	−0.354	0.241	0.041	0.3
最终黏度	−0.624	−0.201	−0.522	−0.207	−0.616	−0.495	−0.013	0.221	0.358
衰减值	0.432	0.453	0.295	0.644	0.319	−0.019	0.573	0.285	0.089
回生值	−0.769*	−0.581	−0.537	−0.624	−0.446	−0.427	−0.55	0.073	0.195

表 12-10　全粉主要指标的相关系数

指标	持水性	冻融稳定性	L^*	a^*	b^*	糊化温度	峰值黏度	峰值时间	最低黏度	最终黏度	衰减值
冻融稳定性	−0.274										
L^*	0.028	−0.426									
a^*	0.157	−0.618	−0.012								

指标	持水性	冻融稳定性	L^*	a^*	b^*	糊化温度	峰值黏度	峰值时间	最低黏度	最终黏度	衰减值
b^*	−0.288	0.619	−0.114	−0.884**							
糊化温度	−0.618	0.417	−0.335	−0.378	0.545						
峰值黏度	0.039	0.635	0.103	−0.706*	0.703*	0.247					
峰值时间	0.045	−0.497	−0.219	0.441	−0.518	−0.196	−0.893*				
最低黏度	−0.031	0.453	−0.12	−0.721*	0.798*	0.336	0.819**	−0.59			
最终黏度	−0.081	0.617	−0.176	−0.747*	0.753*	0.224	0.851*	−0.682*	0.918**		
衰减值	0.683*	−0.147	0.455	0.117	−0.218	−0.621	0.276	−0.195	0.085	−0.008	
回生值	−0.451	0.719*	−0.231	−0.714*	0.756*	0.613	0.711*	−0.695*	0.633	0.779*	−0.469

四、马铃薯原料指标的主成分分析

对马铃薯 17 个指标进行主成分分析，结果如表 12-11 所示。不同品种马铃薯品质指标主要分为 5 个主成分，特征值分别为 5.163、4.418、2.899、2.141、1.416，均大于 1，对应的累计方差贡献率为 94.337%，故可以比较全面地反映出大部分马铃薯品质的信息。

表 12-11 不同品种马铃薯品质指标主成分分析结果

指标	主成分 1	主成分 2	主成分 3	主成分 4	主成分 5
水分	0.831	−0.211	0.381	0.168	0.258
蛋白质	−0.099	−0.14	0.639	0.123	0.59
灰分	−0.448	−0.351	−0.252	0.188	−0.621
淀粉	−0.764	0.502	0.196	−0.322	−0.093
脂肪	0.015	−0.328	−0.855	0.211	0.168
还原糖	0.331	0.632	0.107	0.598	−0.238
总糖	0.427	0.342	−0.676	−0.351	0.249
可溶性固形物	−0.585	0.277	−0.179	0.592	0.408
维生素 C	−0.258	−0.523	0.725	0.19	−0.295
L^*	−0.725	0.375	0.257	−0.391	0.327
a^*	0.368	−0.792	−0.456	0.059	0.049
b^*	0.67	−0.38	0.216	0.571	0.151
硬度	−0.471	0.614	−0.298	0.453	0.099

指标	主成分 1	主成分 2	主成分 3	主成分 4	主成分 5
胶黏性	0.368	0.891	−0.031	0.225	−0.109
弹性	0.813	0.015	0.026	−0.548	0.038
内聚性	0.722	0.508	0.274	−0.091	−0.217
咀嚼性	0.572	0.814	−0.011	0.016	−0.075
特征值	5.163	4.418	2.899	2.141	1.416
方差贡献率（%）	30.371	25.985	17.053	12.595	8.331
累计方差贡献率（%）	30.371	56.357	73.41	86.005	94.337

第 1 主成分的方差贡献率为 30.3711%，主要代表性指标有水分、淀粉、可溶性固形物、L^*、b^*、弹性、内聚性、咀嚼性；第 2 主成分的方差贡献率为 25.985%，主要代表性指标有淀粉、还原糖、a^*、硬度、胶黏性、内聚性和咀嚼性；第 3 主成分的方差贡献率为 17.053%，主要代表性指标有蛋白质、总糖、脂肪和维生素 C；第 4 主成分的方差贡献率为 12.595%，主要代表性指标有还原糖、可溶性固形物、b^*、弹性；第 5 主成分的方差贡献率为 8.331%，主要代表性指标有蛋白质和灰分。

以马铃薯水分（X_1）、蛋白质（X_2）、灰分（X_3）、淀粉（X_4）、脂肪（X_5）、还原糖（X_6）、总糖（X_7）、可溶性固形物（X_8）、维生素 C（X_9）、L^*（X_{10}）、a^*（X_{11}）、b^*（X_{12}）、硬度（X_{13}）、胶黏性（X_{14}）、弹性（X_{15}）、内聚性（X_{16}）、咀嚼性（X_{17}）为初始自变量，经过主成分分析，最终得出 5 个主成分因子的方程表达式如下 $F_1 \sim F_5$ 所示。这 5 个主成分因子将原来 17 个初始指标作线性变换，重新组合成一组新的互相无关的综合指标，消除了马铃薯原料 17 个指标间的相关性，涵盖了马铃薯原料指标的大部分信息，可代替 17 个初始指标进行马铃薯全粉进行后面评价模型的建立。

$F_1 = 0.831X_1 - 0.099X_2 - 0.448X_3 - 0.764X_4 + 0.015X_5 + 0.331X_6 + 0.427X_7 - 0.585X_8 - 0.259X_9 - 0.725X_{10} + 0.368X_{11} + 0.67X_{12} - 0.471X_{13} + 0.368X_{14} + 0.813X_{15} + 0.722X_{16} + 0.572X_{17}$

$F_2 = -0.211X_1 - 0.14X_2 - 0.351X_3 + 0.502X_4 - 0.328X_5 + 0.632X_6 + 0.342X_7 + 0.277X_8 - 0.523X_9 + 0.375X_{10} - 0.792X_{11} + -0.38X_{12} + 0.614X_{13} + 0.891X_{14} + 0.015X_{15} + 0.508X_{16} + 0.814X_{17}$

$F_3 = 0.381X_1 + 0.639X_2 - 0.252X_3 + 0.196X_4 - 0.855X_5 + 0.107X_6 - 0.676X_7 - 0.179X_8 + 0.725X_9 + 0.257X_{10} - 0.456X_{11} + 0.216X_{12} - 0.298X_{13} - 0.031X_{14} + 0.026X_{15} + 0.274X_{16} - 0.011X_{17}$

$F_4 = 0.168X_1 + 0.123X_2 + 0.148X_3 - 0.322X_4 + 0.211X_5 + 0.598X_6 - 0.351X_7 + 0.592X_8 + 0.19X_9 - 0.391X_{10} + 0.059X_{11} + 0.571X_{12} + 0.453X_{13} + 0.225X_{14} - 0.548X_{15} -$

$0.091X_{16}+0.016X_{17}$

$F_5 = 0.258X_1 + 0.59X_2 - 0.621X_3 - 0.7093X_4 + 0.168X_5 - 0.238X_6 + 0.249X_7 + 0.408X_8 - 0.295X_9 + 0.327X_{10} + 0.049X_{11} + 0.151X_{12} + 0.099X_{13} - 0.109X_{14} + 0.038X_{15} - 0.217X_{16} - 0.075X_{17}$

五、马铃薯全粉品质评价模型建立

将马铃薯的 17 个指标进行主成分分析，汇总为五个主成分，利用马铃薯的五个主成分作为自变量，以全粉的 6 个变量综合为一个变量，作为 Y。进行回归分析，建立适宜加工全粉的评价模型。整理得模型：

$$Y = -5.603 + 0.151F_1 - 0.251F_2 + 0.136F_3 - 0.185F_4 + 0.074F_5$$

六、马铃薯全粉品质评价模型建立模型验证

全粉综合指标评价模型的精度可通过决定系数 R^2 来评价，模型可信度通过 F 检验来判断。马铃薯全粉综合品质评价模型决定系数 $R^2 = 0.797$，均方误差为 0.029。说明各评价模型拟合度较高，随机误差较小，能满足实际评价需求。将 9 个不同品种原料薯所测指标代入回归方程可得出马铃薯全粉的综合指标预测值，将预测值与实测值进行比较，效果分别如图 12-8 所示。样品点较集中地分布在 45°线周围，表明预测值接近实测值，即在不需要加工成全粉的情况下，仅通过测定马铃薯原料相关的 17 项指标，就可以较准确地预测马铃薯全粉的综合品质。

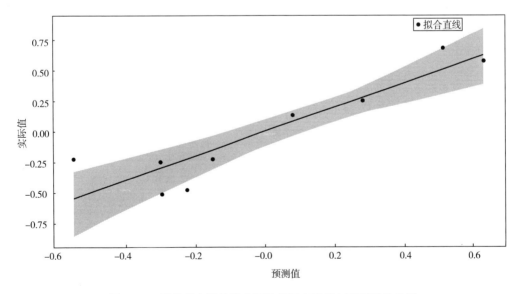

图 12-8 马铃薯全粉的综合评价指标实测值与预测值散点图

将 F_1、F_2、F_3、F_4、F_5 替换为初始自变量 $X_1 \sim X_{17}$，整理得马铃薯全粉综合指标与原料品质的回归模型：

$$Y = -5.603 + 0.091X_1 + 0.004X_2 + 0.083X_3 - 0.035X_4 - 0.009X_5 + 0.102X_6 - 0.041X_7 - 0.080X_8 + 0.201X_9 - 0.082X_{10} - 0.087X_{11} + 0.008X_{12} - 0.094X_{13} - 0.058X_{14} + 0.057X_{15} + 0.019X_{16} - 0.035X_{17}$$

七、马铃薯全粉加工适宜性评价

根据回归分析模型计算 9 个马铃薯全粉综合品质得分（表 12-12），采用 K-means 算法对此进行聚类分析，设置 $k=3$，当聚类中心没有改动达到收敛时，迭代停止，最终迭代次数为 2，初始中心间的最小距离为 1.362，如表 12-13 所示。将 9 个品种的全粉综合品质初步划分适宜、基本适宜、不适宜 3 类。

表 12-12　9 个马铃薯全粉综合品质得分

品种	综合评价指标得分
龙薯 6 号	1.64
龙薯 8 号	-0.19
龙薯 9 号	1.11
龙薯 11 号	-0.47
龙薯 12 号	0.82
龙薯 14 号	-0.95
龙薯 15 号	-0.60
龙薯 17 号	-1.37
大西洋	0.00

表 12-13　不同品种马铃薯全粉综合品质指标分类

类别	分类标准	品种个数	品种名称
适宜	$Y \geqslant 0.82$	3	龙薯 6 号、龙薯 9 号、龙薯 12 号
基本适宜	$-0.19 < Y \leqslant 0.82$	2	龙薯 8 号、大西洋
不适宜	$Y \leqslant -0.19$	4	龙薯 11 号、龙薯 14 号、龙薯 15 号、龙薯 17 号

目前马铃薯已育成 300 多个品种，在相同工艺条件下，不同马铃薯品种制成的马铃薯全粉品质差异较大，严重影响全粉制品的商品性。本文通过比较黑龙江省主栽的 9 种马铃薯全粉品质与品种的关系，为选择优势马铃薯品种进行全粉的开发提供数据支持。

马铃薯原料的水分、蛋白质、灰分、淀粉、总糖、还原糖、脂肪、维生素 C、可溶性固形物含量变幅分别为 73.59%~82.30%、1.37%~2.49%、0.89%~1.27%、10.42%~16.75%、0.30~0.69%、0.16%~0.55%、0.23%~0.44%、17.77%~31.17mg/100g、3.76%~8.83%，与前人研究结果一致。

马铃薯全粉的水分、蛋白质、灰分、淀粉、直链淀粉、还原糖、脂肪含量分别介于 2.35%~9.20%、7.39%~11.59%、2.27%~4.16%、45.72%~63.79%、20.65~40.06%、0.24%~5.20%、0.51%~1.04%，这与文献报道的相一致。龙薯9 号 b^* 值较高，可能因内含丰富胡萝卜素所致，在加工过程中可以选择成本低的热水漂烫护色，避免 b^* 值过高。龙薯 6 号全粉的黏度较大，相应的碘蓝值也较高。大西洋碘蓝值最高，黏度相对也较大。这与李玉美等对马铃薯全粉的游离淀粉率与黏度关系分析相一致，细胞的完整性以及分散性会影响全粉黏度的大小，若全粉颗粒易受损，蓝值高，游离淀粉多会不同程度的导致黏度升高。龙薯 15 号持油能力最弱，蛋白质含量也较低，这符合马梦苹等的报道，蛋白质含量高则有利于提高持油性。但龙薯 14 号蛋白质含量最低，持油性高于龙薯 9 号、龙薯11 号、龙薯 12 号、龙薯 15 号。此外，持油性不仅与蛋白质本身含量有关，蛋白质的变性程度也是影响因素之一。加工过程中蛋白质含量因温度条件变化而变化，升温时暴露了疏水基团，促进油与蛋白质聚集，进而提高持油性。有研究表明，持水性与持油性成反比，龙薯 11 号持水性最大，持油性最小，与之相符。

通过相关性分析、主成分分析、回归模型的建立等多元统计分析，根据原薯的品质特性及其全粉加工品质特性，建立了全粉综合品质评价方程 $Y = -5.603 + 0.091X_1 + 0.004X_2 + 0.083X_3 - 0.035X_4 - 0.009X_5 + 0.102X_6 - 0.041X_7 - 0.080X_8 + 0.201X_9 - 0.082X_{10} - 0.087X_{11} + 0.008X_{12} - 0.094X_{13} - 0.058X_{14} + 0.057X_{15} + 0.019X_{16} - 0.035X_{17}$。（$X_1$-$X_{17}$ 分别代表马铃薯水分、蛋白质、灰分、淀粉、脂肪、还原糖、总糖、可溶性固形物、维生素 C、L^*、a^*、b^*、硬度、胶黏性、弹性、内聚性、咀嚼性）。马铃薯全粉综合品质评价模型决定系数 $R^2 = 0.792$，证明了综合品质评价模型可较好地反映不同品种马铃薯全粉加工适宜性。结果得出三个品种适宜加工全粉，两个品种基本适宜加工全粉，5 个品种不适宜加工全粉。

本实验只针对 9 种马铃薯确定了不同品种全粉的品质特性，各个品质指标对全粉品质的影响机理有待进一步研究。对不同品种马铃薯全粉加工适宜性进行综合品质评价，筛选出适合全粉加工的马铃薯，而具体用什么加工方式使全粉呈现最佳品质需进一步研究。得出的加工适宜性评价模型，仍需进行产业化验证，增加马铃薯全粉综合品质评价的准确性和适用性。

参考文献

［1］侯飞娜，木泰华，孙红男，等．不同品种马铃薯全粉蛋白质营养品质评价［J］.食品科技，2015，40（3）：49-56.

［2］勉卫忠，李愉．马铃薯在宁夏的传播及其影响［J］.农业考古，2022（4）：67-73.

［3］谢从华，柳俊．中国马铃薯从济荒作物到主粮之变迁［J］.华中农业大学学报，2021，40（4）：8-15.

［4］庞昭进，郭安强，杨建忠，等．关于马铃薯主食化的思考［J］.河北农业科学，2017，21（5）：91-93.

［5］马梦梅，木泰华，孙红男．营养健康型薯类食品加工与副产物高值化利用研发进展［J］.食品安全质量检测学报，2020，11（24）：9154-9163.

［6］CAMIRE M E, KUBOW S, DONNELLY D J. Potatoes and human health［J］. Critical Reviews in Food Science and Nutrition, 2009, 49（10）：823-840.

［7］罗文彬，许国春，李华伟，等．马铃薯营养品质变异特征及优异品系发掘［J］.植物遗传资源学报，2023，24（2）：505-513.

［8］KIM Y, KIM H, BAE S, et al. Vitamin C is an essential factor on the anti-viral immune responses through the production of interferon-α/β at the initial stage of influenza A virus（H3N2）infection［J］. Immune Network, 2013, 13（2）：70-74.

［9］LARSSON S C, VIRTANEN M J, MARS M, et al. Magnesium, calcium, potassium, and sodium intakes and risk of stroke in male smokers［J］. Archives of Internal Medicine, 2008, 168（5）：459-465.

［10］郭永福，张莉，刘汉斌，等．马铃薯化学成分、药理活性及临床应用研究进展［J］.安徽农业科学，2018，46（36）：13-17.

［11］韩宪富，黄委委，刘俊鹏，等．马铃薯代谢物龙葵素药用价值的研究现状［J］.中国药理学通报，2022，38（10）：1462-1465.

［12］李琪孟．马铃薯胰蛋白酶抑制剂的制备、性质及抑菌活性研究［D］.广州：华南理工大学，2020.

［13］李庆双．马铃薯营养价值及产业种植分析［J］.食品安全导刊，2021（11）：56-58.

［14］丁聪．马铃薯颗粒全粉加工工艺研究［D］.西安：陕西科技大学，2018.

［15］NAZIR A. Development and sensory evaluation of potato（Solanum tuberosum）peel powder incorporated muffins for health［J］. Pure and Applied Biology, 2022, 11（1）.

［16］HUSSAIN M, QAYUM A, ZHANG X X, et al. Potato protein：An emerging source of high quality and allergy free protein, and its possible future based products［J］. Food Research International, 2021, 148：110583.

［17］罗其友，高文菊，吕健菲，等．2021—2022年中国马铃薯产业发展形势分析［C］//马铃

薯产业与种业创新（2022）. 2022：15-18.

［18］杨炳南，张小燕，赵凤敏，等. 常见马铃薯品种特性分析及加工适宜性分类［J］. 食品科学技术学报，2016，34（1）：28-36.

［19］施杨琪，黄茜蕊，茹炜紫，等. 14种不同马铃薯全粉的理化特性差异分析［J］. 核农学报，2021，35（7）：1593-1600.

［20］王丽，罗红霞，李淑荣，等. 马铃薯淀粉、蛋白质及全粉的特性及加工利用研究进展［J］. 中国粮油学报，2017，32（3）：141-146.

［21］吴卫国，谭兴和，熊兴耀，等. 不同工艺和马铃薯品种对马铃薯颗粒全粉品质的影响［J］. 中国粮油学报，2006，21（6）：98-102.

［22］ZHU F, HE J. Physicochemical and functional properties of Maori potato flour［J］. Food Bioscience, 2020, 33: 100488.

［23］ZHANG K, TIAN Y, LIU C L, et al. Effects of temperature and shear on the structural, thermal and pasting properties of different potato flour［J］. BMC Chemistry, 2020, 14（1）: 20.

［24］伍子涵，王莹，李泉岑. 紫薯花青素研究进展［J］. 现代食品，2021（3）：15-17.

［25］张朋，余功庆，王龙，紫薯全粉的制备及干燥工艺的研究［J］. 食品安全导刊，2021，（Z2）：64-65.

［26］杨双盼，冉旭. 回填-微波干燥生产紫薯全粉工艺研究［J］. 食品科技，2019，44（12）：224-227.

［27］陈亚利，严成，张唯，等. 响应面法优化超高压辅助提取紫薯花色苷的工艺研究［J］. 中国调味品，2018，43（8）：167-172，176.

［28］CARILLO P, CACACE D, DE PASCALE S, et al. Organic vs. traditional potato powder［J］. Food Chemistry, 2012, 133（4）: 1264-1273.

［29］RANA R K, PANDIT A, PANDEY N K. Demand for processed potato products and processing quality potato tubers in India［J］. Potato Research, 2010, 53（3）: 181-197.

［30］LEIVAS C L, DA COSTA F J O G, DE ALMEIDA R R, et al. Structural, physico-chemical, thermal and pasting properties of potato（Solanum tuberosum L.）flour［J］. Journal of Thermal Analysis and Calorimetry, 2013, 111（3）: 2211-2216.

［31］ZHOU L, MU T H, MA M M, et al. Nutritional evaluation of different cultivars of potatoes（Solanum tuberosum L.）from China by grey relational analysis（GRA）and its application in potato steamed bread making［J］. Journal of Integrative Agriculture, 2019, 18（1）: 231-245.

［32］DECKER E A, FERRUZZI M G. Innovations in food chemistry and processing to enhance the nutrient profile of the white potato in all forms［J］. Advances in Nutrition, 2013, 4（3）: 345S-350S.

［33］DUARTE-CORREA Y, VARGAS-CARMONA M I, VÁSQUEZ-RESTREPO A, et al. Native potato（Solanum phureja）powder by Refractance Window Drying: A promising way for potato processing［J］. Journal of Food Process Engineering, 2021, 44（10）.

［34］PEKSA A, MIEDZIANKA J, NEMŚ A, et al. The free-amino-acid content in six potatoes cultivars through storage［J］. Molecules, 2021, 26（5）: 1322.

[35] MU T H, SUN H N. Progress in research and development of potato staple food processing technology [J]. Journal of Applied Glycoscience, 2017, 64 (3): 51-64.

[36] 徐忠, 陈晓明, 王友健. 马铃薯全粉的改性及在食品中的应用研究进展 [J]. 中国食品添加剂, 2020, 31 (8): 133-138.

[37] 刘振亚. 不同品种马铃薯的加工适应性及应用研究 [D]. 银川: 北方民族大学, 2019.

[38] 鲁翠. 滕州市马铃薯主食产业化发展路径研究 [D]. 郑州: 河南工业大学, 2017.

[39] 方嘉惠. 高增稠稳定性马铃薯生全粉的筛选及在番茄酱中的应用 [D]. 无锡: 江南大学, 2022.

[40] 马喜山, 王玺, 苑鹏, 等. 马铃薯全粉加工工艺及应用研究进展 [J]. 现代食品, 2020 (24): 11-15.

[41] JIN C Y, XU D, ZENG F K, et al. A simple method to prepare raw dehydrated potato flour by low-temperature vacuum drying [J]. International Journal of Food Engineering, 2017, 13 (11).

[42] 闫晨苗, 王玺, 段盛林, 等. 不同干燥方式对马铃薯全粉糊化特性、风味及薯粉面包品质的影响 [J]. 食品工业科技, 2020, 41 (9): 34-41.

[43] 薛海. 真空冷冻干燥马铃薯雪花全粉及即食马铃薯泥加工工艺研究 [D]. 长春: 吉林农业大学, 2019.

[44] 王海鸥, 扶庆权, 陈守江, 等. 不同干燥加工方法对马铃薯粉的品质影响 [J]. 南京晓庄学院学报, 2017, 33 (6): 66-69.

[45] 宋凯, 徐仰丽, 郭远明, 等. 真空冷冻干燥技术在食品加工应用中的关键问题 [J]. 食品与机械, 2013, 29 (6): 232-235.

[46] 张卫. 广西马铃薯产业发展现状及对策研究 [D]. 南宁: 广西大学, 2020.

[47] BABU A S, PARIMALAVALLI R. Impact of the addition of RS-III prepared from sweet potato starch on the quality of bread [J]. Journal of Food Measurement and Characterization, 2017, 11 (3): 956-964.

[48] 赵月, 吕美. 马铃薯全粉在面包中的应用研究 [J]. 粮食加工, 2019, 44 (5): 54-57.

[49] 李富利. 浅议马铃薯全粉 [J]. 内蒙古农业科技, 2012, 40 (1): 133-134.

[50] 赵晶, 郝金伟, 时东杰, 等. 马铃薯全粉面包加工工艺的研究 [J]. 中国食品添加剂, 2019, 30 (1): 126-134.

[51] 龙广梅. 马铃薯全粉饺皮的配方优化及品质改良 [D]. 扬州: 扬州大学, 2021.

[52] 徐忠, 王胜男, 孙月, 等. 马铃薯全粉馒头的研制 [J]. 哈尔滨商业大学学报 (自然科学版), 2018, 34 (2): 231-237, 256.

[53] 陈志成. 马铃薯全粉面包的研制 [J]. 粮食科技与经济, 2009, 34 (3): 50-51.

[54] CURTI E, CARINI E, DIANTOM A, et al. The use of potato fibre to improve bread physico-chemical properties during storage [J]. Food Chemistry, 2016, 195: 64-70.

[55] LIU X L, MU T H, SUN H N, et al. Influence of potato flour on dough rheological properties and quality of steamed bread [J]. Journal of Integrative Agriculture, 2016, 15 (11): 2666-2676.

[56] CHANDRA S, SINGH S, KUMARI D. Evaluation of functional properties of composite flours and sensorial attributes of composite flour biscuits [J]. Journal of Food Science and Technology, 2015,

52 (6): 3681–3688.

[57] MISRA A, KULSHRESTHA K. Potato flour incorporation in biscuit manufacture [J]. Plant Foods for Human Nutrition, 2003, 58 (3): 1–9.

[58] 高琨, 田晓红, 谭斌, 等. 马铃薯食品加工现状及展望 [J]. 中国粮油学报, 2021, 36 (8): 161–168.

[59] 赵晶, 时东杰, 屈岩峰, 等. 马铃薯全粉食品研究进展 [J]. 食品工业科技, 2019, 40 (20): 363–367.

[60] 丛小甫. 中国马铃薯全粉加工业现状 [J]. 食品科学, 2002, 23 (8): 348–352.

[61] 马栎, 宋斌, 李逸鹤. 马铃薯全粉在食品中的应用研究 [J]. 粮食与油脂, 2017, 30 (6): 8–11.

[62] 柴佳丽, 王振宇, 侯成立, 等. 不同品种羊肉熏制加工适宜性评价模型研究 [J]. 食品科学, 2017, 38 (19): 75–80.

[63] 杨承钰, 龚盛祥, 王正武. 紫马铃薯酸奶的工艺优化及其品质评价模型的建立 [J]. 食品工业科技, 2019, 40 (22): 192–200.

[64] 丁捷, 赵雪梅, 刘春燕, 等. 基于速冻青稞鱼面加工的青稞品种适宜性评价体系构建 [J]. 麦类作物学报, 2018, 38 (12): 1443–1452.

[65] Lamureanu G, Alexe C, Vintila M. Suitability for processing as puree of some fruit varieties of peach group [J]. Journal of horticulture, forestry and biotechnology. 2014, 18 (3): 51–57.

[66] CABEZAS-SERRANO A B, AMODIO M L, CORNACCHIA R, et al. Suitability of five different potato cultivars (Solanum tuberosum L.) to be processed as fresh-cut products [J]. Postharvest Biology and Technology, 2009, 53 (3): 138–144.

[67] AGCAM E, AKYLDZ A. A study on the quality criteria of some mandarin varieties and their suitability for juice processing [J]. Journal of Food Processing, 2014, 2014: 982721.

[68] 简华斌, 杜志龙, 张克, 等. 马铃薯泥加工技术及发展现状 [J]. 农业工程, 2022, 12 (10): 50–55.

[69] 朱新鹏, 郭全忠. 不同品种马铃薯的颗粒全粉功能品质分析 [J]. 保鲜与加工, 2015, 15 (4): 62–65.

[70] OLATUNDE G O, HENSHAW F O, IDOWU M A, et al. Quality attributes of sweet potato flour as influenced by variety, pretreatment and drying method [J]. Food Science & Nutrition, 2016, 4 (4): 623–635.

[71] 中华人民共和国商务部. 马铃薯雪花全粉: SB/T 10752—2012 [S]. 北京: 中国标准出版社, 2012.

[72] 冷明新, 郑淑芳, 王涛. 马铃薯全粉蓝值的测定 [J]. 山西食品工业, 2001 (4): 39–40.

[73] ELKHALIFA A E O, SCHIFFLER B, BERNHARDT R. Effect of fermentation on the functional properties of sorghum flour [J]. Food Chemistry, 2005, 92 (1): 1–5.

[74] YADAV A R, GUHA M, REDDY S Y, et al. Physical properties of acetylated and enzyme-modified potato and sweet potato flours [J]. Journal of Food Science, 2007, 72 (5): E249–E253.

[75] 代春华, 刘晓叶, 屈彦君, 等. 不同产地马铃薯全粉的营养及理化性质分析 [J]. 食品工

业科技，2019，40（19）：29-33.

［76］付雪侠，戴丽媛，曾承，等．酸奶对玉米淀粉流变特性的影响［J］．食品安全质量检测学报，2020，11（24）：9183-9186.

［77］庞敏．不同贮藏温度下马铃薯品质差异及淀粉相关基因表达分析［D］．太谷：山西农业大学，2021.

［78］周平，王海玲，陆燚，等．马铃薯块茎营养品质分析鉴评［J］．农业科技通讯，2021（8）：132-136.

［79］刘爽，王滢颖，郭爱良，等．不同品种马铃薯全粉品质特性分析［J］．食品工业科技，2022，43（7）：59-66.

［80］李欢欢，刘传菊．三种不同干燥方式对马铃薯全粉品质的影响［J］．农产品加工，2019（16）：35-37，40.

［81］李玉美，白洁，周宏亮，等．马铃薯全粉理化特性及其在酥性饼干中的应用［J］．食品科技，2018，43（9）：222-226.

［82］马梦苹，张来林，王彦波，等．马铃薯全粉和小麦粉基本特性的对比研究［J］．河南工业大学学报（自然科学版），2016，37（6）：52-56.

［83］赵时珊，蔡芳，隋勇，等．不同品种甘薯全粉品质特性比较［J］．现代食品科技，2022，38（8）：218-228.